"十三五"国家重点出版物出版规划项目

现代机械工程系列精品教材

制造技术基础实习教程

第 3 版

主　编　朱建军　唐　佳

副主编　信丽华　刘圣敏

参　编　冷星环　顾　蓓

主　审　徐新成

机械工业出版社

本书是"十三五"国家重点出版物出版规划项目——现代机械工程系列精品教材，也是上海市优秀教材。

本书主要介绍了机械工程训练中的基本理论及机床实践操作，通过典型零件的加工工艺分析和工艺编制来掌握工程训练中各工种的基本操作过程。本书适应现代工程训练的需求，内容上以实践训练为主，阐述了有关工程训练的新技术、新工艺、新材料等知识，并通过典型零件讲解实际操作方法，适当拓宽了知识面。

本书内容丰富，条理清晰，通俗易懂，可作为高等工科院校的学习、实训教材，可供机械类、部分非机械类专业师生使用，也可供高职高专等其他院校的教学人员及相关技术人员参考。

图书在版编目（CIP）数据

制造技术基础实习教程/朱建军，唐佳主编. —3 版. —北京：机械工业出版社，2023.12（2025.2 重印）

"十三五"国家重点出版物出版规划项目　现代机械工程系列精品教材
ISBN 978-7-111-74924-0

Ⅰ.①制…　Ⅱ.①朱…　②唐…　Ⅲ.①机械制造工艺-高等学校-教材
Ⅳ.①TH16

中国国家版本馆 CIP 数据核字（2024）第 061984 号

机械工业出版社（北京市百万庄大街 22 号　邮政编码 100037）
策划编辑：丁昕祯　　　　　　　责任编辑：丁昕祯
责任校对：郑　婕　王　延　　　封面设计：张　静
责任印制：任维东
河北鹏盛贤印刷有限公司印刷
2025 年 2 月第 3 版第 2 次印刷
184mm×260mm · 18.25 印张 · 449 千字
标准书号：ISBN 978-7-111-74924-0
定价：59.00 元

电话服务　　　　　　　　　网络服务
客服电话：010-88361066　　机　工　官　网：www.cmpbook.com
　　　　　010-88379833　　机　工　官　博：weibo.com/cmp1952
　　　　　010-68326294　　金　书　网：www.golden-book.com
封底无防伪标均为盗版　　　机工教育服务网：www.cmpedu.com

第3版前言

本书自出版以来进行了多次再版、印刷，先后被十余所院校选为实习、实训教材，受到师生广泛好评；本书曾获评上海市普通高校优秀教材及"十三五"国家重点出版物出版规划项目——现代机械工程系列精品教材。

本次再版增加了课程思政内容，保留了原有实习实训教材的特色；使学生通过典型零件的加工工艺分析、工艺编程，能在较短时间内独立操作各类设备，从而适应现代工程训练的要求。

本书由上海工程技术大学朱建军、唐佳任主编，参加修订的人员有：朱建军、唐佳、信丽华、冷星环、刘圣敏、顾蓓。本书修订参考了部分科技文献及资料，在此向各位相关作者表示衷心感谢。再次衷心感谢机械工业出版社对本书再版所付出的辛勤努力，同时感谢使用本书的相关院校师生的青睐和厚爱。

本书可作为普通工科院校的学习、实训教材，可供机械类、部分非机械类专业师生使用，也可供高职高专等其他院校的教学人员及相关技术人员参考。

由于编者水平有限，书中内容难免有不妥与疏漏之处，敬请广大读者批评指正。

编 者

第2版前言

本书第 1 版自 2012 年 2 月正式出版以来，被国内十余所高校采用，受到了师生的广泛好评。本书于 2015 年被上海市评为普通高校优秀教材，2017 年被列为"十三五"国家重点出版物出版规划项目——现代机械工程系列精品教材。本书内容新颖，通用性强，包含各类工种典型案例，力求使学生通过典型零件的加工工艺分析、工艺编程，掌握各工种的实习、实训过程。

本书第 2 版在第十一章中增加了数控雕刻机编程、数控雕刻机操作和数控雕刻仿真操作的内容，在第十二章中增加了激光加工的内容，删减了第四章锻压和第十三章测量工具的内容，修改了第三章中的艺术铸造一节。

在此，编者再次衷心感谢机械工业出版社编审人员对本书出版所付出的辛勤努力，同时感谢使用本书的相关院校师生的青睐和厚爱。

参加本书第 2 版编写的人员有上海工程技术大学朱建军、唐佳、信丽华、刘圣敏、冷星环、顾蓓等教师，徐新成担任本书主审，在此一并表示感谢。

编　者

第1版前言

根据教育部关于高等工程教育要强化主动服务国家战略需求，我国的高等教育正在创新高校与行业、企业联合培养人才的机制，改革工程教育人才培养模式，提升学生的工程实践能力、创新能力和国际竞争力，构建布局合理、结构优化、类型多样、主动适应经济社会发展需要的、具有中国特色的社会主义现代高等工程教育体系方面进行着大量工作，以加快我国向工程教育强国迈进的步伐。

近年来，我国的制造业飞速发展，作为培养制造业人才必不可少的制造技术基础实习、实训课程，我们在多年的实际教学中和工程实践过程中积累了许多经验。为了应对市场的不断变化，让学生达到实训要求，有必要对课程及教材进行重新编制。本次编写的教材既要突出传统基础制造内容，又要对该内容做较为深入的介绍，同时重点介绍传统的加工技术的典型案例。本书在章节设计上增加了各工种典型零件的操作案例，力求使学生通过典型零件的加工工艺分析及工艺编制来掌握各工种的基本操作过程。

本书可作为高等工科院校金工实习、实训的教材，供机械专业及部分非机械类专业师生使用，也可供中专、职校、技校教学人员及有关工程技术人员参考。

本书由朱建军任主编，顾蓓、杨珍任副主编，徐新成教授级高级工程师担任主审。参加编写的人员有唐佳、张帆。本书在编写过程中承蒙上海工程技术大学工程实训中心金工实训部许多教师的鼎力相助，谨此表示衷心的感谢。

由于编者水平有限，加上制造技术的不断发展，本书难免有不妥之处，恳请读者指正。

编　者
2011 年 8 月

目　录

第一章　常用机械工程材料

　　材料是人类社会生存和发展的必要物质，是人类文明发展史的重要标志。用于生产制造机械工程构件、零件及工具的材料统称为机械工程材料。常用的机械工程材料可以分为金属材料、非金属材料和复合材料三大类，其中尤以金属材料的应用最为广泛。本章主要介绍常用金属材料的成分、组织、性能及其应用方面的基本知识。

第一节　常用机械工程材料分类

　　常用机械工程材料可按下列方法分类：

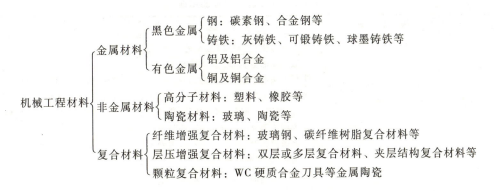

一、金属材料

（一）金属材料的性能

　　金属材料具有很多优良的性能，它是用于制造各种机床、矿山机械、农业机械和运输机械等最主要的材料。从事机械工程的设计人员或工艺人员必须首先熟悉金属材料的各种主要性能，才能根据机件的技术要求合理地选用所需的金属材料。

　　金属材料的性能一般分为使用性能和工艺性能两大类。使用性能是指材料在使用过程中所表现出来的性能，主要包括力学性能、物理性能和化学性能；工艺性能是指材料在加工过程中所表现出来的性能，包括热处理性能、可锻性、焊接性和可加工性等。

　　力学性能是指金属材料在各种不同性质的外力的作用下所表现出来的抵抗能力，如弹性、塑性、强度、硬度和韧性等，这些性能指标是机械设计、材料选择、工艺评定及材料检验的主要依据。

（二）金属材料的分类方法及应用

1. 黑色金属

钢铁是应用最为普遍的黑色金属材料，它主要包括碳素钢、合金钢和铸铁。碳素钢和铸铁均为铁碳合金，在冶炼时人为地加入合金元素就成为合金钢或合金铸铁。

（1）碳素钢　碳素钢又称为碳钢，是指以铁和碳为主要成分的碳的质量分数小于2.11%的铁碳合金，并含有少量 S、P、Si、Mn 等元素。碳素钢具有较好的力学性能和工艺性能，且价格较为低廉，故应用很广。对碳素钢的性能影响最大的是其中碳的质量分数 w_C。

1）碳素钢的分类。碳素钢常用的分类方法有以下几种：

① 按碳素钢中碳的质量分数的不同可分为低碳钢（$w_C \leqslant 0.25\%$）、中碳钢（$0.25\% < w_C \leqslant 0.60\%$）和高碳钢（$w_C > 0.60\%$）。

② 按碳素钢的质量分类，通常以钢中有害元素 S、P 的含量的不同来划分，可分为普通碳素钢（$w_S \leqslant 0.050\%$、$w_P \leqslant 0.045\%$）、优质碳素钢（$w_S \leqslant 0.035\%$、$w_P \leqslant 0.035\%$）和高级优质碳素钢（$w_S \leqslant 0.025\%$、$w_P \leqslant 0.030\%$，如 T8A、T10A 等，在牌号后加"A"）。

③ 按碳素钢的用途不同可分为碳素结构钢（用于制造各类工程构件、桥梁、船舶和轴、齿轮等机械零件，一般属于中、低碳钢）、碳素工具钢（主要用于制造各种刀具、量具和模具等，一般属于高碳钢，牌号首字为"T"）。

2）碳素钢的牌号及用途，见表 1-1。

表 1-1　碳素钢的牌号及用途

类　别	牌　号　举　例	牌　号　说　明	用　途
碳素结构钢	Q235AF（屈服强度为235MPa、质量为 A 级的沸腾钢）	牌号由代表屈服强度的字母、屈服强度的数值、质量等级符号和脱氧方法四个部分按顺序组成"Q"为"屈"字的汉语拼音首字母；数字为屈服强度（MPa）；质量分为四个等级（A、B、C、D，自左至右等级依次升高）；F、Z、TZ 依次表示沸腾钢、镇静钢和特殊镇静钢	常用牌号有 Q215、Q235A 和 Q275 等，主要用于制造开口销、螺母、螺栓及桥梁结构件等普通机械零件
优质碳素结构钢	45（平均碳的质量分数为 0.45%）65Mn	牌号用两位数表示，数字为钢中碳的质量分数的平均万分数。硫、磷含量符合优质碳素钢的要求化学元素符号 Mn 表示钢的含锰量较高	常用牌号有 20、35、45、65 和 75 钢等，用于制造轴、齿轮、连杆等重要零件
碳素工具钢	T10、T10A（平均碳的质量分数为 1.0%，A 表示高级优质碳素钢）	牌号由字母 T 和数字组成。"T"为"碳"字的汉语拼音首字母；数字为钢中碳的质量分数的名义千分数；含硫、磷量合乎优质碳素钢的要求，牌号后有"A"则应达到高级优质碳素钢的要求	常用牌号有 T8、T10 和 T12 等，主要用于制造低速切削刀具、量具、模具及其他工具
铸造碳钢	ZG230-450（屈服强度为230MPa、抗拉强度为450MPa 的碳素铸钢件）	"ZG"为"铸钢"二字的汉语拼音首字母；后面的数字，第一组代表屈服强度（MPa），第二组代表抗拉强度（MPa）	主要用于制造形状复杂而需要一定强度、塑性和韧性的零件

（2）合金钢 在碳素钢中有意识地加入一种或几种合金元素，以改善和提高其性能，这种钢称为合金钢。合金钢中常加入的合金元素有锰（Mn）、硅（Si）、铬（Cr）、镍（Ni）、钼（Mo）、钨（W）、钒（V）、钛（Ti）、铌（Nb）、锆（Zr）和稀土元素（RE）等。合金钢具有优良的力学性能，多用于制造重要的机械零件、工具、模具和工程构件，以及具有特殊性能的工件，虽然其价格较高，但仍占有重要的使用地位。

按合金元素含量的不同，合金钢可分为以下几种：①低合金钢：合金元素总的质量分数小于5%；②中合金钢：合金元素总的质量分数为5%~10%；③高合金钢：合金元素总的质量分数大于10%。

按用途不同，合金钢可分为：①合金结构钢：用于制造机械零件和工程构件；②合金工具钢：用于制造各种刀具、量具和模具等；③特殊性能钢：具有特殊的物理性能和化学性能的钢，如耐热钢、不锈钢和耐磨钢等。

1）合金结构钢。合金结构钢的牌号表示方法为"两位数字"+"元素符号及数字"。"两位数字"为钢中碳的质量分数的平均万分数；"元素符号"表示所加入的主要合金元素，其后面的"数字"为该合金元素质量分数的名义百分数，当合金元素的平均质量分数小于1.5%时，此数字省略，只标合金元素符号，如12Cr1MoV等。高级优质合金钢在牌号后面加"A"，如18Cr2Ni4WA等。

常用合金结构钢的牌号有20CrMnTi、40Cr和42SiMn等，主要用于制造承载能力较大、力学性能要求较高的机械零件和工程构件。

2）合金工具钢。合金工具钢的牌号表示方法为"一位数字"+"元素符号及数字"。"一位数字"为钢中碳的质量分数的名义千分数，当平均碳的质量分数大于等于1%时，不标注平均含碳量；"元素符号及数字"的含义与合金结构钢的相同，如刃具钢9SiCr的 $w_C =$ 0.9%、$w_{Si,Cr}<1.5\%$（Si和Cr的质量分数都小于1.5%）；Cr12表示 $w_C \geqslant 1.0\%$、$w_{Cr} = 12\%$ 的冷作模具钢。

常用合金工具钢的牌号有9Mn2V、9SiCr、CrWMn和Cr12DoV等，主要用于制造形状复杂、尺寸较大的模具，以及高速切削的刀具和量具等。

3）特殊性能钢。特殊性能钢主要有不锈钢、耐热钢和耐磨钢等。不锈钢和耐热钢的牌号表示方法与合金工具钢的相同。06Cr18Ni11Ti、10Cr17和30Cr13等都是常用的不锈钢，主要用于制造对耐蚀性要求较高的器件，如吸收塔的零部件、管道、容器及医疗器械等。

耐热钢常用的牌号有45Cr14Ni14W2Do、12Cr5Mo等，主要用于汽轮机叶片、发动机进气和排气阀门及蒸汽和气体管道等。

耐磨钢的牌号不标注平均含碳量，最重要的是高锰钢，如ZGMn13等，主要用于制造车辆履带、挖掘机铲齿、破碎机颚板和铁路道岔等。

（3）铸铁 铸铁是指碳的质量分数大于2.11%的铁碳合金，并含有较多的（一般比钢中含得多）S、P、Si、Mn等元素。按碳的存在形式不同，铸铁可分为以下几种：

1）白口铸铁。白口铸铁中的碳全部以渗碳体形式存在，断口呈银白色，质地脆而硬，一般用作炼钢或生产铸铁的原料。

2）灰铸铁。灰铸铁中的碳全部或大部分以游离的石墨形式存在，断口呈暗灰色。与钢相比，铸铁的抗拉强度、塑性和韧性较差，但有良好的铸造性、减摩性、减振性、可加工性和对缺口的低敏感性，而且价格低廉，故应用广泛。

灰铸铁的组织相当于由钢的基体和石墨组成，石墨的力学性能很低，对铸铁的性能影响很大。常见的铸铁还有可锻铸铁和球墨铸铁等，它们的牌号、性能及用途见表1-2。

表 1-2 常见铸铁的牌号、性能及用途

类 别	牌号举例	牌号说明	用 途
灰铸铁	HT200（$R_m \geq$ 200MPa）	"HT"为"灰铁"二字的汉语拼音首字母，其后的数字表示最低抗拉强度（MPa）	石墨呈片状，对基体的割裂破坏作用较大，故力学性能较差，但对抗压性能影响不大。生产工艺简单，价格低廉，在工业上的应用最为广泛。常用的牌号有HT150、HT200、HT350等，主要用于制造结构复杂的受压件，如机床床身、机座、导轨和箱体等
可锻铸铁	KTH350-10（$R_m \geq$ 350MPa，$A = 10\%$，黑心可锻铸铁）	"KT"为"可铁"二字的汉语拼音首字母，"H"表示"黑心"基体（"Z"表示"珠光体"基体）。两组数字分别表示最低抗拉强度（MPa）和伸长率（%）	石墨呈团絮状，对基体的割裂破坏作用比片状的小些，故力学性能比灰铸铁好，有一定强度和塑性，但仍不可锻造。常用牌号有KTH330-08、KTH370-12、KTZ650-02等，主要用于制造形状复杂、承受冲击载荷的薄壁中小型零件，如汽车后桥齿轮箱壳体等
球墨铸铁	QT400-15（$R_m \geq$ 400MPa，$A = 15\%$）	"QT"为"球铁"二字的汉语拼音首字母，其后两组数字分别表示最低抗拉强度（MPa）和伸长率（%）	石墨呈球状，对基体的割裂破坏作用最小，故强度和塑性都较好。常用牌号有QT700-2、QT600-3、QT900-2等，主要用于制造要求综合力学性能好、形状复杂的零件，如凸轮轴、柴油机曲轴和齿轮等零件

2. 有色金属

如上所述，通常把铁及其合金称为黑色金属，而把 Cu、Al、Zn、Mg、Ti 等非铁金属及其合金称为有色金属。有色金属具有优良的性能，虽产量不高，价格也贵，但仍是机械制造和工程上不可缺少的材料。有色金属品种繁多，在生产中常用来制造有特殊性能要求的零件和构件。常用的有铝、铜及其合金。纯铝、防锈铝、硬铝和超硬铝等的密度小，在航空航天工业中得到了广泛的应用。黄铜（Cu-Zn 合金）具有一定的强度、塑性和耐蚀性，主要用于制造垫圈、螺钉、衬套、管路零件及对海水的耐蚀件等。ZCuSn10Pb1 等铸造铜合金的减摩性及耐蚀性好，主要用于制造减摩、耐蚀的零件，如轴瓦、涡轮等。纯铜（T1、T2、T3）的电导率和热导率仅次于银，广泛用于制造导电及导热器材。纯铜在大气、海水和某些非氧化性酸（盐酸、稀硫酸）、碱、盐溶液及多种有机酸（醋酸、柠檬酸）中均有良好的耐蚀性，广泛用于化学工业。另外，纯铜具有良好的焊接性，可经冷、热塑性加工制成各种半成品和成品。

二、非金属材料

非金属材料泛指除金属材料之外的材料，主要有塑料、橡胶、陶瓷、合成纤维、涂料和粘结剂等。它们具有金属材料所没有的特性，应用也越来越广泛。

塑料是以合成树脂为主体，加入添加剂以改善使用性能和工艺性能的高分子材料。塑料的密度小，具有良好的耐蚀性、电绝缘性、减摩性和成型工艺性，缺点是强度低、耐热性差、易老化。塑料的应用很广，我国目前年需用量达 1800 万 t 以上。日常生活及包装中用的塑料称为通用塑料，如聚乙烯、聚氯乙烯等；在工程构件和机械零件中用的塑料称为工程塑料，它们的力学性能较好，或具有某些突出的性能。常用工程塑料的性能及应用见表 1-3，主要有聚酰胺、ABS、聚甲醛、聚碳酸酯、有机玻璃、聚四氟乙烯和环氧树脂等。

表 1-3　常用工程塑料的性能及应用

名　　称	性能特点	应　　用
聚甲醛(POM)	耐疲劳性能高，自润滑性和耐磨性好，但耐热性差，收缩性较大	耐磨传动件，如齿轮、轴承、凸轮、运输带等
聚酰胺(PA)	减摩耐磨性、耐蚀性及韧性好，但耐热性不高(<100)，吸水性高，成型收缩率大(俗称尼龙)	耐磨及耐蚀的承载和传动件，如齿轮、蜗轮、密封圈、轴承、螺钉螺母、尼龙纤维布等
聚碳酸酯(PC)	冲击韧性高，耐热耐寒稳定性好(−60～120℃)，但自润滑和耐磨性较差	受冲击载荷不大但要求尺寸稳定性较高的零件，如轻载齿轮、心轴凸轮、螺栓、铆钉、风窗玻璃、头盔、高压绝缘器件等
ABS	综合性能良好，吸水性低，表面易镀饰金属。原料易得，价格便宜	小型泵叶轮，仪表罩壳，轴承，汽车零件如挡泥板、扶手、热空气调节导管等，小轿车车身，纺织器材，电信器材等

　　橡胶突出的特性是高弹性，还具有良好的吸振、耐磨和电绝缘性能。橡胶由天然橡胶或合成橡胶加入配合剂经硫化处理制成，也属于高分子材料。常用的合成橡胶有丁苯橡胶、顺丁橡胶、丁腈橡胶和氯丁橡胶等，常用于制造轮胎、密封圈、减振器、管路及电绝缘包皮等。

　　陶瓷是无机非金属材料，具有高的耐热、耐蚀、耐磨和抗压等性能，但硬而脆，抗拉强度低。陶瓷分为普通陶瓷和特种陶瓷，普通陶瓷以黏土和石英等为原料制成，主要用于日常用品、电气绝缘器件、耐蚀管道或容器等；特种陶瓷是以高纯度人工化合物（如氧化铝等）为原料制成的，如高强度陶瓷、压电陶瓷、化工陶瓷和耐酸陶瓷等。

三、复合材料

　　复合材料是指将两种或两种以上物理和化学性质不同的物质，通过人工方法结合而成的工程材料。它由基体和增强相组成，基体起粘结剂的作用，具有粘结、传力和缓裂的功能；增强相起提高强度（或韧性）的作用。复合材料能充分发挥组成材料的优点，改善或克服它们的缺点，所以优良的综合性能是其最大优点，已成为新兴的工程材料。复合材料按增强相形状的不同可分为纤维增强复合材料、层压增强复合材料及颗粒增强复合材料，目前应用最多的是纤维增强复合材料。纤维增强复合材料的纤维起增强相作用，是承受载荷的主要部分，常用的有玻璃纤维、碳纤维、硼纤维和芳纶纤维等。基体可用各种合成树脂，如环氧树脂等。玻璃钢是玻璃纤维/树脂的复合材料，应用较早。碳纤维树脂增强复合材料的密度小，比强度和比模量高，耐蚀性和耐热性好，应用最为广泛。碳纤维增强复合材料常用于制造飞机、导弹、卫星的构件，以及轴承、齿轮等耐磨零件和化工器件等。

四、材料选择设计

材料选择是由设计人员和工程师共同完成的。针对某个设计，进行材料选择时需要满足一系列的性能要求，这些要求有时是相互矛盾的，很难找到某种能够满足所有这些性能要求的材料，设计人员必须进行综合考虑。

1. 零件失效分析

各种机械零件都有一定的功能，如承受载荷、传递能量、完成某种动作等。当机械零件丧失它应有的功能时，称为零件失效。

零件失效的原因包括以下几个方面：

1）设计和选材的问题。

2）加工、热处理或材质的问题。

3）装配的问题。

4）操作和维护不当的问题。

下面举例说明某吉普车变速箱齿轮的崩齿失效问题。

（1）原始情况　40Cr钢制模数为3的齿轮，热处理工艺是850~860℃气体碳氮共渗，炉冷至830℃后油淬，然后200℃回火，在汽车爬坡时发生崩齿。

（2）观察分析　对三个有不同程度崩齿的齿轮观察分析，发现断口已锈蚀，清洗后也分不清楚，大致像细瓷断口，有放射状条纹，与脆断断口相似。

硬度测量和金相组织观察结果显示马氏体和贝氏体量的比例不同，夹杂物在1.5级以下，晶粒度、碳氮共渗层正常，化学成分光谱分析符合要求。

齿轮材料的断裂性能无法用齿轮试样实测，但从硬度值（≥52HRC）来看，此时材料的 K_{Ic}（材料断裂韧度）值比较低，由一般结构钢淬火回火到52HRC时，K_{Ic} 约为 $31MPa \cdot m^{1/2}$。

（3）结论　这三个齿轮是由于材料的抗压性能太差，发生了低应力脆断。由三个齿轮的化学成分计算淬透性，结果分别为49HRC、45HRC和48HRC，齿根位置的冷却条件相当于42~45HRC，故淬火后得到现在的硬度。从耐疲劳又不脆断的角度考虑，齿根部硬度应控制在36~46HRC范围内才合适，显然40Cr钢的淬透性有些高。

（4）改进措施　为了解决目前的生产问题，经研究决定，把40Cr钢碳的质量分数控制在成分所允许的下限，即相当于38Cr钢，效果良好，避免了此类事故的再次发生。

2. 材料选择原则

为了防止零件失效，在设计过程中对材料的选择非常重要，应符合以下选择原则：

1）满足功能要求原则。

2）可获得性原则。

3）经济性原则。

4）环境保护性原则。

3. 材料选择方法

（1）几何选择方法　对于某个实际应用，理想材料以规则多边形表示，每一条由多边形中心向其各个顶点的连线表示材料的一项特性。例如，用一个正五边形表示材料的强度、韧性、电导率、耐蚀性和成本，每一项特性值定义为 Y_1、Y_2、Y_3、Y_4、Y_5，它们到多边形中心的距离相等。对于每一种候选材料，其相应的特性指标记为 X_1、X_2、X_3、X_4、X_5。显然，候选材料能否满足要求可以从以下三个因素来进行衡量：

1）候选材料形成的多边形与理想多边形的形状最接近。

2）候选材料形成的多边形与理想多边形的大小最接近。

3）候选材料与理想材料的偏差程度最小。

（2）数学选择方法　从材料库中选择材料，最直接的方法是按候选材料特性单位偏差和最小原则进行选择。如果要求材料特性用 Y_i 表示，候选材料特性用 X_i 表示，各个特性的权重为 α_i，则评价公式为

$$\min Z = \sum_{i=1}^{n} \left| \alpha_i \frac{X_i}{Y_i} - 1 \right|$$

在材料选择过程中，通常规定材料的特性最大和最小值，但是允许材料的某些特性高于要求的最大值或低于要求的最小值。在某些特殊条件下，如材料的失效强度或热膨胀性能等，允许在要求值的左右一定范围内适当变动。

（3）面向生命周期的选择方法　产品在其生命周期的许多阶段对环境具有不良影响，如产品使用的材料、连接方式、能源消耗、可循环利用性以及产品的报废方式等都对环境产生着一定的影响，这些都是通过设计决策来确定的。材料的选择在产品开发过程中是最早最重要的设计决策，因此也是考虑环境问题最主要的设计决策。

材料的选择需要考虑很多因素，如工程需要、可制造性、性能、环境影响和费用等，但所有这些都必须与产品的可靠性、性能、可维修性以及环境保护性同时考虑，协调一致，使产品在整个生命周期内的费用以及对环境的影响降至最低。

第二节　金属材料的力学性能

金属材料经过热处理后，可以发挥其潜力，提高使用性能，改善工艺性能并延长使用寿命。

金属材料在外力作用下所表现出来的性能称为力学性能，它包括强度、硬度、塑性、冲击韧性及疲劳强度等。材料的这些力学性能指标可以通过试验来测定，并以数据来反映，它们是工程设计和选用材料的重要依据。

一、强度和塑性

1. 强度

强度是指金属材料在外力作用下抵抗塑性变形和断裂的能力。

强度的大小可通过拉伸试验来测定，试验时将符合国家标准规定的试样的两端夹在试验机的两个夹头上，如图 1-1 所示，随着负荷的缓慢增加，试样逐步变形并伸长，直至被拉断为止。

根据载荷（F）和变形量（ΔL）的变化关系绘制的曲线称为拉伸曲线。低碳钢的拉伸曲线如图 1-2 所示，在拉伸曲线的 Oe 段，载荷与伸长量呈线性关系，当载荷去除后，试样恢复原来的形状和尺寸，这是金属材料的弹性变形阶段，e 点的应力为材料的弹性极限。当载荷超过 e 点的载荷后，试样开始产生塑性变形。

（1）屈服强度 当载荷增加到 F_s 时，如果载荷不再增加，而塑性变形量明显增加，这段曲线几乎保持水平，这种现象称为屈服，s 点称为屈服点。这一阶段的最大和最小应力分别称为上屈服强度和下屈服强度。由于下屈服强度的数值较为稳定，因此通常以它作为材料抗力的指标，用 σ_s 表示。

有些钢材如高碳钢无明显的屈服现象，通常以发生微量塑性变形（0.2%）时的应力作为该钢材的屈服强度，称为条件屈服强度，用 $\sigma_{0.2}$ 来表示。

因为机械零件在正常工作时是不允许产生塑性变形的，所以设计零件都以 $\sigma_{0.2}$ 或 R_{eL}（下屈服强度）作为选用金属材料的依据。

图 1-1 拉伸试验机夹持部分

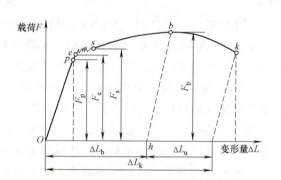

图 1-2 低碳钢拉伸曲线图

（2）抗拉强度 试样在拉断前所能承受的最大应力称为抗拉强度，通常用 R_m 来表示。

当材料屈服到一定程度后，由于内部晶粒重新排列，其抵抗变形的能力重新提高，此时变形虽然发展很快，但是只能随着应力的增大而增大，直至应力达到最大值。此后，材料抵抗变形的能力明显降低，并在最薄弱的环节处发生较大的塑性变形，此时试样截面迅速缩小，出现缩颈现象，直至断裂破坏。材料断裂前的最大应力称为强度极限，即抗拉强度。

显然，材料必须在低于抗拉强度的载荷条件下工作，这样才不会导致金属构件和零件的破坏，因此抗拉强度也是设计和选材的重要依据。

2. 塑性

塑性是指金属材料在外力作用下产生塑性变形而不断裂的能力。

工程中常用的塑性指标有断后伸长率和断面收缩率。断后伸长率是指试样拉断后的伸长量与原来长度之比的百分率，用符号 A 表示；断面收缩率是指试样拉断后断面缩小的横截面面积与原来横截面面积之比的百分率，用符号 Z 表示。

断后伸长率和断面收缩率越大，材料的塑性越好；反之，塑性越差。良好的塑性是金属材料进行压力加工的必要条件，也是保证机械零件工作安全、不发生突然脆断的必要条件。一般断后伸长率达到 5% 或断面收缩率达到 10% 即能满足大多数零件的使用要求。

二、硬度

硬度是指金属材料表面抵抗硬物压入的能力，或者说是指金属表面对局部塑性变形的抗力。硬度指标是检验毛坯或成品件、热处理件的重要性能指标，常用的有布氏硬度和洛氏硬度两种。

1. 布氏硬度

布氏硬度的测定原理是：用一定大小的试验力 F，把直径为 D 的硬质合金球压入被测金属的表面，如图 1-3 所示，保持规定的时间后去除试验力，用读数显微镜测出压痕平均直径 d，然后按公式求出布氏硬度 HBW 值，或者根据 d 从已备好的布氏硬度表中查出 HBW 值。

由于金属材料有硬有软，被测工件有厚有薄、有大有小，如果只采用一种标准的试验力 F 和压头直径 D，就会出现不适合某些工件和材料的现象。因此，在生产中进行布氏硬度试验时，要求能使用不同大小的试验力和压头直径。对于同一种材料采用不同的 F 和 D 进行试验时，能否得到同一布氏硬度值，关键在于压痕几何形状的相似，即可建立 F 和 D 的某种选配关系，以保证布氏硬度的不变性。

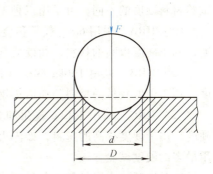

图 1-3　布氏硬度的测定原理图

（1）布氏硬度的特点　一般来说，布氏硬度值越小，材料越软，其压痕直径越大；反之，布氏硬度值越大，材料越硬，其压痕直径越小。布氏硬度测量的优点是具有较高的测量精度，压痕面积大，能在较大范围内反映材料的平均硬度，测得的硬度值也较准确，数据重复性强。

（2）布氏硬度的应用　布氏硬度测量法适用于铸铁、非铁合金、各种退火及调质的钢材，不宜测定太硬、太小、太薄和表面不允许有较大压痕的试样或工件。

布氏硬度试验常用的 $0.102F/D^2$ 的比率有 30、10、2.5 三种，根据金属材料的种类、试样硬度范围和厚度的不同来选择试验压头的直径、试验力及保持时间。布氏硬度试验规范见表 1-4。

表 1-4　布氏硬度试验规范

材料种类	布氏硬度适用范围	球直径 D/mm	$0.102F/D^2$ /(N/mm^2)	试验力 F/N	试验力保持时间/s	注
钢、铸铁	≥140		30	29420 7355 1839	10	压痕中心距试样边缘的距离不应小于压痕平均直径的2.5倍　两相邻压痕中心距离不应小于压痕平均直径的4倍　试样厚度至少应为压痕厚度的10倍　试验后，试样支承面无可见变形痕迹
	<140		10	9807 2452 613	10~15	
非铁金属	>200	10 5 2.5	30	29420 7355 1839	30	
	35~200		10	9807 2452 613	30	
	<35		2.5	2452 613 153	60	

2. 洛氏硬度

当被测样品尺寸过小或者布氏硬度大于 450 时，就改用洛氏硬度（HR）计量。图 1-4 所示为洛氏硬度机。其试验方法是，在一定载荷下将金刚石圆锥压头或淬硬钢球压头压入被测材料表面，由压痕深度求出材料的硬度。根据试验材料硬度的不同，可采用三种不同标度来表示：

（1）HRA 采用 60kg 载荷和金刚石圆锥压头求得的硬度，用于硬度极高的材料，如硬质合金等。

（2）HRB 采用 100kg 载荷和淬硬钢球压头求得的硬度，用于硬度较低的材料，如退火钢、铸铁等。

图 1-4 洛氏硬度机

（3）HRC 采用 150kg 载荷和金刚石圆锥压头求得的硬度，用于硬度很高的材料，如淬火钢、回火钢、调质钢和部分不锈钢，是金属加工行业应用最多的硬度试验方法。

实践证明，金属材料的各种硬度值之间、硬度值与强度值之间具有近似的相应关系。因为硬度值是由起始塑性变形抗力和继续塑性变形抗力决定的，材料的强度越高，塑性变形抗力越高，硬度值也就越高，但各种材料的换算关系并不一致。

三、冲击韧性

前面讨论的是在静载荷作用下的力学性能指标，但是许多机械零件还经常受到各种冲击动载荷的作用，例如，蒸汽锤的锤杆、柴油机上的连杆及曲轴等在工作时都受到冲击载荷的作用。承受冲击载荷的工件不仅要求其有高的硬度和强度，还必须要有抵抗冲击载荷的能力。

冲击韧性常用一次摆锤冲击缺口试样测定，即把被测材料做成标准冲击试样，用摆锤一次冲断，测出冲断试样所消耗的冲击功 A_K，然后用试样缺口处单位截面积上所消耗的冲击功 a_k（冲击韧度）来表示冲击韧性。

a_k 值越大，则材料的韧性越好，a_k 值低的材料叫作脆性材料，反之叫作韧性材料。a_k 值取决于材料及其状态，同时与试样的形状、尺寸有很大关系。a_k 值对材料的内部结构缺陷、显微组织的变化很敏感，如夹杂物、偏析、气泡、内部裂纹、钢的回火脆性和晶粒粗化等都会使 a_k 值明显降低。同种材料的试样，其缺口越深、越尖锐，缺口处应力集中的程度越大，越容易变形和断裂，冲击功越小，材料表现出来的脆性越高。因此，不同类型和尺寸的试样，其 a_k 或 A_K 值不能直接比较。

材料的 a_k 值随温度的降低而减小，且在某一温度范围内急剧减小，这种现象称为冷脆，此温度范围称为"韧脆转变温度（T_k）"。

冲击韧性指标的实际意义在于揭示了材料的变脆倾向。很多零件如齿轮、连杆等，在工作时受到很大的冲击载荷，就要选用 a_k 值高的材料制造；铸铁的 a_k 值很低，不能用来制造承受冲击载荷的零件。

四、疲劳强度

机械零件，如轴、齿轮、轴承、叶片和弹簧等，在工作过程中其上各点的应力随时间做周期性的变化，这种随时间做周期性变化的应力称为交变应力（也称为循环应力）。在交变应力的作用下，虽然零件所承受的应力低于材料的屈服强度，但经过较长时间的工作后会产生裂纹或突然发生完全断裂，这种现象称为金属的疲劳。

疲劳强度是指金属材料在无限多次交变载荷作用下而不破坏的最大应力，称为疲劳强度或疲劳极限。实际上，金属材料并不可能做无限多次交变载荷试验，一般试验时规定，钢在经受 10^7 次、非铁（有色）金属材料在经受 10^8 次交变载荷作用而不产生断裂时的最大应力称为疲劳强度。当施加的交变应力是对称循环应力时，所得的疲劳强度用 σ_{-1} 表示。

疲劳破坏是机械零件失效的主要原因之一。据统计，在机械零件失效中有80%以上属于疲劳破坏，而且疲劳破坏前没有明显的变形，所以疲劳破坏经常造成重大事故，承受交变载荷的零件要选择疲劳强度较高的材料来制造。

1. 影响疲劳强度的因素

这里以弹簧为例来说明影响疲劳强度的各种因素。

（1）屈服强度　材料的屈服强度和疲劳强度之间有一定的关系，一般来说，材料的屈服强度越高，疲劳强度也越高。因此，为了提高弹簧的疲劳强度应设法提高弹簧材料的屈服强度，或采用屈服强度和抗拉强度比值较大的材料。对同一种材料来说，细晶粒组织比粗晶粒组织具有更高的屈服强度。

（2）表面状态　最大应力多发生在弹簧材料的表层，所以弹簧的表面质量对疲劳强度的影响很大。弹簧材料在轧制、拉拔和卷制过程中造成的裂纹、疵点和伤痕等缺陷往往是造成弹簧疲劳断裂的主要原因。

材料表面粗糙度值越低，应力集中越小，疲劳强度也就越高，随着表面粗糙度值的增加，疲劳强度下降。在相同表面粗糙度值的情况下，不同的钢种及不同的卷制方法其疲劳强度降低的程度也不同，如冷卷弹簧的降低程度就比热卷弹簧的低，这是因为钢制热卷弹簧在热处理加热时，由于氧化使弹簧材料表面变粗糙并产生脱碳现象，这样就降低了弹簧的疲劳强度。对材料表面进行磨削、强压、抛丸和滚压等，都可以提高弹簧的疲劳强度。

（3）尺寸效应　材料的尺寸越大，由于各种冷热加工工艺造成缺陷的可能性越大，产生表面缺陷的可能性也就越大，这些原因都会导致疲劳强度降低。因此，在计算弹簧的疲劳强度时要考虑尺寸效应的影响。

（4）冶金缺陷　冶金缺陷是指材料中的非金属夹杂物、气泡、元素的偏析等。存在于表面的夹杂物是应力集中源，会导致夹杂物与基体界面之间过早地产生疲劳裂纹。采用真空冶炼、真空浇注等措施，可以大大提高钢材的质量。

（5）腐蚀介质　弹簧在腐蚀性介质中工作时，由于表面产生点蚀或表面晶界被腐蚀而成为疲劳源，在交变应力的作用下就会逐步扩展而导致断裂。例如在淡水中工作的弹簧钢，其疲劳强度仅为空气中的 10%～25%。腐蚀对弹簧疲劳强度的影响不仅与弹簧受交变载荷的作用次数有关，而且与工作寿命有关。所以设计计算受腐蚀影响的弹簧时，应将工作寿命考虑进去。

在腐蚀性条件下工作的弹簧，为了保证其疲劳强度满足要求，可采用耐蚀性能高的材料，如不锈钢、非铁金属，或者在表面加保护层，如镀层、氧化、喷塑和涂漆等。实践表明，镀镉可以大大提高弹簧的疲劳强度。

（6）温度　碳素钢的疲劳强度从室温到120℃时下降，从120℃到350℃又上升，温度高于 350℃ 以后又下降，在高温时没有疲劳极限。在高温条件下工作的弹簧，要考虑采用耐热钢。在低于室温的条件下，钢的疲劳强度有所增加。

2. 提高疲劳强度的方法

疲劳破坏的分析表明，裂纹源通常是在有应力集中的部位产生的。因此，设法避免或减弱应力集中，可以有效提高构件的疲劳强度，可以从以下几个方面来考虑：

(1) 合理设计构件的外形　构件截面改变越大，应力集中系数就越大，因此工程上常采用改变构件外形尺寸的方法来减小应力集中。例如，采用较大的过渡圆角半径，使截面的改变尽量平缓，如果圆角半径太大而影响装配时，可采用间隔环，这样做既降低了应力集中又不影响轴与轴承的装配；此外还可采用凹圆角或卸载槽以达到应力平缓过渡。

设计构件外形时，应尽量避免出现带有尖角的孔和槽。在截面尺寸突然变化处（如阶梯轴），当结构需要直角时，可在直径较大的轴段上开卸载槽或退刀槽以减小应力集中；当轴与轮毂采用静配合时，可在轮毂上开减荷槽或增大配合部分轴的直径，并采用圆角过渡，以缩小轮毂与轴的刚度差距，减小配合面边缘处的应力集中。

(2) 提高构件的表面加工质量　一般来说，构件表层的应力都很大，例如在承受弯曲和扭转的构件中，其最大应力均发生在构件的表层。同时由于加工的原因，构件表层的刀痕或损伤处又将引起应力集中。因此，对疲劳强度要求高的构件应采用精加工方法，以获得较高的表面质量，特别是对高强度钢等对应力集中比较敏感的材料，其加工更需要精细。

(3) 提高构件的表面强度　常用表面热处理和表面机械强化两种方法来提高构件的表面强度。表面热处理通常采用高频感应淬火、渗碳、碳氮共渗和氮化等措施，以提高构件表层材料的疲劳强度。表面机械强化通常采用对构件表面进行滚压、喷丸等措施，使构件表面形成预压应力层，以降低最容易形成疲劳裂纹的拉应力，从而提高表层强度。

 复习思考题

1. 碳素钢按质量分类，可划分为哪些类别？

2. 锤子、锯条和锉刀等常用工具主要要求哪些力学性能？请选用适合的钢的牌号，并指出该牌号的名称、主要成分及采用的热处理方法。

3. 说明以下牌号属于哪类钢并举例说明其用途：

Q235AF、45、T12A、20CrMnTi、40Cr、65Mn、GCr15、W18Cr4V、9SiCr、06Cr18Ni11Ti。

4. 按石墨形态的不同，铸铁如何分类？各举一个牌号说明其编号意义和特点并举例说明其用途。

5. 列出常用工程塑料的名称、主要特性并举例说明其用途。

第二章　金属材料的热处理

金属热处理就是将固态金属通过特定的加热和冷却，使之发生组织转变以获取所需性能的工艺过程的总称。

第一节　钢铁材料的火花鉴别法

钢铁材料的火花鉴别法，是指通过观察、分析钢铁材料接触高速旋转的砂轮时的状况，即磨削时发射出的火花的状态、色泽以判断钢铁材料化学成分范围的方法。

一、鉴别的主要内容

火花鉴别法鉴别的主要内容是火花束，它是指磨削时产生的全部火花，又称为火束，可分为根部、中部和尾部三部分。火花束主要由流线、节点、爆花和尾花等组成。在鉴别时还应观察火花束的色泽。

(1) 流线　磨削时产生的线条状火花，实质是钢铁在磨削时产生的灼热粉末高速飞行的光亮轨迹，分为直线流线（如碳钢的火花束流线）、断续流线（如灰铸铁的火花束流线）等几种。

(2) 节点和爆花　流线上发生爆裂处，呈明亮而稍粗的点，称为节点；发生爆裂的火花形状称为爆花。爆花包括节点、分叉短流线（又称为芒线）及花粉（分散在爆花和流线附近的小亮点）。根据爆裂时芒线的分叉情况，爆花又分为一次花、二次花、三次花和多次花等。

(3) 尾花　它是指流线尾部的火花，常见的有狐尾尾花，说明钢中含有钨元素；枪尖尾花，说明钢中含有钼元素。

(4) 色泽　它是指火花束的整个或某些部分的颜色。

二、碳素钢火花的主要特征

碳是易燃物质，随着钢中含碳量的增加，碳素钢的火花束状况有许多变化，其主要特征为火花束变短，火花束的流线、爆花分叉、花粉、亮度等均有增加，磨削时手感变硬，色泽从亮黄向橙黄转化。

(1) 20钢　火花束长，呈草黄微红色，流线量中等，多分叉，爆花量不多，为一次爆花，如图2-1所示。

(2) 45钢　火花束长度中等，呈黄色稍明，流线量较多且分叉多，为二次爆花，小花和花粉较多，如图 2-2 所示。

（3）T8 钢　火花束短而粗，呈橙红微暗，流线量多、短、细密，为密集的多次爆花，花粉也多，如图 2-3 所示。

三、铸铁火花的主要特征

灰铸铁的碳和硅的含量较高，碳主要以游离石墨形态存在，硅有抑制火花爆裂的作用，故灰铸铁火花束的爆花数目较少，流线短而粗，流线尾端呈羽毛状尾花，流线量不多，呈暗红色，如图 2-4 所示。

火花鉴别是钢铁材料现场鉴别的主要方法之一，比较方便。此外还有一些比较方便的现场鉴别方法，如涂色标记鉴别，即在钢材一端的端面或端部涂以规定颜色，以区别不同牌号；音响鉴别是利用铸铁的减振性较好，敲击声音较低沉，而敲击钢材发声比较清脆，可以以此来区别钢材和铸铁。

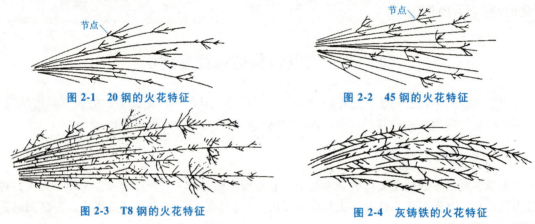

图 2-1　20 钢的火花特征　　　　　　　　图 2-2　45 钢的火花特征

图 2-3　T8 钢的火花特征　　　　　　　　图 2-4　灰铸铁的火花特征

第二节　钢的热处理

金属热处理是机械制造中的重要工艺之一，与其他加工工艺相比，热处理一般不改变工件的形状和整体的化学成分，而是通过改变工件内部的显微组织，或改变工件表面的化学成分，赋予或改善工件使用性能。钢铁是机械工业中应用最广的金属材料，其显微组织复杂，可以通过热处理予以控制，所以钢铁的热处理是金属热处理的主要内容。另外，铝、铜、镁、钛等有色金属及其合金也都可以通过热处理改变其力学、物理和化学性能，以获得不同的使用性能。根据加热和冷却方法的不同，钢的热处理可以分类如下：

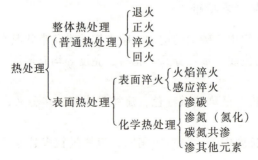

一、退火

退火是指将钢缓慢加热到一定温度，保持足够时间，然后以适当速度冷却的一种热处理工艺。退火的主要目的是：①降低硬度，改善可加工性；②消除残余应力，稳定尺寸，减少变形与开裂倾向；③细化晶粒，调整组织，消除组织缺陷。

铸件、锻件和焊接件往往存在较多的残余应力以及不良组织结构，复杂工件淬火时容易开裂，高硬度的工具钢难以切削加工等，这些问题可以通过退火处理加以解决。有的退火处理是作为机械加工工艺过程的中间工序，有的则为最终工序。

退火的一个最主要的工艺参数是退火温度（最高加热温度），大多数合金的退火温度的选择是以该合金系的相图为基础的，如碳素钢以铁碳相图为基础（图 2-5）。各种钢（包括碳素钢及合金钢）的退火温度，视具体退火目的不同而在该钢种的 Ac_3、Ac_1 以上或以下的某一温度。各种非铁合金的退火温度则在该合金的固相线温度以下、固溶度温度以上或以下的某一温度。

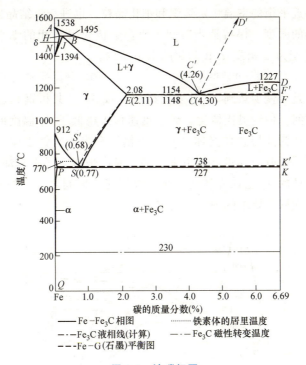

图 2-5　铁碳相图

退火方法可分为以下几种：

（1）重结晶退火（完全退火）　重结晶退火应用于平衡加热和冷却时有固态相变（重结晶）的合金，其退火温度为该合金的相变温度区间以上或以内的某一温度。合金的加热和冷却都是缓慢的，在加热和冷却过程中合金各发生一次相变重结晶，故称为重结晶退火，常简称为退火。这种退火方法相当普遍地应用于钢。

钢的重结晶退火工艺是：缓慢加热到 Ac_3（亚共析钢）或 Ac_1（共析钢或过共析钢）以上 30~50℃，保持适当时间，然后缓慢冷却下来。通过加热过程中发生的珠光体（或者还有先共析的铁素体或渗碳体）转变为奥氏体（第一次相变重结晶）以及冷却过程中发生的与此相反的第二次相变重结晶，形成晶粒较细、片层较厚、组织均匀的珠光体（或者还有先共析的铁素体或渗碳体）。退火温度在 Ac_3 以上（亚共析钢）发生完全重结晶，称为完全退火；退火温度在 Ac_1 与 Ac_3 之间（亚共析钢）或 Ac_1 与 Ac_m 之间（过共析钢）发生部分重结晶，称为不完全退火。前者主要用于亚共析钢的铸件、锻轧件和焊件，以消除组织缺陷（如魏氏组织、带状组织等），使组织变细和变均匀，以提高钢件的塑性和韧性；后者主要用于中碳钢、高碳钢及低合金结构钢的锻轧件，此种锻轧件若锻、轧后的冷却速度较大时，形成的珠光体较细、硬度较高，若停锻、停轧温度过低，钢件中还有大的内应力，此时可用不完全退火代替完全退火，使珠光体发生重结晶，晶粒变细，同时也能降低硬度，消除内应力，改善切削加工性。此外，退火温度在 Ac_1 与 Ac_m 之间的过共析钢球化退火也是不完全退火。

重结晶退火也用于非铁合金，例如钛合金于加热和冷却时发生同素异构转变，低温为 α 相（密排六方结构），高温为 β 相（体心立方结构），其中间是"α+β"两相区，即相变温度区间。为了得到接近平衡的室温稳定组织和细化晶粒，也进行重结晶退火，即缓慢加热到稍高于相变温度区间的温度，保持适当时间，使合金转变为 β 相的细小晶粒，然后缓慢冷却下来，使 β 相再转变为 α 相或 α+β 两相的细小晶粒。

（2）等温退火　应用于钢和某些非铁合金如钛合金的一种控制冷却的退火方法称为等温退火。对钢来说，是缓慢加热到 Ac_3（亚共析钢）或 Ac_1（共析钢和过共析钢）以上适当的温度，保温一段时间，使钢奥氏体化，然后迅速移入稍低于 A_1 温度的另一炉内，等温保持直到奥氏体全部转变为片层状珠光体（亚共析钢还有先共析铁素体，过共析钢还有先共析渗碳体）为止，最后以任意速度冷却下来（通常是出炉在空气中冷却）。等温保持的大致温度范围在所处理钢种的 A_1 至珠光体转变鼻尖温度这一区间之内，如图 2-6 所示。具体温度和时间主要根据退火后所要求的硬度来确定。

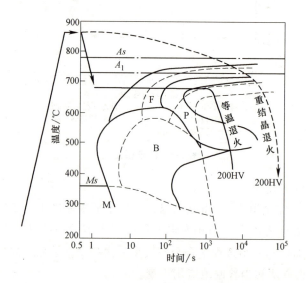

图 2-6　35CrMo 钢的等温转变图和等温退火工艺曲线
（虚线为该钢的连续冷却转变图和重结晶退火工艺曲线）

等温温度不可过低或过高，过低则退火后硬度偏高；过高则等温保持时间需要延长。钢的等温退火的目的与重结晶退火的目的基本相同，但工艺操作和所需设备都比较复杂，所以主要应用于过冷奥氏体在珠光体相变温度区间转变相当缓慢的合金钢。若采用重结晶退火方法，往往需要数十小时，很不经济；采用等温退火则能大大缩短生产周期，并能使整个工件获得更为均匀的组织和更好的性能。等温退火也可用于钢的热加工的不同阶段，例如，空冷淬硬性合金钢由高温空冷到室温时，当心部转变为马氏体时，在已发生马氏体相变的外层就会出现裂纹；若将该类钢的热钢锭或钢坯在冷却过程中放入 700℃ 左右的等温炉内，保持等温直到珠光体相变完成后再出炉空冷，则可避免出现裂纹。

含 β 相稳定化元素较高的钛合金，其 β 相相当稳定，容易被过冷。过冷 β 相的等温转变图（图 2-7）与钢的过冷奥氏体等温转变图相似。为了缩短重结晶退火的生产周期并获得更细、更均匀的组织，也可采用等温退火。

（3）均匀化退火 均匀化退火也称为扩散退火，是应用于钢及非铁合金（如锡青铜、硅青铜、白铜、镁合金等）的铸锭或铸件的一种退火方法。将铸锭或铸件加热到合金的固相线温度以下的某一较高温度长时间保温，然后缓慢冷却下来，使合金中的元素发生固态扩散，来减轻化学成分的不均匀性（偏析），主要是减轻晶粒尺度内的化学成分不均匀性（晶内偏析或称为枝晶偏析）。均匀化退火温度较高是为了加快合金元素扩散，尽可能缩短保温时间。合金钢的均匀化退火温度远高于

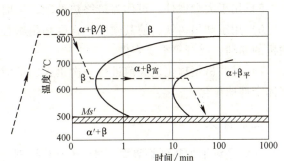

图 2-7 Ti-9%Mo 合金的等温转变图和
等温退火工艺曲线

（β_富 和 β_平 分别表示富合金元素的
β 相和平衡成分的 β 相）

Ac_3，通常为 1050~1200℃；非铁合金锭的均匀化退火温度一般是 "0.95×固相线温度（K）"。均匀化退火因加热温度高，保温时间长，所以热能消耗量大。

（4）球化退火 球化退火是只应用于钢的一种退火方法。将钢加热到稍低于或稍高于 Ac_1 的温度或者使温度在 A_1 上下周期变化，然后缓慢冷却下来，以使珠光体内的片状渗碳体以及先共析渗碳体都变为球粒状，均匀分布于铁素体基体中（这种组织称为球化珠光体）。具有这种组织的中碳钢和高碳钢硬度低、可加工性好、冷形变能力强。对工具钢来说，这种组织是淬火前最好的原始组织。

（5）去应力退火 将钢件加热到稍高于 Ac_1 的温度，保温一定时间后随炉冷却到 550~600℃ 出炉空冷的热处理工艺称为去应力退火。去应力加热温度低，在退火过程中无组织转变，主要适用于毛坯件及经过切削加工的零件，其目的是消除毛坯和零件中的残余应力，稳定工件尺寸及形状，减少零件在切削加工和使用过程中的变形和开裂倾向。

二、正火

正火是将工件加热至 Ac_3 或 Ac_{cm} 以上 30~50℃，保温一段时间，然后出炉空冷或采取喷水、喷雾、吹风冷却的热处理工艺，其目的是使晶粒细化和碳化物分布均匀化。正火与退火的不同点是正火冷却速度比退火冷却速度稍快，因而正火组织要比退火组织更细一些，其

力学性能也有所提高。另外，正火采取炉外冷却，不占用设备，生产率较高，因此生产中尽可能采用正火来代替退火。

正火的主要应用范围如下：

1）用于低碳钢，正火后的硬度略高于退火后的硬度，韧性也较好，可作为切削加工的预处理。

2）用于中碳钢，可代替调质处理作为最终热处理，也可作为用感应淬火方法进行表面淬火前的预备处理。

3）用于工具钢、轴承钢和渗碳钢等，可以消除或抑制网状碳化物的形成，从而得到球化退火所需的良好组织。

4）用于铸钢件，可以细化铸态组织，改善切削加工性能。

5）用于大型锻件，可作为最终热处理，从而避免淬火时产生较大的开裂。

6）用于球墨铸铁，使其硬度、强度和耐磨性得到提高，如用于制造汽车、拖拉机、柴油机的曲轴、连杆等重要零件。

7）过共析钢球化退火前进行一次正火，可消除网状二次渗碳体，以保证球化退火时渗碳体全部球粒化。

三、淬火

淬火是将钢加热到临界温度 Ac_3（亚共析钢）或 Ac_1（过共析钢）以上某一温度，保温一段时间，使钢全部或部分奥氏体化，然后以大于临界冷却速度的冷速快冷到 Ms 以下（或 Ms 附近等温）进行马氏体（或贝氏体）转变的热处理工艺。通常也将铝合金、铜合金、钛合金和钢化玻璃等材料的固溶处理或带有快速冷却过程的热处理工艺称为淬火。

淬火的主要目的是较大地提高钢件的硬度，改善其耐磨性，是强硬化的重要处理工艺，应用广泛。经过淬火处理后材料的潜力得以充分发挥，材料的力学性能得到很大的提高，因此对提高产品质量和使用寿命有着十分重要的意义。

淬火工艺中保证冷却速度是关键，过慢则淬不硬，过快又容易开裂。正确选择冷却剂和操作方法也很重要，一般碳钢用水冷、合金钢用油作为冷却剂。

淬火后硬度提高较大，但组织较脆，故淬火后应立即进行回火处理。

淬火方式分为以下几种：

（1）单介质淬火 工件在一种介质中冷却，如水淬、油淬。其优点是操作简单，易于实现机械化，应用广泛；缺点是在水中淬火应力大，工件容易变形开裂，而在油中淬火时冷却速度小，淬透直径小，大型工件不易淬透。

（2）双介质淬火 工件先在有较强冷却能力的介质中冷却到300℃左右，再在一种冷却能力较弱的介质中冷却，如先水淬后油淬，可有效减小马氏体转变的内应力，减小工件变形开裂的倾向，可用于形状复杂、截面不均匀的工件淬火。双介质淬火的缺点是难以掌握两种介质转换的时刻，转换过早容易淬不硬，转换过迟又容易淬裂。为了克服这一缺点，发展了分级淬火法。

（3）分级淬火 工件在低温盐浴或碱浴炉中淬火，盐浴或碱浴的温度在 Ms 点附近，在这一温度将工件停留 $2\sim5min$，然后取出空冷，这种冷却方式叫作分级淬火。分级淬火的目的是为了使工件内外温度较为均匀，同时进行马氏体转变，这样可以大大减小淬火应力，防止变形开裂。分级温度以前都定在略高于 Ms 点，工件内外温度均匀以后进入马氏体区，现在改进为在略低于 Ms 点的温度分级。实践表明，在 Ms 点以下分级的效果更好，例如，高碳钢模具在 160℃ 的碱浴中分级淬火，既能淬硬，变形又小，所以应用很广泛。

（4）等温淬火　工件在等温盐浴中淬火，盐浴温度在贝氏体区的下部（稍高于 Ms），将工件等温停留较长时间，直到贝氏体转变结束，取出空冷。等温淬火用于中碳以上的钢，目的是为了获得下贝氏体，以提高强度、硬度、韧性和耐磨性。低碳钢一般不采用等温淬火。

（5）表面淬火　表面淬火是将钢件的表面层淬透到一定深度，而心部仍保持未淬火状态的一种局部淬火方法。表面淬火时通过快速加热，使钢件表面很快达到淬火温度，在热量来不及传到工件心部就立即冷却，从而实现局部淬火。

（6）感应淬火　感应淬火就是利用电磁感应在工件内产生涡流而将工件进行加热。

四、回火

回火是将淬硬后的工件加热到 Ac_1 以下的某一温度，保温一定时间，然后冷却到室温的热处理工艺。

回火一般紧接着淬火进行，其目的是：

1）消除工件淬火时产生的残余应力，防止变形和开裂。

2）调整工件的硬度、强度、塑性和韧性，达到要求的使用性能。

3）稳定组织与尺寸，保证精度。

4）改善和提高加工性能，因此回火是工件获得所需性能的最后一道重要工序。

按回火温度的范围不同，回火可分为低温回火、中温回火和高温回火。

（1）低温回火　工件在 250℃ 以下进行的回火称为低温回火，其目的是保持淬火工件具有高的硬度和耐磨性，降低淬火残余应力和脆性。淬火马氏体低温回火时得到的组织称为回火马氏体，其硬度为 58~64HRC，具有高的硬度和耐磨性。

应用范围：刃具、量具、模具、滚动轴承和渗碳及表面淬火的零件等。

（2）中温回火　工件在 250~500℃ 之间进行的回火称为中温回火，其目的是得到较高的弹性和屈服强度以及适当的韧性。

马氏体经中温回火后形成的铁素体基体内分布着极其细小球状碳化物（或渗碳体）的复相组织，称为回火托氏体，其硬度为 35~50HRC，具有较高的弹性极限、屈服强度和一定的韧性。

应用范围：弹簧、锻模和冲击工具等。

（3）高温回火　工件在 500℃ 以上进行的回火称为高温回火，其目的是得到强度、塑性和韧性都较好的综合力学性能。

马氏体经高温回火后形成的铁素体基体内分布着细小球状碳化物（包括渗碳体）的复相组织，称为回火索氏体，其硬度为 200~350HBW，具有较好的综合力学性能。

应用范围：广泛用于各种较重要的受力结构件，如连杆、螺栓、齿轮及轴类零件等。

工件淬火并高温回火的复合热处理工艺称为调质。调质不仅作为最终热处理，也可作为一些精密零件或感应淬火件的预先热处理。

45 钢正火和调质后的力学性能比较见表 2-1。

表 2-1 **45钢**（$\phi20\sim40mm$）**正火和调质后的力学性能比较**

热处理方法	σ_b/MPa	A（%）	A_k/J	HBW	组 织
正火	$700\sim800$	$15\sim20$	$40\sim64$	$163\sim220$	索氏体+铁素体
调质	$750\sim850$	$20\sim25$	$64\sim96$	$210\sim250$	回火索氏体

注：σ_b 为抗拉强度。

钢淬火后在300℃左右回火时，易产生不可逆回火脆性，因此一般不在250~350℃的范围内回火。

含铬、镍、锰等元素的合金钢淬火后在500~650℃回火，缓冷易产生可逆回火脆性，为了防止这种回火脆性，小零件可采用回火时快冷，大零件可选用含钨或钼的合金钢。

钢的热处理过程如图2-8所示。

五、表面热处理

表面热处理是指对工件表面进行强化的金属热处理工艺，它不改变零件心部的组织和性能，广泛用于既要求表层具有高的耐磨性、疲劳强度和较大的冲击韧性，又要求整体具有良好的塑性和韧性的零件，如曲轴、凸轮轴和传动齿轮等。表面热处理包括下面几种类型。

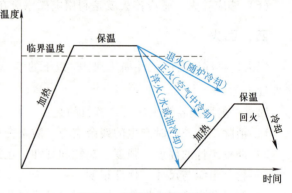

图 2-8 钢的热处理过程

1. 表面淬火

表面淬火是通过快速加热使钢件表层达到淬火温度，而后立即快速冷却，使表层淬硬的热处理方法。根据加热方法的不同，常用的表面淬火方法有高频感应淬火或火焰淬火。

（1）高频感应淬火 常用的电流频率为200~300kHz，这种方法生产效率很高，热处理质量好，适用于形状简单的工件的大批量生产。

（2）火焰淬火 这种方法简便，但热处理质量差，只适用于单件或小批量生产及需要局部表面淬火的零件。

2. 化学热处理

化学热处理是将工件放置于需渗入的活性介质中，经加热和保温，使介质中的活性元素渗入工件表面，从而改变表面的成分和组织，以提高需要的力学性能的热处理方法。化学热处理有渗碳、渗氮（氮化）、碳氮共渗和渗其他元素如渗铬、渗硼、渗硅等。

渗碳适用于低碳钢和低碳合金钢，渗碳后表面强硬性高，心部仍保留较好的韧性，适用于在冲击载荷作用下的受摩擦的工件，如 20、20Cr、20CrMnTi 等。渗氮不适用于碳素钢，适用于如 38CrMoAl 等能形成氮化物的合金钢。碳氮共渗能综合渗碳、渗氮两者的优点。

3. 接触电阻加热淬火

通过电极将小于5V的电压加到工件上，在电极与工件接触处流过很大的电流，并产生大量的电阻热，使工件表面加热到淬火温度，然后把电极移去，热量即传入工件内部而表面迅速冷却，即达到淬火目的。当处理长工件时，电极不断向前移动，留在后面的部分不断淬硬。这一方法的优点是设备简单，操作方便，易于实现自动化，工件畸变极小，不需要回火，能显著提高工件的耐磨性和抗擦伤能力，但淬硬层较薄（0.15~0.35mm），显微组织和硬度均匀性较差。这种方法多用于铸铁机床导轨的表面淬火，应用范围不广。

4. 电解加热淬火

将工件置于酸、碱或盐类水溶液的电解液中，工件接阴极，电解槽接阳极。接通直流电后电解液被电解，在阳极上放出氧气，在工件上放出氢气。氢气围绕工件形成气膜，成为一电阻体而产生热量，将工件表面迅速加热到淬火温度，然后断电，气膜立即消失，电解液即成为淬冷介质，使工件表面迅速冷却而淬硬。常用的电解液为含 5%~18% 碳酸钠的水溶液。电解加热方法简单，处理时间短，加热时间仅需 5~10s，生产率高，淬冷畸变小，适于小零件的大批量生产，已用于发动机排气阀杆端部的表面淬火。

5. 激光热处理

激光在热处理中的应用研究始于 20 世纪 70 年代初，随后即由试验室研究阶段进入生产应用阶段。当用经过聚焦的高能量密度（10W/cm）的激光照射金属表面时，金属表面在百分之几秒甚至千分之几秒内升高到淬火温度，由于照射点升温特别快，热量来不及传到周围的金属，因此在停止激光照射时，照射点周围的金属便起到淬冷介质的作用而大量吸热，使照射点迅速冷却，得到极细的组织，具有很好的力学性能。如加热温度高至使金属表面熔化，则冷却后可以获得一层光滑的表面，这种操作称为上光。激光加热也可用于局部合金化处理，即对工件易磨损或需要耐热的部位先镀一层耐磨或耐热金属，或者涂覆一层含耐磨或耐热金属的涂料，然后用激光照射使其迅速熔化，形成耐磨或耐热合金层。在需要耐热的部位先镀上一层铬，然后用激光使之迅速熔化，形成硬的耐回火的含铬耐热表层，可以大大提高工件的使用寿命和耐热性。

6. 电子束热处理

电子束热处理于 20 世纪 70 年代开始研究和应用，早期用于薄钢带、钢丝的连续退火，其能量密度最高可达 10W/cm。电子束表面淬火除应在真空中进行外，其他特点与激光相同。当电子束轰击金属表面时，轰击点被迅速加热。电子束穿透材料的深度取决于加速电压和材料密度，例如，150kW 的电子束在铁表面上的理论穿透深度大约为 0.076mm，在铝表面上则可达 0.16mm。电子束在很短时间内轰击表面，表面温度迅速升高，而基体仍保持冷态。当电子束停止轰击时，热量迅速向冷基体金属传导，从而使加热表面自行淬火。为了有效地进行"自冷淬火"，整个工件的体积和淬火表层的体积之间至少要保持 5:1 的比例。表面温度和淬透深度还与轰击时间有关。电子束热处理加热速度快，奥氏体化的时间仅零点几秒甚至更短，因而工件表面晶粒很细，硬度比一般热处理的高，并具有良好的力学性能。

六、表面喷丸强化

喷丸强化的过程就是将高速运动的弹丸流喷向零件表面的过程。喷射的弹流就像无数小锤锤击金属表面，使得金属表面产生塑性变形，也就是冷作硬化层，通常也称为表面强化层。从应力状态来看，表面强化层内形成了较高的残余压应力；从组织结构上看，表面强化层内形成了密度很高的位错。这些位错在随后的交变应力及温度或两者的共同作用下逐渐排列规则，呈多边形状，并由此在表面强化层内逐渐形成更小的亚晶粒。

试验表明，喷丸强化工艺对材料的抗拉强度没有明显影响，断后伸长率略有降低，表面硬度有所增高，冲击韧性略有下降，但喷丸强化能大幅度提高循环载荷作用下金属的疲劳强度。

1. 零件喷丸强化后的特点

零件经喷丸强化后具有以下特点：

1）零件受喷表面残余压应力的大小和残余压应力层的深度取决于受喷材料的性能和喷丸强度。材料的强度和硬度越高，残余压应力就越大，残余压应力层的深度就越浅，喷丸强度越高，残余压应力层的深度也越大。

2）受喷表层的材料组织发生变化。

3）受喷表面变得粗糙。受喷表面的粗糙度随着喷丸强度的提高、表层硬度的降低和弹丸尺寸的减小而变差。

4）尺寸增大。受喷表面的金属被挤出，形成微小的金属波峰，故而尺寸增大。

2. 测评喷丸强化质量的基本参数

测评喷丸强化质量有三个基本参数，即喷丸强度、喷丸覆盖率及表面粗糙度。

（1）喷丸强度　影响喷丸强度的工艺参数主要有弹丸直径、弹流速度、弹丸流量和喷丸时间等。弹丸直径越大、速度越快，弹丸与工件碰撞的动量越大，喷丸的强度就越大。喷丸形成的残余压应力可以达到零件抗拉强度的 60%，残余压应力层的深度通常可达0.25mm，最大极限值为 1mm 左右。喷丸强度需要一定的喷丸时间来保证，经过一定时间，喷丸强度达到饱和后，再延长喷丸时间，强度不再明显增加。在喷丸强度的阿尔门试验中，喷丸强度的表征为试片变形的拱高。

（2）喷丸覆盖率　喷丸覆盖率是指工件上每一个点被钢丸打到的次数，其测量方法如下：先在工件表面涂上一层彩釉或萤光釉，然后按工艺参数对工件进行喷丸，每喷表面一遍将工件取出，在显微镜（放大镜）下观察所残留的涂层在表面所占的比例，如还有 20% 残留，则覆盖率为 80%。当残留只有 2%，即喷丸覆盖率为 98% 时，可视为全部清除，即喷丸覆盖率为 100%。此时就有一个时间，若达到 400% 的覆盖率，就是四倍的该时间。

影响喷丸覆盖率的因素有零件硬度、弹丸直径、喷射角度和距离及喷丸时间等。在规定的喷丸强度条件下，零件的硬度低于或等于标准试片硬度时，覆盖率能达到 100%；反之，覆盖率则会下降。在相同的弹丸流量下，喷嘴与工件的距离越长、喷射的角度越小、弹丸直径越小，达到喷丸覆盖率要求的时间就越短。喷丸强化时，应选择大小合适的弹丸、喷射角度及距离，使喷丸强度和覆盖率同时达到要求。

（3）表面粗糙度　由于钢丸的喷射，工件表面的表面粗糙度会产生一定的变化。影响表面粗糙度的因素有零件的强度和硬度、弹丸直径、喷射的角度和速度及零件的原始表面粗糙度等。在其他条件相同的情况下，零件的强度和表面硬度值越高，塑性变形越困难，弹坑越浅，表面粗糙度值越小；弹丸的直径越小、速度越慢，弹坑就越浅，表面粗糙度值就越小；喷射的角度越大，弹丸速度的法向分量越小，冲击力越小，弹坑越浅，弹丸的切向速度越大，弹丸对表面的研磨作用就越大，表面粗糙度值就越小。零件的原始表面粗糙度也是影响因素之一，原始表面越粗糙，喷丸后表面粗糙度值降低越小；相反，表面越光滑，喷丸后变得越粗糙。当对零件进行高强度的喷丸后，深的弹坑不但加大表面粗糙度值，还会形成较大的应力集中，严重削弱喷丸强化的效果。

复习思考题

1. 碳素钢及铸铁的火花有什么特征?
2. 说明退火、正火、淬火的主要作用及冷却方式。
3. 什么是回火? 回火的分类及其主要作用是什么? 各类回火应用的特点如何?
4. 常用钢的表面热处理方法有哪些? 各举例说明其应用。
5. 钢零件通过表面喷丸强化能提高哪些主要性能?

第三章 铸 造

我国工业发展的历史长河中，铸造工艺具有突出地位，对社会发展产生了深远影响。晋代诗人曹毗《咏冶赋》中描绘了古代冶铸生产的场景，今天生活中使用的词汇如"模范""熔铸""泥范"等都源自古代铸造工艺术语。商朝的司母戊方鼎、战国时期的曾侯乙尊盘和西汉的透光镜等都是古代铸造工艺的杰出代表作品。

铸造是现代机械制造工业的基础，一个国家的实力在很大程度上取决于铸造业的发展水平。随着工业技术的不断进步，我国铸造机械行业显著提高，为其未来发展奠定了良好基础。我们从依赖进口的局面中解脱出来，能够生产出较高水平的铸造自动生产线；此外，大型核电、火电、水电、风力等高效清洁发电设备和钢铁、石化、船舶、轨道交通、机床、航空航天、汽车等产业的巨大铸件和高端关键铸件以及各类功能铸件，都能实现本地化，并达到世界先进水平。这标志着我国铸造行业正在朝更高效、更环保、更可持续的方向发展，为我国工业的未来发展奠定了坚实的基础。

铸造是现代机械制造的基础工艺之一。将金属熔炼成符合一定要求的合金液并浇入铸型，经冷却凝固、清整处理后得到具有型腔形状、尺寸的零部件（铸件）的工艺过程称为铸造。

铸件在毛坯件中占有很大的比例，这与铸造生产的特点有关。铸造生产具有以下特点：

1）适应性强、应用范围广。铸造是液体成型，故铸件形状可以不受大小、形状和结构复杂程度的限制。

2）铸造使用材料较省、成本低。

3）细长件、薄件较难制造，铸件铸态组织较为粗大，存在力学性能较低并且劳动条件较差等缺点。随着机器造型和特种铸造方法的出现，以及铸造新工艺、新技术的采用，这些缺点正被逐渐改进与克服。

铸造生产方法有多种，通常分为砂型铸造和特种铸造两大类型，其中砂型铸造是应用最广泛、最基本的铸造方法。

第一节 砂 型 铸 造

一、砂型铸造的生产工艺过程

砂型铸造的生产工艺过程主要包括①模样、芯盒、型砂、芯砂的制备；②造型、造芯；③合箱；④熔化金属及浇注；⑤落砂、清理及检验等。砂型铸造的生产工艺过程如图 3-1 所示。

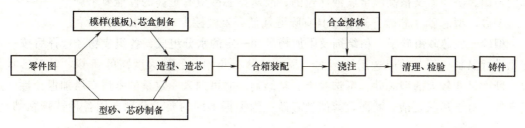

图 3-1　砂型铸造的生产工艺过程

二、铸型的结构

这里以应用最多的两箱造型方法为例，其铸型结构如图 3-2 所示。铸型结构主要包括上、下砂箱，形成型腔的砂型，型芯，以及浇注系统、冒口系统等。上、下砂箱多为金属框架。

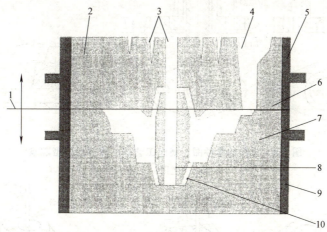

图 3-2　铸型结构图

1—分型面　2—上型　3—出气孔　4—浇注系统　5—上箱　6—型腔　7—下型　8—型芯　9—下箱　10—芯头芯座

金属液体在砂型里的通道称为浇注系统，主要由四部分组成：外浇口（浇口杯、浇口道）、直浇道、横浇道和内浇道，图 3-3 所示为中间注入式浇注系统。

浇口杯引导液体进入浇注系统；直浇道引导液体进入横浇道并调节静压；横浇道引导液体进入内浇道，并撇渣、挡渣；内浇道引导液体进入型腔，可控制速度、方向。

三、型砂和型芯砂

型砂是砂型的主体，对铸件的质量有很大的影响，故对型砂性能有以下要求：良好的透气性、适当的强度、成型性、耐火性、溃散性。

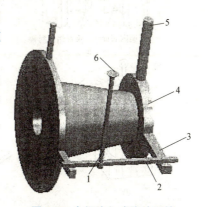

图 3-3　中间注入式浇注系统

1—直浇道　2—横浇道　3—内浇道
4—铸件　5—出气孔　6—浇口杯

型芯主要用来形成铸件内腔，有时也用于制作铸件外形。由于型芯在浇注时受到金属液体的冲刷，浇注后又被高温金属液体包围，故对型芯砂应有更高的性能要求。

型砂、型芯砂（芯砂）还要求具有吸湿性低、发气性少、易于出砂等性能。

型砂、型芯砂由砂子、粘结剂及附加物等加一定的水分组成，各组成物经选择后按一定配比进行混制。型芯砂应选用圆形的、颗粒度分布集中的、耐火度高的新砂。对于形状简单、断面尺寸较大的型芯砂，可选黏土、粘结剂，并可加入一定量的木屑来增加退让性、透气性等；对于形状复杂、断面较薄的型芯砂，则根据不同的要求分别选用各种特殊粘结剂，如桐油、树脂等。

四、模样及型芯盒

模样常用木料、金属和塑料等制造，即通常称的木模、金属模、塑料模等，其中木模目前仍较常使用。型芯盒用来制造型芯，如图3-4和图3-5所示。

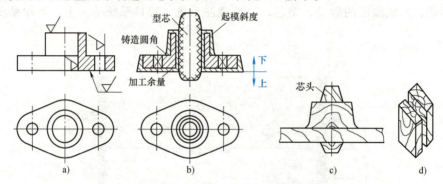

图3-4 压盖的零件图、铸造工艺图、模样图及型芯盒
a）零件图 b）铸造工艺图 c）模样图 d）型芯盒

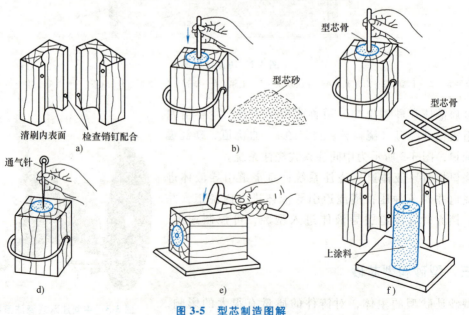

图3-5 型芯制造图解
a）检查型芯盒 b）夹紧型芯盒，分层加芯砂捣紧 c）插型芯骨 d）继续填砂捣紧刮平，扎通气孔
e）松开夹子，轻敲型芯盒，使型芯从型芯盒内壁松开 f）取型芯，上涂料

制作模样、型芯盒应考虑以下因素：

（1）分型面　分型面是指砂型的分界面。选择分型面时主要应考虑便于造型与起模，这也是决定造型方法首先要考虑的重要问题。

（2）收缩量　因为金属液体冷却凝固成铸件（固体）时会产生一定的收缩量，故模样应留余量，即收缩量。

（3）起模斜度　为了起模方便，模样中垂直于分型面的表面应有一定的倾斜度。

（4）加工余量　为机加工预留的尺寸，主要取决于加工要求。

（5）铸造圆角　铸件交角处应制成一定的圆角，以避免交角处的开裂等。

（6）型芯头　模样上应做出用于支承、固定型芯的部位。

第二节　造型方法

造型是铸造生产中最重要的工序之一，铸件的形状、尺寸大小、数量和精度要求不同，造型方法也不同，但其操作技术基本类似。当一个铸件可用多种方法造型时，则应从保证质量的角度出发，选取最经济、简便、可靠的一种。

造型方法可分为以下两种：

（1）手工造型　运用手工或手用器具完成的造型称为手工造型，其工艺设备简单，灵活性适应性强，目前仍较常使用。缺点是受操作者的技术水平影响大，劳动强度高、效率低，适用于单件、小批量生产。

（2）机器造型　机器造型的机械化、自动化程度较高，是铸造生产的重要发展方向，适用于大批量生产。

一、手工造型

1. 手工造型工具

手工造型的工具繁多，主要包括底板、砂箱、秋叶、墁刀、砂勾、半圆、小锤、水笔、舂砂锤、通气针、起模针和皮老虎等，如图 3-6 所示。

造型前应根据需要，熟悉造型工具的作用和正确的使用方法，选用合适的造型工具。

2. 手工造型方法

手工造型方法主要有整模造型、分模造型、控砂造型、活块造型、三箱造型及刮板造型等。

（1）整模造型　整模造型的模样是整体的，铸型型腔放在下半箱内，分型面在上、下箱间，即分型面、最大截面往往位于铸件的一端平面，在一个砂箱内，对一个整体模样进行造型。支架铸件的整模造型过程如图 3-7 所示。

操作中要分次加砂，均匀舂砂。起模前要刷水，即对模样周围的型砂刷水，以增强其强度，防止起模中塌落。

整模造型工艺简单，质量好，应用广泛，适用于一端为最大平面的铸件。

（2）分模造型　分模造型的分型面就是分模面，模样是分模，如图 3-8b 所示。在上、下两个砂箱内，对模样的上、下两个部分分别进行造型，然后再合箱装配。三通铸件的分模造型过程如图 3-8 所示。

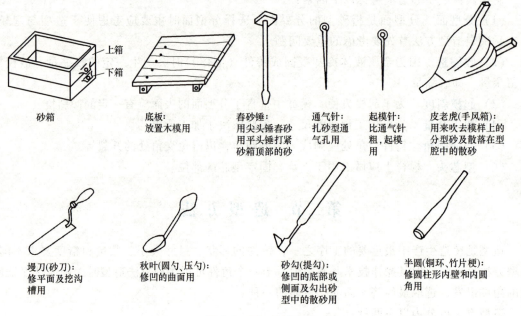

砂箱   底板：   春砂锤：   通气针：   起模针：   皮老虎(手风箱)：
上箱   放置木模用   用尖头锤春砂   扎砂型通   比通气针   用来吹去模样上的
下箱   用平头锤打紧   气孔用   粗，起模   分型砂和散落在型
                            砂箱顶部的砂   用   腔中的散砂

墁刀（砂刀）：   秋叶（圆勺、压勺）：   砂勾（提勾）：   半圆(铜环、竹片梗)：
修平面及挖沟   修凹的曲面用   修凹的底部或   修圆柱形内壁和内圆
槽用   侧面及勾出砂   角用
                                        型中的散砂用

图 3-6　手工造型工具

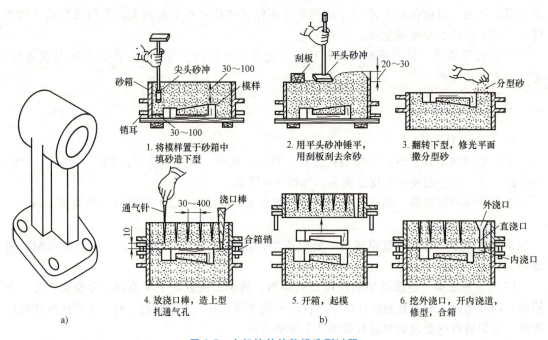

砂箱   尖头砂冲   30～100   模样   刮板   平头砂冲   20～30   分型砂
销耳   30～100

1. 将模样置于砂箱中   2. 用平头砂冲锤平，   3. 翻转下型，修光平面
填砂造下型   用刮板刮去余砂   撒分型砂

通气针   30～400   浇口棒   外浇口
10   合箱销   直浇口
                                                                      内浇口

4. 放浇口棒，造上型   5. 开箱，起模   6. 挖外浇口，开内浇道，
扎通气孔   修型，合箱

a)   b)

图 3-7　支架铸件的整模造型过程

a）支架　b）整模造型过程

分模造型的造型简便，应用广泛，特别适用于带孔的管、阀、箱体等铸件。

（3）控砂造型　控砂造型近似于整模造型，也为一个整体模样，在一个砂箱内造型。但分型面即最大截面不在铸件的一端平面上，而在铸件中间某个不规则的曲面上。为了方便起模，造型时必须挖掉阻碍起模的型砂。图 3-9 所示为手轮的挖砂造型过程。

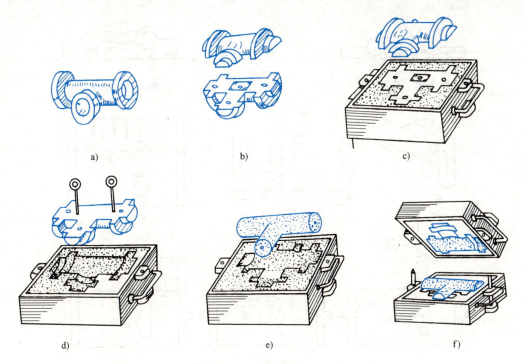

图 3-8　三通铸件的分模造型过程

a）三通　b）分模　c）造好下型，准备做上型　d）起模　e）下砂芯　f）合箱

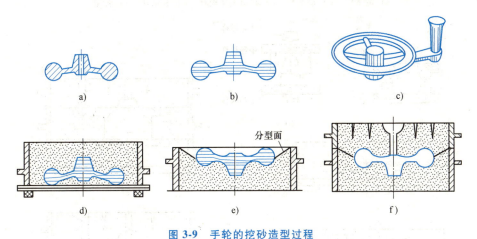

图 3-9　手轮的挖砂造型过程

a）铸件　b）模样　c）带浇口的铸件　d）造下型　e）翻转、挖出分型　f）造上型后合箱

在挖砂造型中也有用成型底板或假箱作为造型底板的，方便造型。将模样放置于假箱上进行造型，此法又称为假箱造型，如图 3-10 和图 3-11 所示。

（4）活块造型　活块造型的模样带有"活块"部分，它是把模样中阻碍起模的凸出部分，如凸台、肋条等做成与模样主体能活动连接的"活块"，造型中先取出整块模样，留下模样的活块，然后再从侧面取出活块，完成造型。活块造型过程如图 3-12 所示。

（5）三箱造型　三箱造型为两个分型面，模样是分模，有上、中、下三个砂型砂箱，过程如图 3-13 所示。三箱造型操作复杂，尺寸精度及生产效率较低，不能用于机器造型，

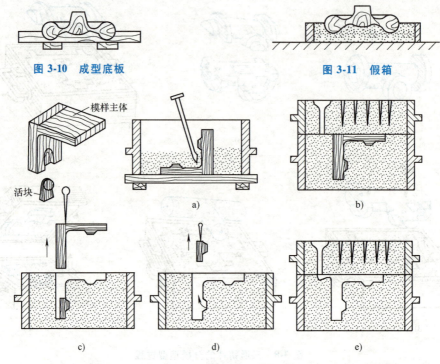

图 3-10　成型底板　　　　　　　　　　图 3-11　假箱

图 3-12　活块造型过程

a）造下型　b）造上型　c）起出主体模样　d）起活块　e）合箱

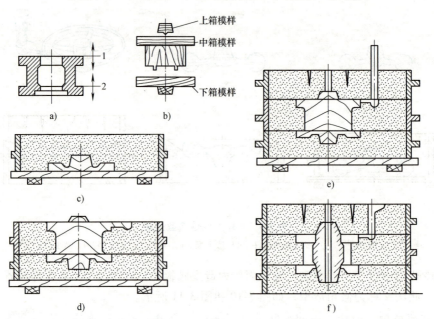

图 3-13　三箱造型过程

a）铸件　b）模样　c）造下型　d）造中型　e）造上型　f）起模、放砂芯、合箱

适用于单件、小批量的两端截面大、中间截面小的铸件。生产中应尽量将三箱造型改为两箱造型，如图 3-14 所示，可采用环形芯座将槽轮三箱造型改为两箱造型。

二、机器造型

机器造型是以机械化、自动化方法替代造型中的手工操作，主要是依靠造型机完成紧砂和起模两项主要工序，常用的有震压式造型机。由于震压式造型机工作时振动及噪声大，近年来又出现了抛砂机、低压微震造型机、高压多触头造型机和射压造型机等多种造型机械。

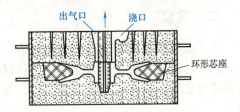

图 3-14　使用环形芯座以两箱
造型代替三箱造型

机器造型的铸件质量好，劳动强度低，生产率高，一般为 100~200 型/h，因此在大批量铸件生产中得到广泛应用。但机器造型的设备投资较大，需由专门造上型和下型的两台机器配对组成生产线，所以机器造型不适用于三箱造型。

第三节　浇注系统、冒口和冷铁

一、浇注系统

浇注系统是指为将液态金属引入铸型型腔而在铸型内开设的通道。典型浇注系统的构成如图 3-15 所示。

（1）外浇口　因形状似漏斗也称为浇口杯，其功能是引导金属液平稳地流入直浇道。

（2）直浇道　通常是一个上大下小的圆锥形垂直通道，可以调节金属液平稳地流入横浇道。

（3）横浇道　通常开在直浇道与内浇道之间，其截面形状多为梯形，主要起缓减金属液的流速及挡渣作用，并使金属液平稳地流入内浇道。

（4）内浇道　将金属液引进型腔的通道，其截面形状多为扁梯形或三角形。内浇道的作用是控制金属液流入型腔的速度和方向，调节铸件各部分的冷却速度。内浇道的方向不要正对型壁和型芯。

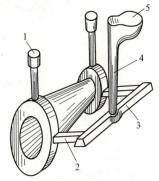

图 3-15　浇注系统
1—冒口　2—内浇道　3—横浇道
4—直浇道　5—外浇口

浇注系统的作用是：①控制金属液充填铸型的速度及充满铸型所需的时间；②使金属液平稳地进入铸型，避免紊流和对铸型的冲刷；③阻止熔渣和其他夹杂物进入型腔；④浇注时不卷入气体，并尽可能使铸件冷却时符合顺序凝固的原则。内浇道、横浇道和直浇道的总截面积是浇注系统的重要参数。根据内浇道、横浇道和直浇道的各自总截面积的比例不同，浇注系统分为开放式、封闭式、半封闭式和封闭-开放式四种。

外浇口的作用是将浇包倾注的液态金属导入直浇道。小型铸件的外浇口大都为漏斗形，上口的直径应是直浇道的两倍以上，而且一般都在造型时直接在铸型上做出。中型以上的铸件，其外浇口常为盆形，一般都单独做出后置于铸型上面。质量要求高的铸件还要在外浇口中设置特殊的集渣装置。

二、冒口

为了避免铸件出现缺陷而附加在铸件上方或侧面的补充部分称为冒口。冒口为空腔，用以储存供铸件补缩用的熔融金属，并有排气和集渣作用，其结构如图3-16所示。

在铸型中，冒口的型腔是存储液态金属的容器，其主要功能是补缩。

功能不同的冒口，其形式、大小和开设位置均不相同，如图3-17所示。所以，冒口的设计要考虑铸造合金的性质和铸件的特点。

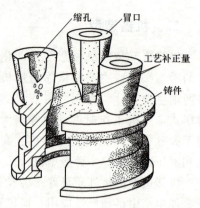

图3-16 冒口结构

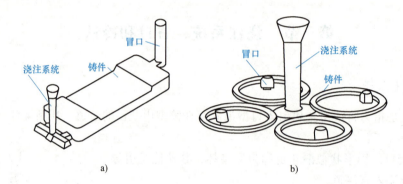

a) b)

图3-17 不同功能的冒口

a）出气集渣为主的冒口 b）收集冷却金属液为主的冒口

三、冷铁

为了增加铸件局部的冷却速度，在砂型、砂芯表面或型腔内安放的金属激冷物称为冷铁，如图3-18所示。

图3-18 冷铁

冷铁由镀锡或涂覆防粘膜稀浆的低碳钢或线材加工而成，并且可以加工成各式各样的形状和尺寸。无论是马蹄钉还是直杆钉都可以作为冷铁使用。在铸造生产中，冷铁被用来控制收缩和获得定向凝固。外冷铁放在模子中顶着铸件壁；内冷铁被压进型芯或模壁，这样它们的一大部分就可以伸进模穴，从而达到预期的效果。

第四节 合　箱

造型和造芯完成后的装配称为合箱。合箱是浇注前的最后一道工序，如操作不当，会造成浇注时的跑火、错箱甚至塌箱等问题。

合箱的工序如下：

1）按铸件图检查型腔及型芯的尺寸和形状。

2）检查型腔内是否有杂质，将型芯放入型腔中；检查是否有合金液可能从间隙流出，若有则用干砂或泥进行密封处理。

3）上、下型合箱时对准原来做的记号，锁上销子即可。

4）为了防止浇注时金属液的浮力将砂箱顶起，在上型上压上压铁等重物。

第五节　合金的熔炼及设备

一、铸铁和铸钢的熔炼

铸件中铸铁件占大多数，占 60%~70% 以上，其余为铸钢件、有色金属件。目前铸铁熔炼设备主要是冲天炉及感应电炉。

冲天炉的炉料为新生铁、回炉旧铸铁件和废钢等；燃料主要是焦炭，也有用煤粉的；熔剂常用的有石灰石（$CaCO_3$）和萤石（CaF_2）等。

熔炼时先以木柴引火烘炉、烧旺，加入焦炭至一定高度形成底焦，鼓风烧旺，再依一定比例，按熔剂、金属料和焦炭顺序加料。熔炼得到的铁液和炉渣分别由前炉的出铁槽和出渣口排出。

铸钢的熔炼设备主要有电弧炉、感应电炉（图 3-19）和冲天炉（图 3-20）。

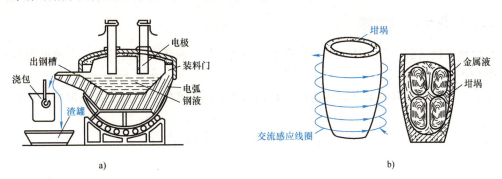

图 3-19　电炉

a）电弧炉　b）感应电炉

冲天炉熔炼是将焦炭、金属材料和石灰石分批加入，其工作过程是由底焦燃烧、热量交换和冶金反应三个基本过程连续发生而组成的。

冲天炉的熔炼行料方式是：①底焦燃烧高度降低，由层焦补充；②金属料被加热、熔化，形成铁液滴从熔化带流入炉缸，再流入前炉，在流经炉缸的过程中被过热；③溶剂被加热后与焦炭灰、金属料中杂质熔为一体开始造渣，形成渣滴后流到炉缸再进入前炉，浮于铁液之上；④熔炼得到的铁液和炉渣分别由前炉的出铁槽和出渣口排出。

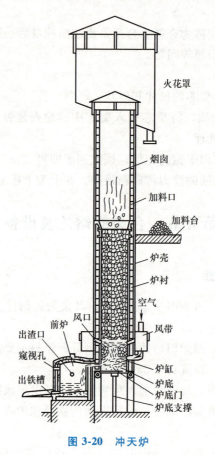

图 3-20 冲天炉

二、有色金属的熔炼

有色金属包括铜、铝、镁、锌等，由于它们熔点低，易吸气且易氧化，多用电阻熔炉及感应电炉熔炼。

感应电炉的特点是熔温高、熔速快、温控灵活、操作方便，缺点是金属翻腾烧损大。

第六节　浇注、落砂和清理

一、浇注

浇注是将金属溶液浇注入铸型，如操作不当，容易诱发安全事故，也影响铸件质量。

浇注前要控制正确的浇注温度，各种金属浇注不同厚度的铸件，应用不同的浇注温度，铸铁件一般为 1250~1350℃。还应采用适中的浇注速度，浇注速度与铸件大小、形状有关。

需要特别注意的是，在开始浇注和结束浇注时，为了减少冲击力和有利于型腔中空气的排出，速度要放慢。浇注时常用浇包，如图 3-21 所示。

二、落砂和清理

落砂是用手工或机械使铸件和型砂、砂箱分开的操作。当金属液冷却后，打开砂箱，进行落砂和清理工作，最后打掉冒口、清除型芯、去除飞边和表面粘砂等。实践教学时以上这些工作一般用手工完成，在生产中广泛采用振动落砂机进行机械落砂，而机械清理方法有滚筒清理、喷砂清理、喷丸清理和水力清理等。

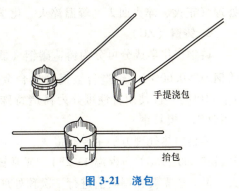

图 3-21　浇包

落砂安全操作规程如下：

1）工作前应戴好防尘口罩，开启有关通风除尘设备，并经常喷洒水雾，防止扬尘。

2）检查落砂机、回砂输送带机、斗式提升机、筛砂机和通风除尘设备，并检查有关电气开关及各种防护罩壳，应使它们符合安全规定。

3）落砂前应了解铸件和铸型质量，禁止铸件、铸型吊运设备和落砂机超负荷工作。

4）落砂前应先开启斗式提升机、筛砂机、回砂输送带机等机械设备，然后再吊运铸型，开启落砂机进行落砂操作。

5）吊运铸件、砂箱及铸型前，必须认真检查链条、钢丝绳和吊具，发现断裂和损坏必须及时处理。

6）严格遵守起重工、挂钩工安全操作规程，密切与行车工配合。对于从未吊运的铸件、铸型，应先进行试吊，确认无误后方可吊运。

7）铸型、铸件在落砂机上振击落砂时，必须放置平稳，防止滑倒、脱落。

8）设置有密封罩的落砂机，在工件吊放入落砂机后，应罩好密封罩，再开动落砂机进行落砂。落砂完成后需停顿一定时间，再打开密封罩，取出工件。采用连续落砂机时，要用工具去排除被卡塞的铸件和砂箱，禁止用手。

9）吊运放置在落砂机上进行落砂的铸型、铸件时应按规定操作，不能超载、超高。

10）应稳妥堆放各种砂箱和铸件，中小砂箱堆放高度不得超过 2m，大砂箱堆放高度不得超过 3.5m。

11）保持落砂场地的清洁，保持通道畅通。

12）定期清扫落砂机下砂斗，挖除地坑内积砂。

第七节　铸件的热处理

常用铸件可分为铸铁、铸钢和铸造有色合金，它们的热处理工艺要求分述如下。

1. 铸铁

铸铁可分为普通铸铁和特殊性能铸铁，下面以灰铸铁为例说明铸铁热处理的特点。由于灰铸铁的硅含量高，且金相组织中有石墨存在，一般来说，热处理仅能改变基体组织，改变不了石墨形状，因此热处理不能明显改善灰铸铁的力学性能。

灰铸铁的热处理包括去应力处理（加热到 $350\sim620℃$，随炉冷却至室温出炉）、石墨化退火（加热到 $900\sim960℃$，保温 $1\sim4h$ 后炉冷至临界温度以下空冷）、表面热处理和其他热处理（正火、淬火回火、等温淬火、化学热处理）。

2. 铸钢（ZG）

铸钢按化学成分可分为铸造碳钢（低碳钢 $w_C\leqslant0.25\%$、中碳钢 $w_C=0.25\%\sim0.60\%$、高碳钢 $w_C>0.60\%$）、铸造合金钢（低合金钢 $w_{Me}<5\%$、中合金钢 $w_{Me}=5\%\sim10\%$、高合金钢 $w_{Me}>10\%$）；按使用特性可分为铸造特殊钢（耐磨钢、不锈钢、耐热钢等）和铸造工具钢（刀具钢、模具钢）。

铸钢的热处理方法主要有退火、正火、淬火加回火（加热到 $600\sim650℃$，保温 $1\sim2h$ 后升温到 $800\sim950℃$ 再保温 $1\sim2h$）。通常铸钢的热处理方为调质（淬火加回火）或正火加回火，但一般需要在调质前进行一次预处理，以防在粗加工过程或淬火过程中出现裂纹；在升温速度上要比碳钢慢，多数升温到 $600\sim700℃$ 时还要均温 $2\sim4h$。

3. 铸造有色合金

习惯上认为黑色金属主要是指铁和钢，而有色金属是指除钢铁以外的其他金属。常用的铸造有色合金有铸造铝合金、铸造铜合金、铸造镁合金、铸造锌合金、铸造钛合金和铸造轴承合金等。

铸造铝合金的热处理方法有人工时效、退火、淬火加自然时效、淬火加不完全人工时效及循环处理等，热处理的主要用途是改善切削加工性能、提高塑性、得到较高的强度和硬度等。

第八节　铸件的缺陷分析

铸造生产过程的环节和工序繁多，许多因素难以控制，包括材料质量、铸件结构、工艺方案、操作技术和组织管理等诸多方面，任一环节出问题，都会引起铸件的缺陷，所以产生铸件缺陷的原因十分复杂。

铸件缺陷可以分为以下几种：

（1）孔眼类缺陷　包括气孔、缩孔、缩松、渣眼、砂眼等。

（2）裂纹类缺陷　包括热裂、冷裂等。

（3）表面缺陷　包括粘砂、结疤、夹砂、冷隔等。

（4）形状和质量不合格　包括浇不足、抬箱、错箱、偏心、变形、损伤、形状尺寸和质量不合格等。

（5）化学成分及组织不合格　包括化学成分不合格、金相组织不合格、白口现象、物理及力学性能不合格等。铸件的常见缺陷及主要原因分析见表 3-1。

表 3-1　铸件的常见缺陷及主要原因分析

名称	特　征	产生的主要原因	防止方法
气孔	铸件内部或表面的光滑孔眼，多呈圆形	1. 舂砂过紧或型砂透气性差 2. 砂型太湿，起模、修型刷水过多 3. 型芯通气孔堵塞或未烘干	1. 严格控制型砂芯砂的湿度 2. 合理安排排气孔道 3. 提高砂型的透气性

（续）

名称	特　征	产生的主要原因	防止方法
砂眼	铸件内部或表面的带有砂粒的孔眼	1. 型腔或浇道内散砂未吹净 2. 砂型、型芯强度不够，浇注系统不合理，砂型或型芯被金属液体冲垮 3. 合箱时砂型局部损坏	1. 提高型砂、芯砂的强度 2. 严格造型和合箱的操作规范，防止散砂落入型腔并且稳妥合箱
缩孔	铸件厚大部位有不规则的内壁粗糙的孔洞 缩孔	1. 设计不合理，铸件厚薄不均匀 2. 浇口、冒口安排不当，冒口太小 3. 浇注温度过高	1. 合理设计冒口 2. 控制好浇注温度
粘砂	铸件表面粘有砂粒，表面粗糙	1. 浇注温度过高 2. 砂型耐火度低 3. 春砂太松	1. 提高型砂的耐火度 2. 适当加厚涂料层 3. 控制好浇注温度
浇不足	铸件未浇满	1. 浇注温度过低 2. 铸件太薄 3. 浇口小或未开出气孔 4. 浇注时金属液不足	1. 提高浇注温度和速度 2. 保持有足够的金属液
冷隔	铸件上有未完全熔合的接缝	1. 铸件壁较薄 2. 浇注温度低，浇注速度慢或有中断 3. 浇口位置开设不当或浇口过小	1. 提高浇注温度，浇注不要中断 2. 合理开设浇注系统
裂纹	铸件开裂，裂纹处呈氧化色 裂纹	1. 铸件结构不合理，厚薄相差过大 2. 砂型退让性差 3. 落砂过早，清理操作不当 4. 浇口位置不当，使铸件各处收缩不均匀	1. 合理地设计铸件结构 2. 规范落砂及清理操作

（续）

名称	特　征	产生的主要原因	防止方法
错型	铸件在分型面处错开 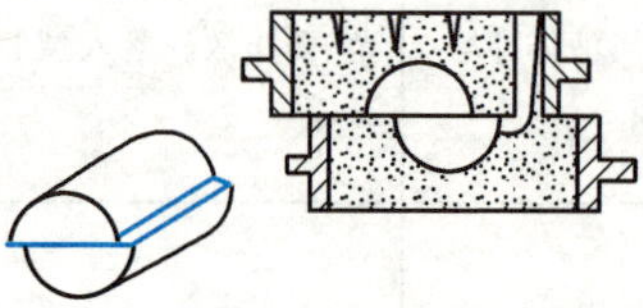	1. 合箱时上、下型未对准 2. 分模的上、下模有错移 3. 合箱后加压铁或夹具紧固时上、下型错移	1. 尽可能采用整模在一个砂箱内造型 2. 采用能准确定位和定向的砂箱
偏心	铸件孔的位置偏移中心线 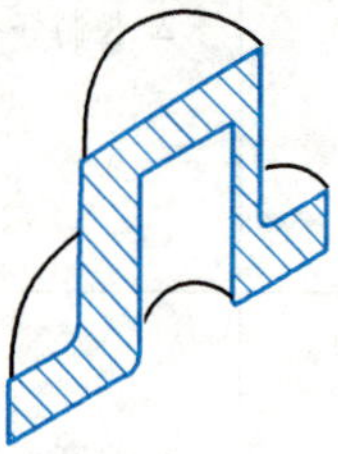	1. 下芯中型芯下偏 2. 型芯本身弯曲变形 3. 型芯座与型芯头尺寸不配，或之间的间隙过大 4. 浇口位置不当，金属液冲歪型芯	1. 提高型芯强度 2. 下芯前检验与修型
夹砂	铸件表面有一层瘤状物或金属片状物，表面粗糙，与铸件间夹有一层型砂 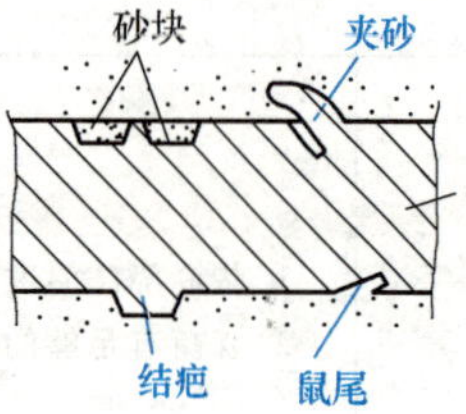	1. 型砂受热膨胀，表层鼓起或开裂 2. 砂型局部过紧，水分过多 3. 砂型湿态强度较低 4. 浇注温度过高，浇注速度太慢	1. 提高砂型强度 2. 控制浇注温度
变形	铸件发生弯曲、扭曲等变形 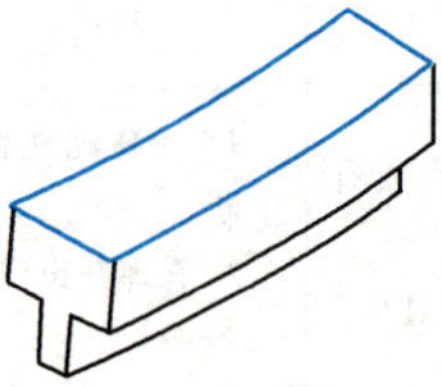	1. 壁厚差别过大 2. 落砂过早	改进铸件结构设计

第九节　典型砂型铸造件实例

在金工实习中常用砂型铸造的方法，其工艺流程分为制作木模——翻砂造型——熔化——浇注——落砂——去浇口、清理——检验入库，如图3-22所示。

在实习中由于考虑学生安全操作及场地限制，铸造实习中加工零件的过程基本按表3-2所列步骤进行。

表 3-2 典型零件的铸造步骤

序号	图　样	步　骤	工　具
1		1. 将下砂箱放置在平板上 2. 在下砂箱内放置模样	木板 模样 下砂箱
2		在下砂箱内填入型砂	铲子 型砂
3		捣实,并用刮板刮平型砂	刮板
4		1. 反转下砂箱 2. 并撒上分型砂	分型砂

（续）

序号	图　样	步　骤	工　具
5		1. 放置上砂箱 2. 在上砂箱适当位置放入浇口棒	上砂箱 浇口棒
6		1. 填入型砂,捣实,并用刮板刮平砂面 2. 在上、下砂箱的合缝处用泥做出合缝记号 3. 在上砂箱表面用钢针扎出气眼 4. 取出浇口棒	型砂 刮板 钢针
7		1. 轻敲砂箱,移去上砂箱,并翻转放平 2. 轻轻取出模样 3. 在下砂箱内开内浇道槽,清理分型面,对准分模记号合上砂箱	铲子 细木棒
8	以教师演示为主	1. 合箱,浇注金属液 2. 清理及去除浇道材料 3. 铸件检验	金属液等

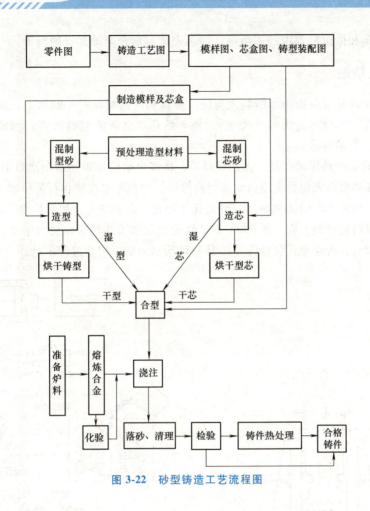

图 3-22 砂型铸造工艺流程图

第十节 常用铸造工艺方法比较

除了砂型铸造方法之外，还有多种铸造方法，这些方法称为特种铸造。特种铸造在铸件质量、劳动条件、生产率和生产成本等方面各有特点，从而弥补了砂型铸造的不足，使铸造生产有了很大的发展。特种铸造方法很多，常用的有金属型铸造、熔模铸造、压力铸造、低压铸造、离心铸造、陶瓷型铸造和磁型铸造等。

一、金属型铸造

金属型铸造是以金属液体浇注金属铸型，即以铸铁或钢制的金属型替代砂型获得铸件的铸造方法，如图 3-23 所示。

金属型的力学性能好，使用寿命长，往往可以重复使用几十次到几万次，实现"一型多铸"，长期使用，生产率高。金属型的铸件精度高，为 IT12~IT14，表面质量好，表面粗糙度 Ra 的值为 6.3~12.5μm，尺寸公差为 100mm±0.4mm。金属型的导热性能好，冷却速度快，铸件组织较细，强度高，但缺乏透气性和退让性，耐热性比砂型差，需开通气孔、预热或上涂料保护，以减少铸件浇不足、冷隔及白口现象。复杂金属型铸件易产生裂纹等缺陷，使得加工复杂，成本升高。金属型铸造不适用于高熔点金属铸件，多用于有色金属铸件的批量生产，如汽车和拖拉机等用的铝活塞、油泵壳体、铜合金轴瓦、轴套等。

二、熔模铸造

熔模铸造先以低熔点物质如蜡制成与铸件形状相同的模样——蜡模，在蜡模表面涂上耐火材料制成薄壳，然后熔去蜡模（失蜡），浇入熔化的金属液获得铸件。因此，熔模铸造又称为失蜡浇注、失蜡铸造。

熔模铸造的生产操作过程是，先制成蜡模，将多个蜡模熔焊到蜡制浇口上，形成蜡模组；再制薄壳，即在蜡模组表面数次刷以耐火材料涂料，一般是水玻璃和石英粉组成的涂料，再撒上一层石英砂，放入 NH_4Cl 水溶液中，使之化学硬化，形成薄壳；然后是熔去蜡模和焙烧，放入热水槽中使蜡熔化浮到上面，而800℃的焙烧能去除杂质并使薄壳更为坚硬；最后浇注金属液体，冷却凝固后，击碎薄壳获得铸件。图3-24所示为熔模铸造过程示意图。

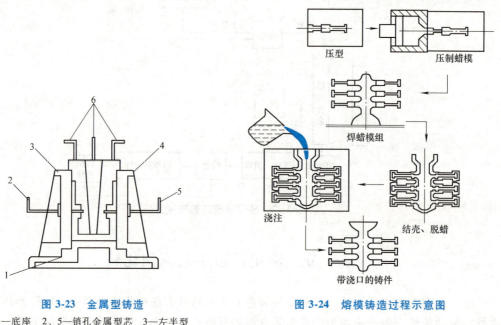

图 3-23　金属型铸造

1—底座　2、5—销孔金属型芯　3—左半型

4—右半型　6—分块金属型芯

图 3-24　熔模铸造过程示意图

熔模铸造是一次成型，没有分型面，不需要起模，可以制造较复杂的铸件。熔模铸造的铸件精度高，为IT11~IT14，表面质量好，表面粗糙度 Ra 的值为 $1.6~12.5\mu m$，尺寸公差为 $100mm\pm0.3mm$。熔模铸造由石英砂等组成薄壳，耐高温，能浇注高熔点的耐热合金钢等，在浇注金属和生产批量上没有限制。但熔模铸造生产工序繁杂，生产周期长，成本高，蜡模强度低，铸件不宜太大，一般铸钢件限20kg以下。熔模铸造适用于熔点高的金属及难以加工的小型零件，如飞机发动机中的涡轮叶片、切削刀具及耐热合金小铸件等。

三、压力铸造

把金属液体通过高压高速压入金属铸型内，并使之成型获得铸件的方法称为压力铸造。压力铸造的主要设备是压铸机，常用的是卧式冷压室压铸机，其工作示意图如图3-25所示。

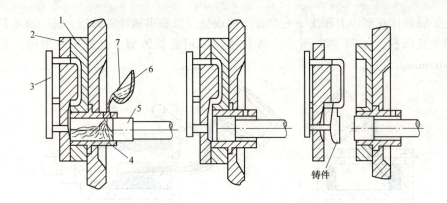

图 3-25 卧式冷压室压铸机工作示意图

1—定型 2—动型 3—顶杆机构 4—压室 5—压射冲头 6—定量勺 7—液态金属

压力铸造的铸件精度高，为 IT11 ~ IT13，表面质量好，表面粗糙度 Ra 的值为 0.8 ~ 3.2μm，尺寸公差为 100mm±0.3mm。

压力铸造的铸件组织紧密，强度高，但因充型快，气体来不及排出而易在铸件内形成气孔，故压铸件不宜高温使用和热处理，否则铸件内气体膨胀极易表面起泡，引起表面不平或变形。加工时亦应严格控制切削量，以免把表面密层切去，露出气孔。压力铸造生产率高，但压铸机及其模具造价高，多用于有色金属薄壁零件的大量生产，如汽车、电器仪表和照相器材中的零件等。

四、低压铸造

低压铸造如同压力铸造，但压力低（高于砂型重力铸造的压力）。压力铸造是在 0.2 ~ 0.7atm（1atm＝101325Pa）大气压力下，把金属液体注入金属铸型，在压力下结晶成型，获得铸件，如图 3-26 所示。坩埚内金属液体在压力作用下经浇注管，由金属型底部浇口注入型腔，保持压力适当时间，凝固成型。

低压铸造的铸件在压力下成型，组织致密，气孔夹渣少，铸件的精度和表面质量在压力铸造和金属型铸造之间。低压铸造比金属型铸造易于实现自动化，生产率高，成本降低 50% 左右。与压力铸造相比，低压铸造设备简单，投资低，经济性好，又能避免压力铸造中的缺陷，铸件质量较好，因此低压铸造在 20 世纪 60 年代出现后发展迅速，已获得广泛应用。低压铸造适用于有色金属，如铝、镁等合金，用做密封性较好的零件，如飞机发动机的铝镁合金缸头、座舱盖、机匣及汽车用的铝合金气缸盖等。

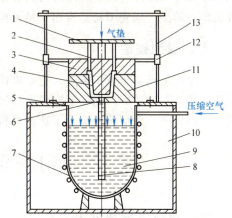

图 3-26 低压铸造示意图

1—顶板 2—顶杆 3—上型 4—型腔 5—密封垫 6—浇口 7—坩埚 8—升液管 9—液态金属 10—保温炉 11—下型 12—滑套 13—导柱

五、离心铸造

离心铸造是将金属液体注入旋转着的铸型型

腔内，让金属液体在离心力作用下充型并凝固成型，以获得铸件的铸造方法。离心铸造机包括卧式和立式两种，如图 3-27 所示。离心铸造多用金属铸型，也有用砂型的，其转速为 $250\sim1500\mathrm{r/min}$。

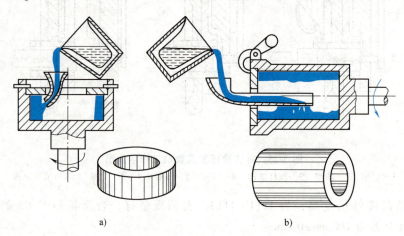

图 3-27　离心铸造机示意图
a）立式　b）卧式

由于离心力的作用，离心铸造的铸件组织致密，无缩孔、缩松、气孔、夹渣，力学性能好。离心铸造的铸件内腔为自由表面成型，精度差，表面粗糙，需要较大的加工余量，偏析大，常用于制造中空圆形铸件，如铸铁管、钢辊筒和铜轴套等。

六、陶瓷型铸造

陶瓷型铸造是用金属液体浇注陶瓷铸型，凝固成型后获得铸件的铸造方法。陶瓷型铸造结合了砂型铸造和熔模铸造的优点，设备和操作简单，又耐高温，精度高。在砂箱造型中，先向模样外面灌注含陶瓷质耐火材料和粘结剂的陶瓷浆，形成陶瓷浆层，起模后经喷烧即可成为陶瓷铸型。陶瓷型铸造常用于精密模具的铸件。

七、磁型铸造

磁型铸造类似于砂型铸造，它是以铁丸替代型砂、芯砂，泡沫塑料汽化模作模样，在电磁场作用下形成铸型，向磁型浇注金属液体，凝固成型，切断电源清除电磁场后铸型铁丸馈散，获得铸件。磁型铸造减少了造型材料的消耗，常用于汽车零件等铸件。

第十一节　快速精密铸造

一、传统失蜡铸造工艺

传统的失蜡铸造是一种典型的精密铸造工艺，又称为熔模铸造，它是在蜡模的表面涂覆多层由耐火材料构成的砂浆，然后对其加热，使其熔化并去除蜡模，焙烧砂浆，获得与蜡模形状相应的型壳，再用此型壳浇注熔化的金属，最终得到金属铸件。图 3-28 所示为这种工艺的过程示意图。

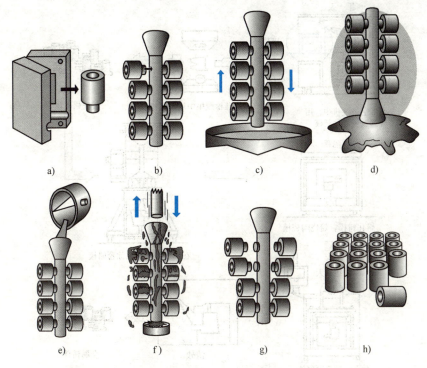

图 3-28 传统失蜡铸造工艺过程示意图

a）用压型注射蜡模 b）装配蜡模树 c）在蜡模表面涂覆多层砂浆
d）脱蜡、焙烧，构成型壳 e）用型壳浇注熔化金属 f）清除型壳
g）从铸件树上分离铸件 h）完成的铸件

然而，上述传统失蜡铸造工艺存在以下几个问题：

1）注射蜡模用的金属压型必须用切削加工机床制造，对于形状较复杂、精度要求较高的金属压型还需用数控机床加工，因此相当麻烦和费时。

2）浇注熔化金属的壳型为薄壳状结构，它是在蜡模表面逐层涂覆砂浆后干燥、焙烧而成的，因此十分费时，往往需要若干天时间。

3）一般采用大气环境下的重力浇注法，因此，型腔的充满程度受到限制，特别是形状复杂的精细工件。

4）所需车间面积较大，环境污染严重。

为了解决这些问题，以适应快速开发、生产新产品的需要，出现了现代快速精密铸造工艺与设备。

二、现代快速精密铸造工艺及其设备

现代快速精密铸造工艺过程如图 3-29 所示，其中采用的设备及其工艺过程如下：

1. 附带电热杯的真空浇注机

在如图 3-30 所示的真空浇注机上安装了电热杯，其加热温度可以通过温控器进行调节，一般设定为90℃。将失蜡铸造用小蜡块放入电热杯中，待蜡块开始熔化后，可以起动混合叶片，加速蜡的熔化。然后开始抽真空，使液态蜡中的气泡消失。在蜡块完全熔化成液态

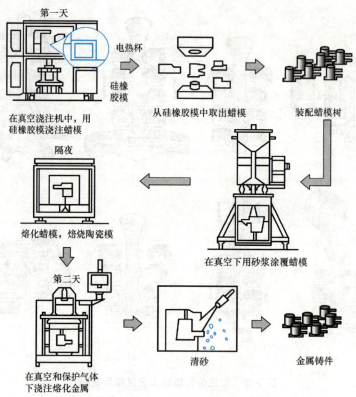

第一天

电热杯

硅橡胶模

在真空浇注机中，用
硅橡胶模浇注蜡模

从硅橡胶模中取出蜡模

装配蜡模树

隔夜

熔化蜡模，焙烧陶瓷模

在真空下用砂浆涂覆蜡模

第二天

在真空和保护气体
下浇注熔化金属

清砂

金属铸件

图 3-29　现代快速精密铸造工艺过程

后，使真空度降至大气压。

　　从烘箱中取出已预热的硅橡胶模，并将其置于真空注型机的可升降工作台上，调整工作台的高度，使硅橡胶模的浇口与漏斗紧密相连。

　　关闭真空浇注机的大门，再次抽真空，当液态蜡中无气泡后，使真空度泄放至 30～50mbar（1mbar＝100Pa）。此后，使电热杯倾斜，其中液态蜡经漏斗徐徐注入下方的硅橡胶模，一旦模具上的冒口已充满，立即停止浇注，使电热杯返回直立原位。待真空度降至大气压后，开启真空浇注机的大门，取出硅橡胶模，并将其静置 1～1.5h，再从液态蜡完全固化的硅橡胶模中小心地取出蜡模。

2. 真空混合机

　　在如图 3-31 所示的真空混合机下部的浇注室中可以安放浇注筒，如图 3-32 所示。浇注筒的底部有一橡胶垫，如图 3-33 所示。预先用电

图 3-30　附带电热杯的真空浇注机

熔铁将若干个蜡模与蜡棒焊接成的蜡模树（图 3-34）插在橡胶垫的中心孔中，然后在浇注筒的外表面缠绕一圈胶带纸，以便封闭浇注筒壁部的孔洞。

　　将称量后的水注入真空混合机上部的混合筒中。冬季作业时，若水温太低，应采用热水，保证混合后的砂浆温度为 20~22℃。

　　将称量后的熔模粉加入混合筒中，逐步提高叶片的转速。持续混合 4~6min 后停止混合叶片的旋转。

　　开启抽气阀，将浇注室抽真空；开启混合筒下部的浇注阀，将砂浆注入浇注筒中蜡模树的周围。

图 3-31　真空混合机

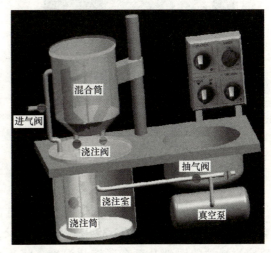

图 3-32　安放在真空混合机浇注室中的浇注筒

　　浇注完成后，关闭浇注阀和抽气阀，关闭真空泵，开启进气阀。当浇注室的气压达到大气压后，使混合筒上升，并转至右边，用水清洗混合筒，然后从浇注室中取出浇注筒，如图 3-35 所示。

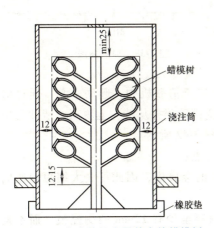

图 3-33　浇注筒及安置其中的蜡模树

图 3-34　蜡模树与橡胶垫

图 3-35　浇注砂浆后的浇注筒

3. 脱蜡及焙烧加热炉

　　如图 3-36 所示为脱蜡及焙烧加热炉，将去除橡胶垫和粘贴胶带纸的浇注筒置于加热炉中，炉的底部有收集熔化蜡的集蜡盆，如图 3-37 所示。按图 3-38 所示的曲线对浇注筒加热，熔化蜡经过与集蜡盆相连的管道排出，砂浆焙烧成陶瓷模。

图 3-36 脱蜡及焙烧加热炉

图 3-37 加热炉的加热室与集蜡盆

4. 真空压力浇注机

将焙烧后的浇注筒放入真空压力浇注机的真空室中的支承板上，如图 3-39 及图 3-40 所示，使感应坩埚炉的温度升至金属熔化温度。将小金属块沿坩埚的壁小心放入坩埚中，待金属块完全熔化后，使密封杆上升，液态金属注入浇注筒。由于是在保护气体产生的压力和真空环境下浇注金属，不同于一般的重力失蜡铸造，因此铸件品质好。

5. 高压水清砂机

将浇注后的浇注筒放入水中冷却，冷却速度不得过快或过慢，冷却过快会导致铸件脆弱，冷却过慢会使熔模难以去除，通常至少需要 10min。

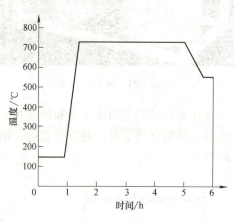

图 3-38 加热曲线

然后打开高压水清砂机（图 3-41）的右侧门，将浇注筒置于清砂机中，起动水泵，通过清砂机正面的两个操作孔用手操作浇注筒，用高压水使陶瓷模破碎并从铸件上脱离。清砂后用手工或气动浇口切割器从蜡模树上切下单个的铸件，如图 3-42 所示。

与传统失蜡铸造相比，上述快速精密铸造具有以下优点：

1）注射蜡模用的压型是硅橡胶模，而不是切削加工的金属模，因此可大大缩短制造周期，降低成本。

2）砂浆浇注于浇注筒中蜡模的周围，能快速形成壁厚至少有 12mm 的陶瓷模，而不是传统的逐层缓慢涂覆的壳型，因此可大大缩短生产周期。

3）在真空下浇注砂浆，而不是在大气下涂覆砂浆，因此形成的陶瓷模精确、密实。

4）在保护气体压力和真空环境下浇注熔化金属，而不是大气环境下的重力浇注，因此铸件精度更高、无氧化。

5）各种设备均在密闭条件下工作，而不是敞开在大气中，因此无污染。

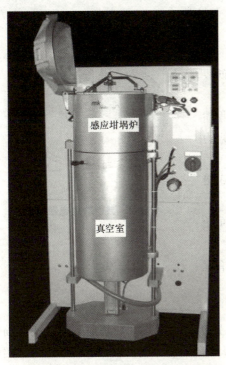

图 3-39 真空压力浇注机

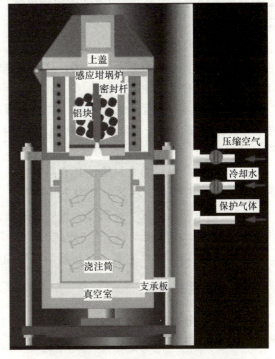

图 3-40 真空压力浇注机的内部结构示意图

图 3-41 高压水清砂机

图 3-42 精铸件

三、现代快速精密铸造用材料

1. 熔模粉

典型的熔模粉由 27% 的石膏（plaster）、31% 的石英（quartz）和 40% 的方石英（cristobalite）两种硅石，以及 2% 的改性添加物组成，如图 3-43 所示。

2. 注射蜡

注射蜡主要有以下几种：

（1）粉红蜡　粉红蜡为常用蜡，具有高弹性与低收缩率，表面很光滑，注射温度为 72~74℃。

（2）红蜡　红蜡用于大型平坦工件，有很低的收缩率，在平坦表面无下陷，能雕刻，注射温度为 72~74℃。

（3）绿蜡　绿蜡为常用蜡，具有高弹性，与 863 蜡相似，但流动性略低，注射温度为 72~74℃。

（4）蓝蜡　蓝蜡对于易脆件有很好的弹性，表面光滑，低收缩率，中等流动性，注射温度为 72~74℃。

（5）Low Tack 蜡　它是一种最新的高性能蜡，有绿、红、蓝和黄等颜色。

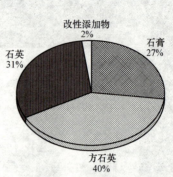

图 3-43　典型的熔模粉成分

四、脱蜡与焙烧

浇注筒应静置至少 1h，最好为 2h，然后可将其置于炉中脱蜡。焙烧前不得让浇注筒完全干掉，否则可能导致熔模破裂而在铸件上引起鳍状缺陷。如果浇注筒放置多于一天，焙烧前应将其浸入水中 1min。在炉中除了脱蜡外，还要从蜡中烧除所有炭渣，然后使浇注筒保持恰当的温度，以便铸造。用于脱蜡和焙烧的加热炉应有通过其底部排除蜡渣的装置，较好的加热炉会有倾斜放置的加热不锈钢集蜡盘，以便使蜡流出。

五、金属及其合金熔化温度

铸造设备可分为离心式和静力式，用火焰、电阻或感应加热熔化。真空和保护气体也用于控制熔化品质与铸造条件。浇口与冒口的设计对于铸件的品质至关重要，浇口应尽可能大，并移注于铸件的最大部位，以便熔化的金属能顺畅地流入模中。铸造前应注意金属温度的准确性，温度太低会使模充不满，太高会在铸件中产生孔隙和收缩缺陷。

一些金属及其合金的熔化温度如图 3-44 所示。

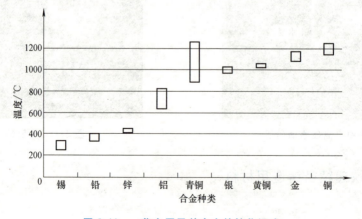

图 3-44　一些金属及其合金的熔化温度

第十二节 艺术铸造

一、概述

艺术铸造是中华民族文明史的重要组成部分，从商周到春秋，中国古代先民们相继发明冶铜、冶铁和独特的铸造技术，除了铸造了大批礼器、农具和兵器外，还创造出许多精美绝伦的艺术铸件。从商代晚期到产业革命之前的三千年内，我国的铸造生产一直处于世界领先地位，这期间曾铸造出大量精美绝伦的艺术铸件，出现过几次铸造技术高峰期。但到近代，我国铸造生产落后于西方，艺术铸件也默默无闻。最近十多年来，随着我国经济建设的快速发展，人们对艺术作品的品位和档次有了更高的要求，这使我国艺术铸件的生产又出现一个新的高峰。

艺术铸造是艺术思想和铸造技术的完美结合，铸造是表现艺术思想的重要媒介和保证。在长期的生活和生产实践中，我国劳动人民创造了许多令人叹为观止的工艺方法。

二、加工后的成品

加工后的成品如图 3-45 所示。

图 3-45 加工后的成品

三、操作实例

本次操作为蜡模铸件首饰（采用熔模铸造工艺）。

熔模铸造的过程是：将原模（一般是银版）用生硅胶包围，经加温加压产生硫化，压制成胶模；用锋利的刀片按一定顺序割开胶模后，取出银版，得到中空的胶模；向中空的胶模中注蜡，待液态的蜡凝固后打开胶模取出蜡模；对蜡模进行修整后，将蜡模按一定的排列方式种蜡树，放入钢制套筒中灌注高温石膏浆；石膏经抽真空、自然硬化、按一定升温时段烘干后，用熔化金属进行浇注（可利用正压或负压的原理进行铸造）；金属冷却后将石膏模放入冷水炸洗，取出铸件后浸酸、清洗，剪下毛坯进行滚光；再进行执模和镶嵌、表面处理，即成为成品。

熔模铸造的工序流程是：压制胶模——开胶模——注蜡（模）——修整蜡模（焊蜡

模）——种蜡树（——称重）——灌石膏筒——石膏抽真空——石膏自然凝固——烘焙石蜡——熔金、浇注——炸石膏——冲洗、酸洗、清洗（——称重）——剪毛坯（——滚光）。下面分别讲述各个工序。

1. 压制胶模

胶模是一种将熔融状态的蜡液快速转换成所需形态的模具。其方法主要是通过在原版周围包裹可硫化的生橡胶片，然后进行加热硫化压制而成。

操作步骤：

1）选框。根据原版的款式、大小及造型选择合适的压模框。

2）剪裁和修整生橡胶片，如图 3-46、图 3-47 所示。

图 3-46　剪裁生橡胶片　　　　　　图 3-47　修整生橡胶片

3）封框底。将剪好的生橡胶片表面的保护膜撕去（图 3-48），然后放入压模框中将其底部封闭（根据框体高度及原版形状一般选择 2~6 片）（图 3-49）。

图 3-48　撕去生橡胶片保护膜　　　　图 3-49　制作适量生橡胶片

4）填空隙、封框顶，放入套有金属嘴的原版（图 3-50、图 3-51），用生橡胶片封闭压模框顶部（图 3-52），最后再用细小的生橡胶片、生橡胶粒填满原版内外空间，以保证生橡胶与原版之间没有缝隙（图 3-53、图 3-54）。

5）打开压模机、检查、预热，确认工作状态正常后，将压模温度设定为 165℃，预热加热板 8~10min 后将压模框水平放入加热板中。

6）压制胶模。沿顺时针方向旋紧手柄，加热板压紧压模板，约 5min 后再次旋紧手柄压紧压模框，以后每隔 2min 压紧一次，重复操作 2~3 次，直至手柄无法旋紧为止，此时便可让其自然加热硫化 45min 左右。

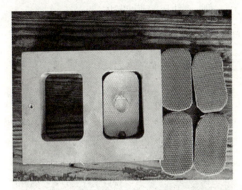

图 3-50 放入原版

图 3-51 在原版上盖上生橡胶片

图 3-52 盖满

图 3-53 填充

7) 取出胶膜。待硫化过程完成后关闭加热开关,让其自然降温后沿逆时针方向旋松手柄,取出压制后的胶膜(图 3-55),自然冷却后用冷水冲凉。

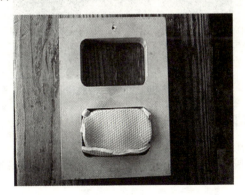

图 3-54 边角填充

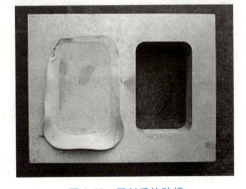

图 3-55 压制后的胶膜

2. 开胶膜

压制好的胶模必须要用锋利的刀片沿原版侧面及背面将其切割分开,然后取出原版,这样便得到与原版造型完全吻合的型腔,通常将这一环节叫作"开胶膜"。

操作步骤:

1) 剪飞边、取金属嘴。用剪刀剪去胶膜周围的飞边(图 3-56),取下金属嘴。

2）开边。将胶膜的水口向上垂直于操作台面，用手术刀从水口的一侧下刀（图3-57），以4mm左右的深度沿胶膜的中心线环形切至水口另一侧，切开胶膜四边。

图3-56　剪飞边

图3-57　开边

3）切角。先从胶膜边角处切开两个直边，深度为5mm左右，然后用力拉开已切开的直边顺势切出平角，最后再沿大于或等于45°的方向切开一个斜边，形成一个三角形或近似四边形的角，重复这一操作过程，依次切割出其余三个角。

4）开模。从胶膜水口端用力拉开已切开的角，用刀片沿胶膜中心线向内侧切割，边切边向外拉开胶膜（图3-58），至水口及原版边线处用刀尖轻轻挑开胶膜，再顺势沿原模侧边逐步依次切开，直至切成两半（图3-59）。

图3-58　合理切割胶模

图3-59　开好后的胶模

5）取原版。将原版从开好的胶膜中取出，若有连接处要切断。

3. 注蜡和修整

所谓注蜡，就是将熔融状态的蜡液注压到橡胶模内部中空的型腔内，待冷却成型后取出，并进行适当的修整。

操作步骤：

1）打开注蜡机及气泵，检查、确认机器的工作状态是否正常，如有异常，及时调整压力和温度，一般气压为0.05～0.1MPa，温度为67～72℃。待指示灯由黄色变为绿色即可注蜡。

2）检查胶膜。打开胶膜，检查其清洁度及吻合度后，向胶膜内腔喷洒脱模剂或撒上少量滑石粉，以利于注蜡后顺利取出蜡模，并保证蜡模的光洁度，如图3-60所示。

3）注蜡。如图 3-61 所示，用双手将夹板中的胶模夹紧，注意手指及手掌的用力点位要匀称，将胶膜的水口对准注蜡嘴，吻合且顶牢后双手保持稳定，用脚掌轻踏注蜡开关后随即松开，当注蜡机的指示灯由黄色变为绿色再变成黄色时注蜡过程完成（这一过程一般持续1~2s），然后将胶膜从蜡嘴旁边移开并水平放置冷却，按以上步骤重复操作即可，待注好5~6个胶膜后，第一个胶膜已基本冷却，可以将其打开。

图 3-60 注蜡用胶模

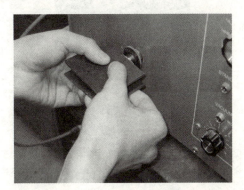

图 3-61 注蜡

4）取蜡模。先从胶膜背面轻轻拉动拉条并取出，然后用双手轻轻从水口处打开胶膜。如图 3-62 所示。

5）修整蜡模。仔细检查取出后的蜡模，若发现细小的气泡、砂眼、飞边、断齿和孔塞等问题，则用焊蜡笔头、刀片、钢针进行修整；如果出现缺边、断脚和变形等问题则属于废品，应重新注蜡。

4. 种蜡树

通过注蜡、修整得到的蜡模要按照一定的顺序"种"在一根圆形橡胶底盘的蜡棒上才能一次性批量浇注出多件产品。种上蜡模的蜡棒外形与树木极为相似，故行业内通称"种蜡树"。

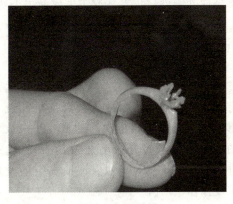

图 3-62 取蜡模

操作步骤：

1）称重。用电子天平秤称出橡胶底座的重量，记录这一数据。

2）种蜡棒。将蜡棒一端对准底座底盘的凹孔，然后用焊蜡笔头轻轻熔化蜡棒表面，待产生蜡液趁热插入底盘的凹孔中，使蜡棒与凹孔结合牢固无松动（图 3-63）。

3）种蜡树。将种好蜡棒的橡胶底盘放在略带倾斜度的转盘上，用焊蜡笔头在蜡棒上烫出一小熔孔，然后快速将蜡模浇棒插入（图 3-64）。按此步骤逐一将蜡模从蜡棒顶端开始（从上向下）以 45°角逐层熔接在蜡棒上。

4）检查、修整。蜡树种好后，必须要检查蜡模是否熔接牢固。若有松动应立即修补。另外，还要检查蜡模之间是否有足够的间隙，若粘在一起应分开，否则将会影响浇注效果。

5）称重。将种好蜡树的托盘再次用电子天平秤称出其重量，记录这一数据。

6）计算蜡树重量。用步骤 5）中称重的结果减去步骤 1）中称重的结果，即可得出蜡树的重量。记录这一数据。

5. 制备石膏筒

蜡树种好后，要将其套上不锈钢筒并灌入石膏浆来制作铸造石膏筒。制备石膏筒的目的是为了得到中空的石膏型腔，其操作重点是石膏粉的搅拌及抽真空，操作时稍有不慎，就将影响铸造效果。

图 3-63　种蜡棒

图 3-64　种蜡树

操作步骤：

1）套钢筒、封胶带纸。将种好蜡树的圆形托盘套上不锈钢筒，然后用透明胶带纸沿不锈钢筒外侧进行包裹（胶带纸应高出不锈钢筒上沿 20mm 左右）。

2）配料。根据不锈钢筒的容积及数量称取相关的铸粉，按 4∶1 的比例配置蒸馏水，然后再逐步放入石膏粉。

3）搅拌石膏浆料。

4）石膏浆抽真空。如图 3-65 所示，将盛有石膏浆的平底容器放入抽真空机并盖上真空罩，打开工作按钮依次按照真空——放气——抽真空（同时打开振动开关）——放气的顺序进行抽真空 1～2min 为保证抽真空的质量，可重复操作一两次。

5）灌石膏浆。将包裹好胶带纸的不锈钢筒水平放置在抽真空的工作台面上，然后迅速将抽真空后的石膏浆沿不锈钢筒的内壁缓缓注入，直到石膏浆漫过不锈钢筒口约 1cm 为止。

图 3-65　石膏浆抽真空

6）不锈钢筒抽真空。将灌好石膏浆的不锈钢筒盖上真空罩，打开工作按钮依次按照抽真空——放气——抽真空——放气的顺序进行抽真空 1～2min。

7）石膏自然凝固。将抽真空后的不锈钢筒置于阴凉干燥处 2h 以上，以确保不锈钢筒内的石膏自然凝固。

6. 脱蜡、焙烧石蜡

蜡模在石膏凝固过程中被固定，若要得到中空的型腔，就必须将蜡模取出。根据石蜡的易熔易挥发性，采用高温烘烤的方式使石蜡熔化流出并彻底挥发，从而得到中空的型腔。这一过程需经过漫长的脱蜡、干燥、保温等环节。需要强调的是，若要得到理想的型腔，对温度及时间的把控是至关重要的。

操作步骤：

1）取下胶带纸及橡胶托盘。先将包裹在石膏筒筒口的胶带纸撕除，然后再将套在石膏筒底的橡胶托盘小心取下。

2）石膏筒入炉。打开炉门，用铸模钳将凝固的石膏筒水口向下逐个放入烘箱后关闭炉门。

3）开机、检查、设置焙烧温度及时间。打开焙烧炉工作按钮并检查确保在正常工作状态下，开始设置焙烧温度及时间数据，具体操作步骤如下：

按下"温度"键，将温度调整到150℃后，先按下"确认"键，再按下"时间"键，将时间设置为120min，然后按"确认"键。稀释即完成预热及初步脱蜡阶段的焙烧温度及时间的设置。然后按此操作依次设置脱蜡、干燥和浇注阶段的温度及时间。

4）焙烧，烘烤。温度及时间设置完毕后，焙烧炉将会自动按照设置的温度及时间工作，直至完成整个焙烧过程。

7. 熔金、浇注

经脱蜡焙烧后的石膏筒温度降到浇注温度后即可夹入铸造机进行浇注。

真空加压铸造机的操作步骤：

1）计算、称取金料。根据蜡树的重量按石蜡与需浇注金料的密度比例换算出金属的重量，并按照这一重量称取需浇注的金料，然后放入坩埚。

2）熔金。利用焊枪对金料进行熔炼，戴上护目镜，观察金料的熔化程度。

3）抽真空。向左旋动"抽真空控制"开关，排出铸造室内的空气，待抽真空表归零后将"抽真空控制"开关旋至中间位置，停止铸造室排气。

4）浇注。如图3-66所示，待坩埚中的金料完全熔化后，将坩埚中熔化的金液注入铸筒内，待铸造室内的空气自动排出（即发出连续的"哧"声）表明铸造完成。然后将铸造手柄推至原来位置，整个铸造过程结束。

5）取铸模。打开铸造室门盖，用铸模钳夹取出铸造完成的铸模并放置在耐火板上进行冷却。

8. 炸石膏、洗金树、剪枝

操作步骤：

1）炸石膏。用铸模钳夹住不锈钢筒，置于冷水桶中，上下左右搅动，使不锈钢筒中的石膏在冷水中炸裂、脱落，待铸型完全冷却后，取出不锈钢筒，并将金树从不锈钢筒中取出。

2）冲洗。用高压喷枪冲洗金树。清除残留在金树表面的石膏，直至金树表面干净，金树成品如图3-67所示。

3）剪枝。用专用的剪枝钳，从水口处将金树上的铸件逐个剪下，仔细检查每一个铸件，若有不合格的铸件要剔除。

艺术铸件与机械零件铸件不同，艺术铸件注重作品的表面形态，追求完美的艺术效果。对于要求得到光滑表面的艺术铸件，还要进行金属切削加工且需要表面抛光（如铜花瓶、装饰品等）。抛光前，先用布砂轮除去铸件表面的黑皮，然后再用零号砂纸磨光。大部分艺术铸件表面经过修饰和磨光后，便可进行着色处理，但对于要求较高的艺术作品还需要进行抛光后，然后再进行着色处理。

图 3-66 浇注

图 3-67 金树成品

 复习思考题

1. 铸造生产有什么特点？

2. 结合实例，用框图说明砂型铸造的生产过程包括哪些主要环节。

3. 何谓砂型铸造的铸型结构？包括哪些内容？

4. 型砂、芯砂应具备哪些性能要求？

5. 结合铸件铸造工艺图，说明制造模样、型芯盒应考虑哪些因素。

6. 砂型铸造的造型技术原则有哪些？

7. 手工造型方法主要有哪几种？说明其特点并举例说明其应用。

8. 春砂是否越紧越好？扎通气孔及模样表面行不行？并说明为什么。砂芯为什么需要烘干？

9. 浇注系统包括哪些内容？各部分的主要作用是什么？

10. 常用的特种铸造方法有哪些？与砂型铸造相比有何特点？举例说明特种铸造方法的主要应用范围。

11. 艺术铸造有何特点？

第四章 锻 压

在中国一重集团有限公司水压机锻造厂内，一位大国工匠正手持对讲机指挥 1.5 万 t 水压机，把数百吨发红的大钢锭巧妙地变形为轴、辊、筒、环等锻件，然后应用于核电、石油、化工等重大国计民生领域。过去不少核心锻造技术都被国外垄断，蒸发器锥形筒体和常规岛整锻低压转子一直依赖进口，常规岛整锻低压转子一度只有日本掌握成熟的制造技术，没有任何技术资料可借鉴。大国工匠们苦心钻研，全身心投入攻关，终于找到了锥形筒体锻造过程的关键控制点，让锥形筒体顺利锻造成功，彻底扭转了这类核电产品关键锻件全部依赖进口的被动局面。

近年来，我国锻压行业发展很快，体积成形设备和钣金加工设备平衡发展，各种中小型锻压机械规格品种齐全，整体水平和数控化率提高很快，不仅满足了我国经济发展的需要，还大量出口。

根据我国 40 家锻压机械企业上报的产品数据统计，数控产品数量占全部产品的 6%，产值占全部产值的 40%，数控产品数量占比增长缓慢。

"十二五"期间，我国重型锻造设备成就可圈可点，重大锻压装备不断问世，规格性能不断提高，为我国大飞机、军用机、发电设备、大型高压化工容器、船舶和车辆等制造业提供了基础条件，使这些行业在很多方面摆脱了国外的垄断制约，加快了装备制造业的发展步伐，提高了经济和社会效益。

第一节 锻 造

一、坯料的加热与锻件的冷却

1. 坯料加热的目的和锻造温度范围

坯料加热的目的是提高其塑性并降低变形抗力，以改善其锻造性能。一般来说，随着温度的升高，金属材料的强度降低而塑性提高。所以，加热后锻造，可以用较小的锻造力使坯料产生较大的变形而不破裂。

但是，加热温度太高，也会出现各种加热缺陷而使锻件质量下降，甚至产生废品。各种材料在锻造时所允许的最高加热温度，称为该材料的始锻温度。

在锻造过程中，随着热量的散失，温度不断下降，因此坯料的塑性越来越差，变形抗力越来越大。温度下降到一定程度后，坯料不仅难以继续变形，且易于锻裂，必须及时停止锻造，重新加热。各种材料停止锻造的温度，称为该材料的终锻温度。

从始锻温度到终锻温度之间的温度区间称为锻造温度范围。几种常用金属材料的锻造温度范围见表4-1。

表 4-1　常用金属材料的锻造温度范围

金属材料种类	始锻温度/℃	终锻温度/℃
碳素结构钢	1200~1250	800
合金结构钢	1150~1200	800~850
碳素工具钢	1050~1150	750~800
合金工具钢	1050~1150	800~850
高速工具钢	1100~1150	900
耐热钢	1100~1150	800~850
弹簧钢	1100~1150	800~850
轴承钢	1050~1100	800~850

锻件的温度可用仪表测定，在生产中也可根据被加热金属的火色来判别，见表4-2。

表 4-2　碳素钢的加热温度与火色的关系

温度/℃	1300	1200	1100	900	800	700	<600
火色	白色	亮黄	黄色	樱红	赤红	暗红	黑色

2. 坯料加热缺陷

（1）氧化和脱碳　钢是铁与碳组成的合金。采用一般方法加热时，钢料的表面不可避免地要与高温的氧气、二氧化碳及水蒸气等接触，发生剧烈的氧化反应，使坯料的表面产生氧化皮及脱碳层。每加热一次，氧化烧损量约占坯料重量的 2%~3%。在计算坯料的重量时，应加上这个烧损量。脱碳层可以在机械加工的过程中切削掉，一般不影响零件的使用。但是，如果上述氧化现象过于严重，则会产生较厚的氧化皮和脱碳层，甚至造成锻件的报废。

减少氧化和脱碳的措施是严格控制送风量，快速加热，减少坯料加热后在高温炉中停留的时间，或采用少氧化、无氧化等加热方法。

（2）过热及过烧　加热钢料时，如果加热温度超过始锻温度，或在始锻温度下保温过久，钢料内部的晶粒会变得粗大，这种现象称为过热。晶粒粗大的锻件力学性能较差。可采取增加锻造次数或锻后热处理的方法使晶粒细化。

如果将钢料加热到更高的温度，或将过热的钢料长时间在高温条件下停留，则会造成晶粒间低熔点杂质的熔化和晶粒边界的氧化，从而削弱晶粒之间的联系，这种现象称为过烧。过烧的钢料是不可挽回的废品，锻造时一击便碎。

为了防止过热和过烧，要严格控制加热温度，不要超过规定的始锻温度，尽量缩短坯料高温条件下在炉内停留的时间，一次装料不要太多，遇有设备故障需要停锻时，要及时将炉内的高温坯料取出。

（3）加热裂纹　尺寸较大的坯料，尤其是高碳钢坯料和一些合金钢坯料，在加热过程中，如果加热速度过快或装炉温度过高，则可能由于坯料内各部分之间较大的温差引起温度应力而导致裂纹产生。这些坯料加热时，要严格遵守有关的加热规范。如对于大截面的坯料采用多段加热，即低温阶段增加保温时间，消除温度应力，达到 600℃ 以上时，坯料塑性提高，可以快速加热。一般中碳钢的中、小型锻件以轧材为坯料时，不会产生加热裂纹，为提高生产率，减少氧化，避免过热，应尽可能采取快速加热。

3. 锻件的冷却

锻件的冷却是保证锻件质量的重要环节，锻件冷却的方式有以下三种：

（1）空冷　在无风的空气中，放在干燥的地面上冷却。

（2）坑冷　在充填有石棉灰、砂子或炉灰等绝热材料的坑中以较慢的速度冷却。

（3）炉冷　在500～700℃的加热炉中随炉缓慢冷却。

一般来说，碳素结构钢和低合金钢的中小型锻件，锻后均采用冷却速度较快的空冷方法；成分复杂的合金钢锻件大都采用坑冷或炉冷。冷却速度过快会造成表层硬化，难以进行切削加工，甚至产生裂纹。

二、自由锻

1. 自由锻的工序

锻件的自由锻成形过程由一系列工序组成，根据变形性质和程度的不同，自由锻工序分为基本工序、辅助工序和精整工序三类。改变坯料的形状和尺寸，实现锻件基本成形的工序称为基本工序，包括镦粗、拔长、冲孔、弯曲、扭转和切割等，如图4-1所示。为便于实施基本工序而使坯料预先产生少量变形的工序称为辅助工序，如压肩、压痕等。为修整锻件的尺寸和形状，消除表面不平，校正弯曲和歪扭等施加的工序称为精整工序，如滚圆、摔圆、平整和校直等。

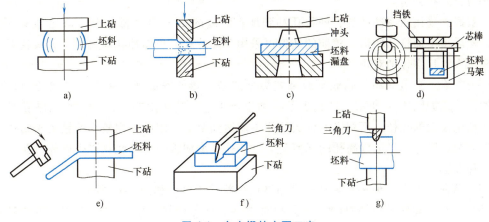

图 4-1　自由锻的主要工序

a）镦粗　b）拔长　c）冲孔　d）扩孔　e）弯曲　f）切割　g）压肩

下面简要介绍几种基本工序。

（1）镦粗　镦粗是使坯料高度减小、横截面增大的锻造工序，如图4-1a所示。局部镦粗是将坯料放在有一定高度的漏盘内，仅使漏盘以上的坯料镦粗。为了便于取出锻件，漏盘内壁应有5°～7°的斜度，漏盘上口部应采取圆角过渡。

为使镦粗顺利进行，坯料的高径比，即坯料的原始高度与直径之比应在2.5～3之间。局部镦粗时，镦粗部分的高径比也应满足这一要求。如果高径比过大，则易将坯料镦弯。发生镦弯现象时，应将坯料放平，轻轻锤击校正。高径比过大或锤击力量不足时，还可能将坯料镦成双鼓形。若不及时校正而继续锻造，则会产生折叠，使锻件报废。

（2）拔长　拔长是使坯料长度增加、横截面减小的锻造工序，如图 4-1b 所示。拔长时，坯料沿下砧（抵铁）的宽度方向送进，每次的送进量应为下砧宽度的 0.3～0.7 倍。送进量太大，金属主要向宽度方向流动，反而降低拔长效率；送进量太小，又容易产生夹层。锻造时，每次的压下量也不宜过大，否则也会产生夹层。

在砧上将圆截面的坯料拔长成直径较小的圆截面锻件时，必须先把坯料锻成方形截面，在拔长到边长接近锻件的直径时锻成八角形，然后滚打成圆形。拔长过程中应不断翻转锻件，使其截面经常保持近于方形。

锻制带有台阶的轴类锻件时，要先在截面分界处进行压肩，圆料也可用压肩摔子压肩。压肩后将一端拔长，即可把台阶锻出。

锻件拔长后需进行修整，以使其尺寸准确、表面光洁。修整时应轻轻锤击，可用金属直尺的侧面检查锻件的平直度及表面是否平整。圆形截面的锻件在修整时，锻件在送进的同时还应不断转动，如使用摔子修整，锻件尺寸精度更高。

（3）冲孔　冲孔是在坯料上锻出通孔或不通孔的工序，如图 4-1c 所示。冲孔前应先将坯料镦粗，以尽量减少冲孔深度并使端面平整。由于冲孔时坯料的局部变形量很大，为了提高塑性，防止冲裂，冲孔前应将坯料加热到始锻温度。

为了保证孔位正确，应先试冲，即先用冲子轻轻冲出孔位的凹痕，以检查孔位是否正确。如有偏差，可将冲子放在正确位置上再试冲一次，加以纠正。孔位检查或修正无误后，可向凹痕内撒放少许煤粉（其作用是便于拔出冲子），再继续冲深。此时应注意保持冲子与砧面垂直，防止冲歪。

一般锻件采用双面冲孔法，即将孔冲到坯料厚度的 2/3～3/4 深度时，取出冲子，翻转坯料，然后从反面将孔冲透。较薄的坯料可采用单面冲孔，单面冲孔应将冲子大头朝下，漏盘不宜过大，且需仔细对正。

（4）扩孔　扩孔是将钻孔底部或某些类型的基础墩的底部加以扩大，以便增加其承受荷载的区域，如图 4-1d 所示。扩孔也是一种生产工艺，其作用在于，在一个点钻孔时，如果直接钻比较大的孔径，用相应的钻头往往不能达到要求，因此先用较小的钻头来钻孔，再逐步扩至规定尺寸，尽量提高孔的几何公差。扩孔是增加管子、杯状物或壳体等带孔工件内径的一种方法。

（5）弯曲　弯曲是使坯料弯成一定角度或形状的工序，如图 4-1e 所示。

（6）扭转　扭转是将坯料的一部分相对于另一部分旋转一定角度的工序。扭转时，应将坯料加热到始锻温度，受扭曲变形的部分必须表面光滑，面与面的相交处要有过渡圆角，以防扭裂。

（7）切割　切割是分割坯料或切除锻件余料的工序，如图 4-1f 所示。切割方形截面工件时，先将剁刀垂直切入工件，至快断开时，将工件翻转，再用剁刀或克棍截断。

切割圆形截面工件时，要将工件放在带有凹槽的剁垫中，边切割边旋转。

2. 锻造示例

六角螺栓的自由锻过程见表 4-3，所得工件相同但锻造工艺有所不同，工艺 I 选用的工具简单，操作难度大，常用于单件小批量零件的加工；工艺 II 采用了专用六角型模和漏盘，操作方便，适用于大批量零件的加工。

表 4-3 六角螺栓的自由锻过程 　　　　　　　（单位：mm）

锻件名称：六角螺栓
材料规格：工艺过程 I φ62×62；II φ32×216
锻件材料：35 钢
锻造设备：75kg 空气锤

工艺过程	火次	序号	操作内容	简　图	工艺过程	火次	序号	操作内容	简　图
I	1	1	（整体加热）压肩		II	1	2	在相应高度的漏盘（或胎模）上镦粗头部	
		2	拔长，倒棱				3	滚圆头部（可用撺模）	
	2	3	（杆部加热）切割料头成定长，校直，滚圆（或撺圆）				4	（头部加热）锻六角（可用型模锻出）	
	3	4	（头部加热）锻六角			2	5	在漏盘上精整六角头平面	
II	1	1	一端加热，长度为80mm						

三、模锻

模锻是使坯料在模具模腔内受锻压力的作用而变形并充满型腔，最终获得复杂的零件形状的一种锻造工艺，其锻造过程大为简化。模锻是大批量生产锻件的主要方式，但模锻生产受到设备吨位的限制，只适用于中小锻件的生产，又由于模具制造费用高、周期长，故不适于单件小批量生产。

模锻时，由于锻件的形状和尺寸靠锻模来保证，因此和自由锻相比，模锻的生产率高、锻件尺寸比较精确、加工余量小，且可以锻出形状比较复杂的锻件，从而节省大量金属材料、减少切削加工量，目前在许多生产场合取代了自由锻，得到日益广泛的运用。

按使用设备的不同，模锻可分为胎模锻、锤上模锻、热模锻、压力机上模锻和液压机模锻等。

1. 胎模锻

胎模锻是介于自由锻和模锻之间的一种锻造方法，它是在自由锻锤上用简单的模具生产锻件的一种常用的锻造方法。胎模锻时模具（称为胎模）不固定在锤头或砧座上，根据锻造过程的需要，可以随时放在下砧上，或者取下。

图 4-2 所示为一个法兰盘的锻件图及其胎模锻的过程。所用的胎模称为套筒模，由模

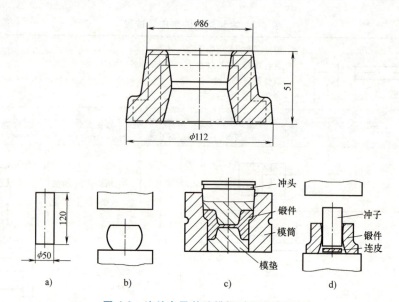

图4-2　法兰盘及其胎模锻过程示意图

a）下料、加热　b）镦粗　c）终锻成形　d）冲除连皮

筒、模垫和冲头三部分组成。坯料加热后，先用自由锻镦粗，然后将模垫和模筒放在下砧上，再将镦粗的坯料平放在模具内，压上冲头后终锻成形，最后将连皮冲除。

图4-3所示为一钻卡头接柄的锻件图及其胎模锻的过程。

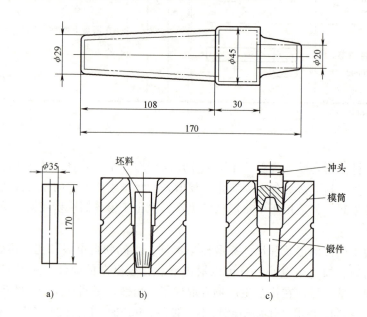

图4-3　钻卡头接柄及其胎模锻过程示意图

a）下料、加热　b）自由锻锻出尾部锥度后放入模筒　c）终锻成形

胎模锻的模具制造简单方便，在自由锻锤上即可进行锻造，不需要模锻锤，而生产率和锻件的质量又比自由锻的高，在中小批量的锻造生产中应用广泛，但由于劳动强度大，一般只适用于小批量生产。

2. 锤上模锻

锤上模锻的生产设备是模锻锤，锻模一般做成带有燕尾的上模和下模，分别固定在设备的上、下砧座上，锻模上有导柱、导套或其他导向装置保证上下模对准。根据锻模上模腔数量的不同，锻模可分为单模腔锻模和多模腔锻模两种。对于形状复杂的锻件，需先制坯，然后再依此锻造成形。多模腔锻模上可布置制坯模腔、预锻模腔和终锻模腔，以完成多道工序的加工。图4-4所示为汽车摇臂的模锻过程。

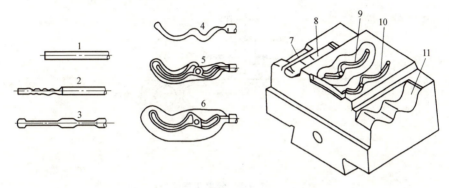

图 4-4　汽车摇臂的模锻过程

1—坯料　2—拔长　3—滚压　4—弯曲　5—预锻　6—终锻　7—拔长模腔

8—滚压模腔　9—终锻模腔　10—预锻模腔　11—弯曲模腔

第二节　板料冲压

板料冲压是使金属或非金属在模具中受力变形或分离的加工方法，由于多在常温下进行，所以又称冷冲压，它具有以下特点：

1）易于生产形状复杂的零件或毛坯，如各种壳体、容器和支架等。

2）制品精度高、表面质量好，可满足机器、家用电器和仪器仪表零件的技术要求。

3）制品结构轻巧、强度高、刚度好，可减轻产品的重量。

4）冲压操作简单、生产效率高，易于实现机械化和自动化。

5）冲模精度要求高、制造周期长、成本高，只适于大批量生产。

随着工业技术水平的提高，板料冲压的应用范围日益广泛。冲压加工与数控技术、计算机应用的关系也十分紧密，数控加工和计算机应用水平的普及，提高了模具的精度，缩短了加工周期。

一、板料冲压的主要工序

板料冲压可分为分离工序和变形工序两大类，分离工序是通过冲压加工使板料的一部分相对于另一部分完全分离或部分分离；变形工序是通过冲压加工使板料发生塑性变形，形成零件形状。

简单的分离一般在剪床上加工，复杂的分离与变形需借助于模具在冲床上进行。分离工序主要有剪裁、冲孔和落料，如图4-5所示；变形工序主要有弯曲、拉深、卷边和成形等，如图4-6所示。

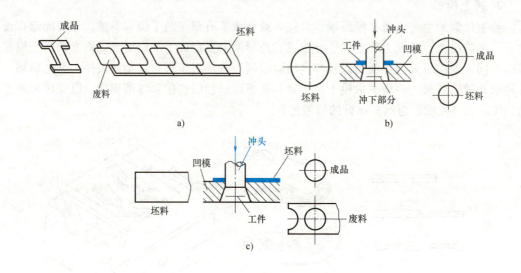

图 4-5　分离工序

a）剪裁　b）冲孔　c）落料

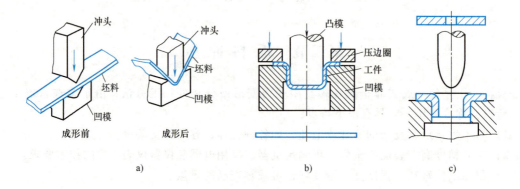

图 4-6　变形工序

a）弯曲　b）拉深　c）卷边

二、冲压设备

冲压设备有很多，但最常用的是冲床与剪床。

1. 压力机

曲柄压力机是进行冲压加工的基本设备。图 4-7 所示为开式双柱压力机的外形图与传动示意图。压力机的规格以标称压力来表达，如 100kN（10t），其他主要技术参数有滑块行程长度（mm）、滑块行程次数（次∕min）和封闭高度等。

压力机的操纵机构包括踏板、拉杆和离合器等。压力机开动后，带轮仅空转，曲轴不转；当踩下踏板、离合器接合时，曲轴旋转，带动滑块动作。踏板不松开，则滑块连续动作；踏板一松开，滑块便在制动器的作用下自动停止在最高位置。

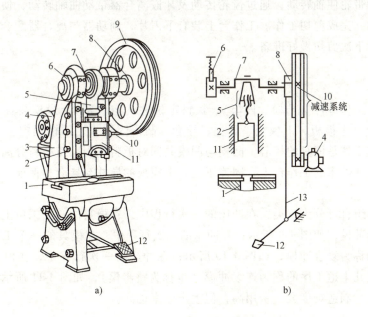

图 4-7　开式双柱压力机外形图与传动示意图

a）外形图　b）传动示意图

1—工作台　2—导轨　3—床身　4—电动机　5—连杆　6—制动器　7—曲轴

8—离合器　9—带轮　10—V 带　11—滑块　12—踏板　13—拉杆

传动机构包括带轮、曲轴和连杆等。电动机驱动带轮旋转，并经离合器使曲轴转动，通过连杆将旋转运动转变成滑块的上、下往复运动。

工作台面与导轨垂直，滑块的下表面与工作台的上表面设有 T 形槽，用以安装紧固模具。滑块带动上模沿导轨做上下运动，完成冲压动作。

2. 剪床

剪床是专门用于裁剪板料的专用曲柄压力机，主要用于将板料剪切分离成一定宽度的条料或块料，如图 4-8 所示。

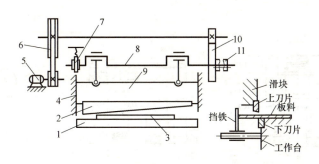

图 4-8　剪床

1—下刀片　2—上刀片　3—板料　4—导轨　5—电动机　6—带轮　7—制动器

8—曲轴　9—滑块　10—齿轮　11—离合器

电动机带动带轮使轴转动，通过齿轮传动及牙嵌离合器带动曲轴转动，使装有上刀片的滑块做上下运动，完成剪切工作。工作台上装有下刀片，制动器与离合器配合，可使滑块停在最高位置，为下次剪切做好准备。

三、冲模

冲模主要由工作零件（凸模、凹模）、板料定位件（定位销）、脱模装置（卸料板、顶出装置）和模架（上模板、下模板、导柱、导套、凸模固定板、凹模固定板）这四大部分组成。其中工作零件是模具的核心，凸模与凹模共同对板料作用，使板料分离或变形。模架的下模板可固定在冲床的工作台上，固连于上、下模板的导柱与导套，保证了凸模相对于凹模的运动精度。

冲模按工序组合可分为三类：在冲床的一次行程中，在模具的一个工位上完成一道加工工序的称为简单冲模，如图4-9所示；在冲床的一次行程中，在模具的一个工位上完成两道以上冲压工序的称为复合冲模，如图4-10所示；在冲床的一次行程中，在模具的不同工位上完成两道甚至几十道工序的称为连续冲模（也称为跳步模），如图4-11所示。模具结构复杂，精度要求高，制造难度大，费用高，但生产效率也高。

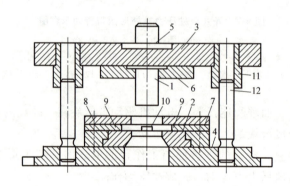

图4-9　简单冲模

1—凸模　2—凹模　3—上模板　4—下模板　5—模柄　6、7—压板　8—卸料板
9—导板　10—定位销　11—套筒　12—导柱

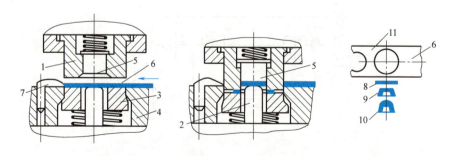

图4-10　复合冲模

1—凸凹模　2—拉深凸模　3—压板（卸料器）　4—落料凹模　5—顶出器
6—条料　7—挡料销　8—坯料　9—拉深件　10—零件　11—切余材料

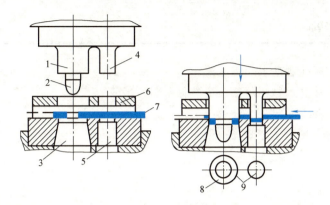

图 4-11　连续冲模

1—落料凸模　2—定位销　3—落料凹模　4—冲孔凸轮　5—冲孔凹模　6—退料板　7—坯料　8—成品　9—废料

四、冲压工艺示例

易拉罐冲压工艺流程见表 4-4。

表 4-4　易拉罐冲压工艺流程

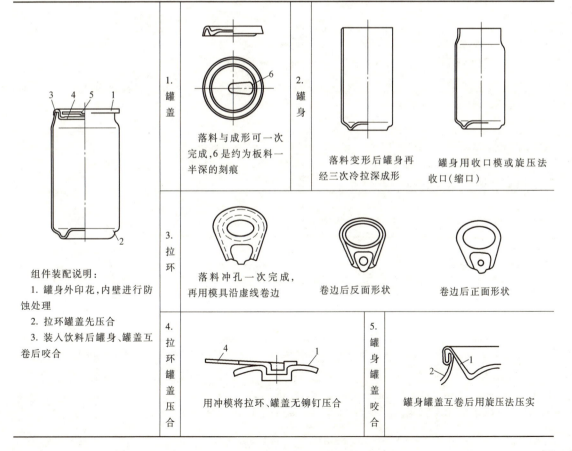

复习思考题

1. 压力加工有哪几种基本加工方法？
2. 锻造时为什么要加热？加热温度有何限制？
3. 自由锻有哪些工序？
4. 板料冲压的主要工序有哪些？
5. 简述羊角锤的锻造过程。

第五章　焊　接

焊接技术广泛应用于车身、船舶、钢桥结构、压力容器及核容器制造。火箭"心脏"——发动机喷管焊接，体现了匠人精神。蛟龙"号7000m深潜器的耐压舱体采用TIG窄间隙焊接和电子束焊接，厚度达到114mm，打造大国重器，扬我华夏国威！再如，航空发动机维修，世界机械维修中难度最高的技术之一，大国工匠们通过精确调控工艺参数和制订特殊焊接工艺措施，把修复的变形误差控制在0.003mm，几乎零变形。这些突破了常规的高精尖焊接技术，无疑是对我国科学技术发展起到了非常关键的助力作用。

焊接是现代金属加工中最重要的方法之一，它和金属切削加工、压力加工、铸造、热处理等其他金属加工方法一起构成了基础生产工艺。目前，焊接已经发展成为一门独立的学科，并在能源、交通、建筑，特别是在机械制造部门中得到了广泛的应用。随着经济的发展与科学技术的进步，焊接技术将发挥越来越大的作用。

焊接是指通过适当的手段使两个分离的固态物体产生原子（分子）间结合而成为一体的连接方式，被连接的两个物体可以是同类或不同类的金属（钢铁及非铁金属），也可以是非金属（石墨、陶瓷、塑料、玻璃等），还可以是金属与非金属。焊接时，被焊的工件材料统称为母材，焊条、焊丝、焊剂和钎料统称为焊接材料。用焊接方法连接的接头称为焊接接头，熔焊的焊接接头包括焊缝、熔合区和热影响区三部分。

焊接方法分类如下：

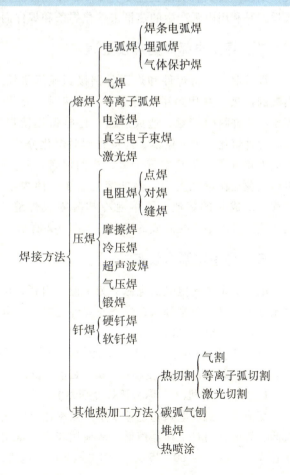

焊接方法
- 熔焊
  - 电弧焊
    - 焊条电弧焊
    - 埋弧焊
    - 气体保护焊
  - 气焊
  - 等离子弧焊
  - 电渣焊
  - 真空电子束焊
  - 激光焊
- 压焊
  - 电阻焊
    - 点焊
    - 对焊
    - 缝焊
  - 摩擦焊
  - 冷压焊
  - 超声波焊
  - 气压焊
  - 锻焊
- 钎焊
  - 硬钎焊
  - 软钎焊
- 其他热加工方法
  - 热切割
    - 气割
    - 等离子弧切割
    - 激光切割
  - 碳弧气刨
  - 堆焊
  - 热喷涂

第一节　焊条电弧焊

电弧焊能有效而简便地把电能转换成焊接过程所需要的热能和机械能,因而电弧焊在焊接应用中占有重要地位。焊条电弧焊是利用电弧热熔化焊条和被焊金属,形成焊接接头的一种手工操作方法,其设备简单、操作灵活方便、应用广泛。

一、焊接电弧的形成及构成

引燃电弧时,焊条与焊件接触形成短路,瞬时产生大量的电阻热,接触点金属在高温下熔化甚至汽化,此时稍提起焊条,这时焊条与焊件之间形成金属蒸汽,激活了原子,电子逸出,气体高度电离,电导率急剧上升,于是在电场的作用下,自由电子、正、负离子定向流动,如图5-1所示。

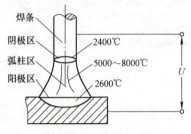

图5-1　直流焊的焊接电弧

焊接电弧由三个不同的电场强度区域,即阳极区、阴极区和弧柱区构成。弧柱区电压降较小而长度较大,说明阻抗小,电场强度较低;两个极区沿长度方向尺寸较小而电压降较大,则阻抗较大。阴极区温度为2400℃,阳极区为2600℃,弧柱区可达5000~8000℃。电弧焊就是利用电弧产生的热量来熔化焊条和焊件而进行焊接的。

二、焊条电弧焊的焊接过程

焊接前,先将焊件和焊钳分别接到弧焊机输出端的两极,并用焊钳夹持焊条。焊接时,先将焊条和焊件瞬时接触,造成短路,让电弧热使焊芯和焊件熔化,形成熔池,药皮也同时熔化分解,形成大量气幕,隔绝空气中氧、氮的侵害,并产生熔渣覆盖在熔池上面,保护熔化金属。使焊条前移,形成新的熔池,原熔池冷却凝固成焊缝,上面覆盖着由熔渣凝固成的渣壳,如图5-2所示。

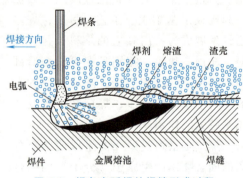

图5-2　焊条电弧焊的焊缝形成过程

三、焊条电弧焊设备

电焊机是焊接电弧的电源,为了便于引弧,电焊机具有较高的空载电压;电弧引燃后,电流增大,电压急剧降低;焊条与焊件短路时,电焊机会自动限制短路电流,此即电焊机的陡降外特性。电焊机的空载电压一般为40~90V,工作电压为20~40V。

电焊机分交流和直流两大类,交流弧焊机其实是一种特殊的降压变压器;直流弧焊机又分为发电机式、整流器式与逆变频式三类,目前广泛使用的是整流器式,发电机式被已逐步被淘汰。

1. 交流弧焊机（又称为弧焊变压器）

交流弧焊机的电弧稳定性及生产效率比直流弧焊机的低,但结构简单、维护方便、价格较低、省电省料且工作噪声低,故应用较广。常用的型号有BX3-330等,该交流弧焊机为动铁芯式,空载电压60~75V,工作电压30V,电流调节范围40~400A。电流调节方式分粗调和细调两种，粗调通过次级线圈的不同接法来实现，细调通过摇调节手柄改变动铁芯的位置来实现。

BX3-330 型交流弧焊机的铭牌参数见表 5-1。

表 5-1 BX3-330 型交流弧焊机的铭牌参数

初级电压	380V		初级空载电压		（75/60）V	
相数	1		频率		50Hz	
电流调节范围	40~400A		额定负载持续率		60%	
负载持续率 （%）	100	容量 /（kV·A）	15.9	初级电流 /A	41.8	次级电流 /A	232
	60		20.5		54		300
	35		27.8		72		408

2. 直流弧焊机

（1）整流弧焊机（整流器式） 此类直流弧焊机结构简单，噪声小、工作稳定、效率较高。常用的型号有 ZXG-300 等，该直流弧焊机的空载电压 70V，工作电压 25~30V，电流调节范围 15~300A。

（2）逆变弧焊机（逆变频式） 这是一种新型的直流弧焊机，电弧稳定、能耗低、效率高、体积小，已逐步得到广泛应用。

3. 直流弧焊机的接线

使用直流弧焊机时，需选择电弧极性。由于阳极区的温度比阴极区的高，故在焊接厚板时，为了加快熔化速度并保证焊透，工件接正极，称为正接法；在焊接薄板或低熔点的有色金属时，为了避免烧穿，工件接负极，称为反接法，如图 5-3 所示。

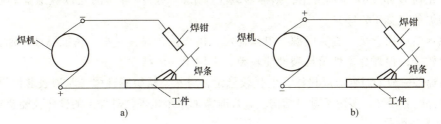

a)   b)

图 5-3 直流弧焊机的接线法

a）正接法 b）反接法

四、焊条

1. 焊条的组成

焊条由焊芯和药皮两部分组成，如图 5-4 所示。

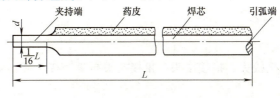

图 5-4 焊条的组成

焊条的长度规格见表5-2。

表 5-2 焊条的长度规格

焊芯直径/mm	$\phi1.6$	$\phi2.0$、$\phi2.5$	$\phi3.2$、$\phi4.0$	$\phi5.0$、$\phi6.0$	$\phi8.0$
焊芯长度/mm	200、250	250、300	350、400	400、450	500、650

焊芯是焊条中间被药皮包覆的金属芯，它有两个作用，一是作为电弧的电极；二是作为填充金属，与熔化的母材一起组成焊缝金属。

药皮是压涂在焊芯表面上的涂料层，它由矿石粉、铁合金、有机物和粘结剂按一定比例配制而成。药皮的作用如下：

（1）机械保护作用　利用药皮在高温分解时释放的气体和熔化后形成的熔渣起机械保护作用，防止空气中氧、氮等气体侵入焊接区域。

（2）冶金处理作用　通过药皮在熔池中的冶金作用去除氧、氢、硫、磷等有害物质，同时补充有益的合金元素，改善焊缝质量，提高焊缝金属的力学性能。

（3）改善焊接工艺性　药皮使电弧容易引燃并保持电弧稳定燃烧、易脱渣、焊缝成形良好等。

2. 焊条的分类

根据被焊金属材料的不同，焊条可分为低碳钢焊条、低合金钢焊条、不锈钢焊条、堆焊焊条、铸铁焊条及焊丝、铜和铜合金焊条、铝和铝合金焊条等，其中应用最多的是低碳钢焊条和低合金钢焊条。

焊条还可按药皮的类型分为酸性焊条和碱性焊条两大类，若药皮以酸性氧化物（如TiO_2、SiO_2等）为主，则称为酸性焊条，生产中常用的是钛钙型焊条（如E4303）；若药皮以碱性氧化物（如CaO等）为主，则称为碱性焊条，生产中常用的是以碳酸盐和萤石为主的低氢型焊条（如E4316）。

酸性焊条适用于交、直流电源，电弧稳定，操作性较好，对水、锈敏感性不强，脱渣方便，烟尘较少，但焊缝塑性及抗裂性能较差，多用于一般结构。

碱性焊条一般采用直流反接法，电弧较稳定，对水、锈敏感性强，脱渣较酸性焊条困难，但焊缝综合性能较好，多用于重要结构。施焊时需采用短弧焊，对焊工的操作技能要求较高。

3. 焊条的牌号

国家标准对各类焊条分别作了规定，如 GB/T 5117—2012 是非合金钢及细晶粒钢焊条的标准，规定焊条牌号由 E 和四位数字组成，具体示例如下：

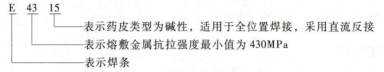

E　43　15
　　　　└── 表示药皮类型为碱性，适用于全位置焊接，采用直流反接
　　　└──── 表示熔敷金属抗拉强度最小值为430MPa
　　└────── 表示焊条

五、焊条电弧焊工艺

1. 接头形式

焊接接头形式有对接接头、搭接接头、角接接头和T字接头等，如图5-5所示。

2. 坡口形式

当焊件较薄时（≤6mm），在焊件接头处只要留有一定间隙就能保证焊头；当焊件厚度

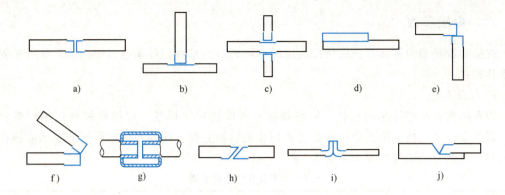

图 5-5　焊接接头形式

a) 对接接头　b) T 字接头　c) 十字接头　d) 搭接接头　e) 角接接头

f) 端接接头　g) 套管接头　h) 斜对接接头　i) 卷边接头　j) 锁底接头

大于 6mm 时，为了焊透和减少母材熔入熔池中的相对数量，根据设计需要，在焊件的待焊部位加工成一定形状的沟槽，称为坡口。为了防止焊穿，常在坡口根部留有 2～3mm 的直边，称为钝边。为了保证钝边焊透也需留有根部间隙。常用的坡口形式如图 5-6 所示。

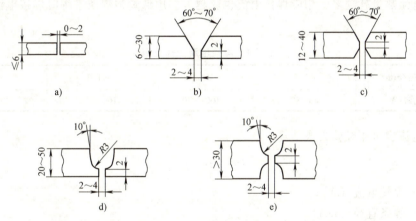

图 5-6　坡口形式

a) I 形接口　b) V 形坡口　c) 双 V 形（X 形）坡口　d) U 形坡口　e) 双 U 形坡口

3. 焊接位置

焊接时，焊缝所处的空间位置称为焊接位置。焊接位置不同，焊接难度也不同，对焊接质量和生产效率也有影响，如图 5-7 所示。

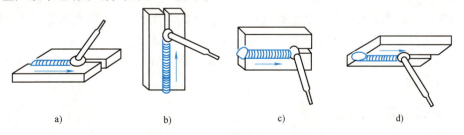

图 5-7　焊接位置

a) 平焊　b) 立焊　c) 横焊　d) 仰焊

六、焊接参数

焊接参数是指为保证焊接质量而选定的各物理量的总称。焊条电弧焊的工艺参数主要有以下几种：

1. 焊条直径

焊条的直径是指焊芯的直径，一般焊接厚板应选用粗焊条，焊接薄板则用细焊条；另外，焊条直径还与接头形式及焊接位置密切相关，如立焊、横焊和仰焊所用的焊条应该比平焊细些。焊条直径的选择参考见表5-3。

表 5-3　焊条直径选择参考

焊件厚度/mm	2	3	4~5	6~8	>8
焊条直径/mm	ϕ1.6、ϕ2.0	ϕ2.5、ϕ3.2	ϕ3.2、ϕ4.0	ϕ4.0、ϕ5.0	ϕ5.0

2. 焊接电流

焊接电流是焊接的主要参数，直接影响到接头质量。焊接电流过大，易产生咬边、烧穿、焊瘤等缺陷；焊接电流过小，易产生未焊透、夹渣等缺陷。一般焊条直径越粗，熔化焊条所需的电弧热量就越多，相应焊接电流也就越大。用低碳钢焊条平焊时焊接电流的选择范围见表5-4。

表 5-4　焊接电流选择范围

焊条直径/mm	ϕ2.5	ϕ3.2	ϕ4.0	ϕ5.0
焊接电流/A	60~80	100~130	160~210	200~270

焊接电流也可用经验公式估算

$$I = (30 \sim 40)d$$

式中　I——焊接电流（A）；

d——焊条直径（mm）。

3. 电弧电压

电弧电压是指电弧两端（两极）之间的电压降，它由电弧长度决定。电弧长则电压高，电弧短则电压低，电弧变长稳定性就差。因此，在焊接时应尽量使用短弧，一般要求电弧长度不超过焊条直径。

4. 焊接速度

焊接速度是指单位时间内完成的焊缝长度，它是影响焊接效率高低的重要因素。在保证焊透并使焊缝高低、宽窄一致的前提下，应尽量提高焊接速度。焊接速度慢，焊缝高而宽，焊薄板则易烧穿；焊接速度快，焊缝矮而窄，不易焊透。沿焊接方向的分速度一般以140~160mm/min 为宜。

七、操作要领

焊条电弧焊是在面罩下观察和进行操作的，由于视野不清，工作条件较差，因此要保证焊接质量，不仅要求有较为熟练的操作技术，还应注意力高度集中。初学者练习时应注意：

电流要合适，焊条要对正，电弧要短，焊速要慢，力求均匀。

焊接前，应把工件接头两侧 20mm 范围内的表面清理干净（清除铁锈、油污、水分），并使焊条的端部金属外露，以便进行短路引弧。

1. 引弧

引弧即引燃焊接电弧。引弧时，首先把焊条端部和焊件轻轻接触，然后很快将焊条提起，这时电弧就在焊条端部与焊件之间建立起来了。引弧方法有划擦法和敲击法两种，如图 5-8 所示其中划擦法比较容易掌握，适宜初学者引弧操作。

2. 运条

运条是焊接过程中最重要的环节，它直接影响焊缝的外表成形和内在质量。引燃电弧

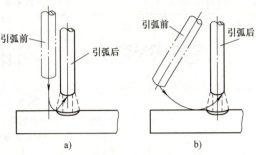

图 5-8 引弧方法
a）划擦法 b）敲击法

后，一般情况下焊条有三个基本运动：朝熔池方向逐渐送进、沿焊接方向逐渐移动和横向摆动，如图 5-9 所示。

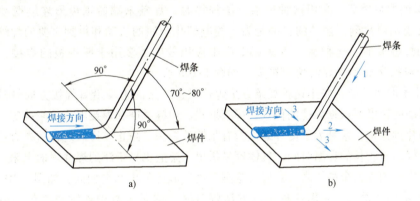

图 5-9 焊条的运动
a）焊条角度 b）焊条的三个运动方向
1—朝熔池方向逐渐送进 2—沿焊接方向逐渐移动 3—横向摆动

（1）焊条朝熔池方向逐渐送进 这既是为了向熔池添加金属，也是为了在焊条熔化后继续保持一定的电弧长度。因此，焊条送进的速度应与焊条熔化的速度相同，否则会发生断弧或粘在焊件上。

（2）焊条沿焊接方向逐渐移动 随着焊条的不断熔化，逐渐形成一条焊道。若焊条移动速度太慢，则焊道会过高、过宽、外形不整齐，焊接薄板时会发生烧穿现象；若焊条移动速度太快，则焊条与焊件会熔化不均匀，焊道较窄，甚至发生未焊透现象。焊条移动时应与前进方向成 70°~80°的夹角，以便将熔化金属和熔渣推向后方，否则熔渣流向电弧的前方，会造成夹渣等缺陷。

（3）焊条的横向摆动 为了对焊件输入足够的热量以便于排气、排渣，并获得一定宽度的焊缝或焊道。焊条摆动的范围根据焊件的厚度、坡口形式、焊缝层次和焊条直径等来确定。

运条会直接影响到焊缝的外表成形，是衡量焊工操作水平的重要标志之一。常用运条方

法如图 5-10 所示。焊薄板可用直线形运条，焊厚板可选用其他运条方法。

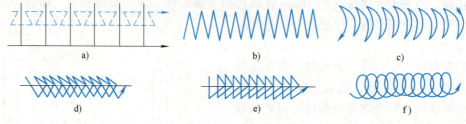

图 5-10 运条方法

a）直线往复运条法 b）锯齿形运条法 c）月牙形运条法 d）斜三角形运条法
e）正三角形运条法 f）圆圈形运条法

（1）**直线形运条法** 采用这种运条方法焊接时，焊条不做横向摆动，只沿焊接方向做直线移动，常用于 I 形坡口的对接平焊、多层焊的第一层焊或多层多道焊。

（2）**直线往复运条法** 采用这种运条方法焊接时，焊条末端沿焊缝的纵向来回摆动，它的特点是焊接速度快、焊缝窄、散热快，适用于薄板和接头间隙较大的多层焊的第一层焊，如图 5-10a 所示。

（3）**锯齿形运条法** 采用这种运条方法焊接时，焊条末端做锯齿形连续摆动及向前移动，并在两边稍停片刻，摆动的目的是为了控制熔化金属的流动和得到必要的焊缝宽度，以获得较好的焊缝成形。这种运条方法在生产中应用较广，多用于厚钢板的焊接，平焊、仰焊、立焊的对接接头和立焊的角接接头，如图 5-10b 所示。

（4）**月牙形运条法** 采用这种运条方法焊接时，焊条的末端沿着焊接方向做月牙形的左右摆动。摆动的速度要根据焊缝的位置、接头形式、焊缝宽度和焊接电流值来确定。同时需在接头两边做片刻停留，这是为了使焊缝边缘有足够的熔深，防止咬边。这种运条方法的优点是金属熔化良好，有较长的保温时间，气体容易析出，熔渣也易于浮到焊缝表面上来，焊缝质量较高，但焊出来的焊缝余高较高，其应用范围和锯齿形运条法基本相同，如图 5-10c 所示。

（5）**三角形运条法** 采用这种运条方法焊接时，焊条末端做连续的三角形运动，并不断向前移动。按照摆动形式的不同，可分为斜三角形和正三角形两种。斜三角形运条法适用于焊接平焊和仰焊位置的 T 形接头焊缝和有坡口的横焊缝，其优点是能够借焊条的摆动来控制熔化金属，促使焊缝成形良好，如图 5-10d 所示。正三角形运条法只适用于开坡口的对接接头和 T 形接头焊缝的立焊，其特点是能一次焊出较厚的焊缝断面，焊缝不易产生夹渣等缺陷，有利于提高生产效率，如图 5-10e 所示。

（6）**圆圈形运条法** 采用这种运条方法焊接时，焊条末端连续做正圆圈或斜圆圈形运动，并不断前移，正圆圈形运条法适用于焊接较厚焊件的平焊缝，其优点是熔池存在时间长，熔池金属温度高，有利于溶解在熔池中的氧、氮等气体的析出，便于熔渣上浮。斜圆圈形运条法适用于平焊、仰焊的 T 形接头焊缝和对接接头的横焊缝，其优点是有利于控制熔化金属不受重力影响而产生下淌现象，有利于焊缝成形，如图 5-10f 所示。

3. 收尾

收尾是指一根焊条焊完或焊接结束时的熄弧方法。 由于电弧的吹力，若收尾时立即熄弧，会产生弧坑，降低收尾处的强度，甚至产生裂纹，故收尾时还需填满弧坑。常用的收尾方法有以下三种：

（1）**划圈收尾法**　利用手腕动作划圆圈，填满弧坑后，拉断电弧，如图 5-11a 所示。此法适用于厚板，薄板易烧穿。

（2）**反复断弧收尾法**　在弧坑上连续做多次熄弧与灭弧，直到弧坑填满为止，如图 5-11b 所示。此法适用于薄板，碱性焊条不宜用此法。

（3）**回焊收尾法**　停止运条，但不熄弧，适当改变焊条角度，由位置 1 转到位置 2，填满弧坑后再转到位置 3，然后拉断电弧，如图 5-11c 所示。此法常用于碱性焊条。

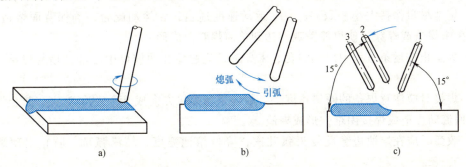

图 5-11　收尾方法

a）划圈收尾法　b）反复断弧收尾法　c）回焊收尾法

4. 接头

焊长焊缝时，用一根焊条不能焊完，每根焊条需与前道焊缝连接好，以保证焊缝的连续性。焊道的连接方式有四种，如图 5-12 所示。

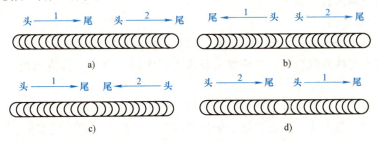

图 5-12　焊道的连接方式

1—先焊焊道　2—后焊焊道

1）如图 5-12a 所示，此法用得最多。其连接方法是在先焊焊道尾端前面约 10mm 处引弧，弧长比正常焊接稍长些，然后将电弧移到原弧坑的 2/3 处，填满弧坑后继续正常焊接。

2）如图 5-12b 所示，这种方法要求先焊焊道的起头要略低，连接时在先焊焊道的起头略前处引弧，并稍微拉长电弧，将电弧引向先焊焊道的起头处，并覆盖先焊焊道的起头，焊平后向先焊焊道的相反方向移动。

3）如图 5-12c 所示，这种方法是后焊焊道从接头的另一端引弧，焊到先焊焊道的结尾处，焊接速度略慢些，以填满焊道的焊坑，然后以较快速度再向前熄弧。

4）如图 5-12d 所示，此法是后焊焊道结尾与先焊焊道起头相连，再利用结尾时的高温再次熔化先焊焊道的起头处，将焊道焊平后熄弧。

八、平板对接实例

在进行焊接实习时，要注意焊接方向和基本操作要领，应先对以下知识充分了解。

1. 焊接的运动方向

1）v_x 直线运动，代表焊条沿焊接方向的移动速度。

2）v_y 横向运动，代表焊条沿两焊件坡口的摆动速度。

3）v_z 送进运动，代表焊条向熔池的送进速度。

2. 焊接基本操作要领

（1）平焊注意要点

1）熔池尽量保持大小一致，v_x、v_y 运动速度适当，v_z 运动配合，确保背面熔透良好，防止产生未焊透或焊穿，使焊缝美观，达到单面焊双面成形。

2）为防止在运条过程中出现缩孔、未焊透，应避免在两坡口中心部位抬起焊条，增大弧长。

3）焊接时应注意焊条的倾斜角度，一般焊条与焊接方向成 65°～80° 为宜，防止熔渣向熔池前面流动，造成焊接困难，形成夹渣。

4）收弧时应在熔池边缘反复灭弧几次，降低熔池温度，填满弧坑，防止出现裂纹和烧穿。

（2）立焊注意要点

1）v_x、v_y、v_z 三个运动之间应协调一致，防止焊缝高低不均。

2）两侧熔化宽度应一致，防止产生未焊透，焊缝熔透应整齐。

3）当铁液敷上之后要立即做 v_x 运动，不能停留或减慢速度。

4）采用反复断弧收尾法。

（3）横焊注意要点

1）注意控制焊条的操作角度，电弧在坡口处停留时应防止烧穿。

2）出现熔渣与铁液混合时，应依靠电弧吹力增大回流力度，将流动的熔渣推向焊接的反方向，使熔池清晰可见。

3）当熔渣超前时，可用焊条前沿轻轻碰掉，防止熔化金属随熔渣下淌。

4）正确掌握运条方法，防止焊缝上侧出现咬边、下侧出现较大的焊瘤。

（4）仰焊注意要点

1）控制熔池不宜过大，保持运条均匀，不能中断。

2）焊接电流不宜过小，否则熔深不够，电弧不稳，难以操作，无法保证焊缝质量。

3）选择最佳的实现位置，由远而近地运条，力争使 v_x、v_y、v_z 运动达到最佳配合。

3. 实例

平板对接是焊工最基本的操作技能。如图 5-13 所示的结构，采用 5mm 厚 Q235A 钢板，不开坡口对接，焊条用 E4303、直径为 $\phi3.2mm$，焊机用 ZXG-300。具体操作步骤如下：

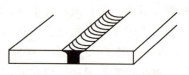

图 5-13 平板对接焊件

1）清理钢板焊缝区。

2）正确接线，调节焊接电流至 100～130A。

3）点固焊件，焊件间隙 1～2mm，定位焊缝长 100mm 左右，间距 100～150mm。

4）焊正面焊缝，采用直线形运条方法，用短弧，运条慢些，使熔深达到 4mm，焊缝宽 6～8mm。

5）清渣，反面的焊渣必须清除干净。

6）反面封底焊，运条可快些，但要保证焊透。

7）清渣。

8）外观检验。

九、电焊工实训安全技术操作规范

电焊工实训安全技术操作规范如下：

1）焊机必须正确接地，工作时应戴防护手套。

2）焊接时要穿戴好工作服、面罩等防护用品，防止弧光辐射及火花灼伤。

3）更换焊条或完成焊接工作后，焊钳不要搁置在焊件上，注意绝缘，避免触电事故。

4）焊接现场应加强通风，减少烟尘及有毒气体的危害。

5）清除渣壳应戴护目镜，以免飞溅物伤眼。

第二节　其他常用电弧焊方法

一、埋弧焊

埋弧焊是电弧在焊剂层下燃烧，利用机械自动控制焊丝送进和电弧移动的一种方法，其引弧、稳弧、焊丝的送进与移动、收尾等焊接动作均由机械装置自动完成。

埋弧自动焊接时，在焊剂层下引燃电弧，并将末端周围的焊剂熔化成液态熔渣，形成一个封闭空间，使电弧与外界空气隔离，电弧在封闭的空间里燃烧，将焊丝与母材熔化形成熔池。随着焊接过程的进行，电弧不断前移，熔池随之冷却凝固形成焊缝，熔渣形成渣壳覆盖在焊缝表面，可减缓焊缝金属的冷却，有利于熔池内气体与杂质的析出，如图5-14所示。

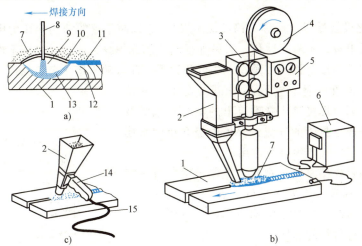

图 5-14　埋弧焊

a）自动埋弧焊　b）埋弧焊焊接过程示意图　c）半自动埋弧焊

1—工件　2—焊剂盒　3—送丝轮　4—焊丝盘　5—操作面板　6—控制箱　7—焊剂　8—焊丝　9—电弧
10—液态熔渣　11—固态焊渣　12—焊缝　13—熔池　14—手把　15—电缆

二、气体保护焊

气体保护焊是用保护气体代替药皮的保护作用，使金属熔池免受空气侵害的电弧焊方法。常用的气体保护焊有氩弧焊和CO_2气体保护焊两种。

由于没有熔渣覆盖在熔池上面，且有保护气体对电弧的压缩作用，因此可直接观察电弧和熔池，便于调整，电弧热量集中、熔池小、热影响区窄、焊件变形小、焊缝质量好、焊后不需清渣。

因氩气价格较高，一般多用于重要焊件，平时大多采用CO_2气体保护焊。

1. 氩弧焊

氩弧焊有熔化极氩弧焊和不熔化极氩弧焊两种，如图5-15所示。

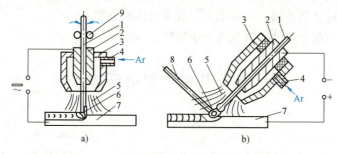

图 5-15　氩弧焊

a) 熔化极氩弧焊　b) 不熔化极氩弧焊

1—焊丝或电极　2—导电嘴　3—喷嘴　4—进气管　5—氩气流

6—电弧　7—工件　8—填充焊丝　9—送丝滚轮

（1）熔化极氩弧焊　它以连续送进的焊丝作为电极，熔化后填充焊缝，可采用较大的电流焊接厚板。根据操作方法及特点，熔化极氩弧焊有自动、半自动和脉冲熔化极氩弧焊之分。

（2）不熔化极氩弧焊（又称为钨极氩弧焊）　它以高熔点的铈钨棒作为电极，焊接时铈钨棒仅作为电弧电极，本身不熔化，需另加焊丝来填充焊缝，故焊接电流不能太大，因此熔深也较小，适用于焊接薄板。按操作方法可分为手工和自动不熔化极氩弧焊。

氩气是一种惰性气体，它既不与金属发生化学反应，也不溶于金属。焊接时从喷嘴流出的氩气在电弧及熔池的周围形成连续封闭的气流，保护电极和熔池金属不被氧化，避免了空气产生有害作用。

氩弧焊是明弧焊接，便于观察，操作灵活，可进行各种空间位置的焊接，焊缝质量好，表面光洁、美观。但是，氩弧焊成本高，其设备维修也不便，主要用于不锈钢和有色金属等材料的焊接。

2. CO_2气体保护焊

用CO_2作为保护气体，焊丝作为电极，属于熔化极电弧焊，如图5-16所示。

CO_2气体保护焊具有以下特点：

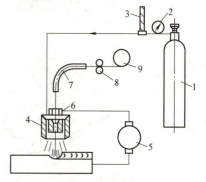

图 5-16　CO_2气体保护焊

1—CO_2气瓶　2—减压器　3—流量计

4—焊炬喷嘴　5—电焊机　6—导电嘴

7—送丝软管　8—送丝机构　9—焊丝盘

1）生产效率高，CO_2 气体来源广，价格低，焊接电流大，热量利用率高，熔敷速度快，生产率比焊条电弧焊提高 1~3 倍。

2）焊接质量高，焊件变形小，焊缝抗裂性好，抗锈能力强。

3）适用范围广，适用于各种位置的焊接，薄板可焊到 1mm，焊接厚度几乎不受限制。

4）易于实现机械化焊接。CO_2 气体保护焊是明弧焊接，操作灵活，且焊后不需清渣。

5）飞溅大，焊缝成形差，焊接设备复杂。

CO_2 气体保护焊适用于低碳钢和普通低合金钢的焊接。由于 CO_2 是一种氧化性气体，焊接过程中会使部分金属元素氧化烧损，不适用于焊接高合金钢和有色金属。

第三节 气焊与气割

一、气焊

1. 气焊的工艺特点

气焊是用可燃气体（常用乙炔）和助燃气体（氧气）混合燃烧产生的热量来熔化焊丝和焊件进行焊接的。焊接时以乙炔和氧气混合燃烧产生的 CO_2 和 CO 来保护熔池，最高温度为 3200℃左右，比电弧焊低得多，且加热面积大、热影响区宽，故接头部位晶粒较粗、力学性能较差、焊件变形较大，多用于焊接薄板、有色金属及其合金、修补零件、硬钎焊和火焰校正等方面。

2. 气焊设备

气焊设备包括焊炬、氧气瓶、乙炔瓶、减压器和橡皮管等，气焊示意图如图 5-17 所示。

3. 气焊火焰

点火时，先微开氧气阀，再开乙炔阀，点燃火焰后，再调节氧气和乙炔的混合比，可得到不同的火焰，如图 5-18 所示。

（1）中性焰 点火后，开大氧气阀，火焰缩短，焰心呈白色、外焰为淡紫色，焰心、外焰轮廓分明，即为中性焰（图 5-18a）。中性焰适合于低中碳钢、低合金钢、纯铜、青铜、铝及铝合金的焊接，在气焊中应用最广。

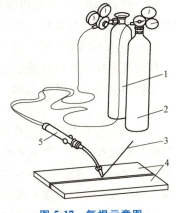

图 5-17 气焊示意图
1—氧气　2—可燃气体　3—填充焊丝　4—工件　5—焊炬

（2）碳化焰 在中性焰的基础上，关小氧气阀或开大乙炔阀，即得到碳化焰（图 5-18b）。碳化焰的火焰较长，焰心呈蓝白色，内焰呈淡白色，外焰呈橙黄色，适合于高碳钢、铸铁、硬质合金等的焊接。

（3）氧化焰 在中性焰的基础上，开大氧气阀或关小乙炔阀，即为氧化焰（图 5-18c）。氧化焰的火焰缩短，气流声较响，焰心呈淡蓝色，外焰呈蓝色，因氧化性强，应用较少，仅用于黄铜、锰钢等的焊接。

4. 气焊操作要领

（1）焊前准备 影响气焊质量的因素有很多，主要有焊丝、焊炬倾角和焊接速度等，因此气焊前要首先确定焊接材料、工艺参数并清理连接表面。

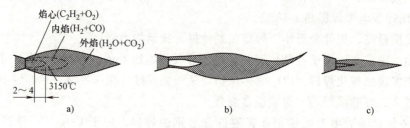

图 5-18 气焊火焰

a）中性焰 b）碳化焰 c）氧化焰

1）焊丝。气焊焊丝一般为金属光丝，作为填充金属与熔化的母材一起组成焊缝金属。焊丝的成分应与焊件成分相同或相近，焊接低碳钢常用的气焊丝为 H08 和 H08A。焊丝直径随焊件厚度而定，在保证质量的前提下尽可能选择直径大些的焊丝，气焊焊丝直径一般为 2～4mm。

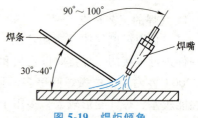

图 5-19 焊炬倾角

2）焊炬倾角。焊嘴与焊缝的夹角称为焊炬倾角，如图 5-19 所示。倾角小，火焰分散，热量损失大，工件升温慢；倾角大，火焰集中，热量损失小，工件升温快。厚件用大倾角，薄件用小倾角。

3）焊接速度。一般焊接厚件速度应慢些，焊接薄件速度应快些。

4）表面清理。焊前应将焊件连接处的油污、铁锈和氧化物等彻底清除，其方法是用喷砂或直接用气焊火焰烘烤，然后用钢丝刷予以清理。

（2）点火和调节火焰　点火时先微开氧气阀，再开乙炔阀，然后点燃火焰。调节火焰前，首先要根据焊件材料确定选用哪种火焰。通常点火后得到的火焰为碳化焰，若要调节为中性焰，则应逐渐打开氧气阀，加大氧气供应量。调成中性焰后，继续加氧，就能得到氧化焰。

（3）气焊操作技术　焊接时，一般左手握焊炬，沿焊缝向左或向右焊接。焊炬的焊嘴和焊丝的轴线投影应与焊缝重合，同时掌握好焊炬倾角，一般保持在 30°～40° 范围内；焰心距熔池 2～4mm，应避免将火焰对准焊丝，导致焊丝熔化过快，焊缝熔合不良。焊接结束后，应减小焊炬倾角，以便更好地填满弧坑，避免烧穿。

（4）灭火　灭火时，先关乙炔阀，再关氧气阀。在操作过程中若发生回火，应迅速切断气源。

二、气割

气割是利用气体火焰的热能将工件切割处预热到一定温度后，喷出高速切割氧气流，使金属燃烧并放出热量实现切割的方法。

气割与气焊有些相似，但工作原理却有本质区别。气割是使金属在纯氧中燃烧，而气焊是使金属熔化。

手工氧乙炔切割的用具是割炬，其外形如图 5-20 所示。先打开预热氧，点燃预热火焰，将工件割口的开始处预热到金属的燃点。然后打开切割氧气阀，氧气流使金属立即燃烧，生成氧化物的同时被氧气流吹走。金属燃烧时产生的热量与氧乙炔焰又将下一层和邻近金属预热到燃点，与高压氧气接触，继续燃烧并被吹走，沿切割线以一定速度移动割炬形成割口。

并非所有金属都能采用氧气切割，必须具备以下条件：

1）金属的燃点必须低于熔点，这样才能保证金属切割过程是燃烧过程，而不是熔化过程，否则切割时，金属先熔化再熔割，致使切口过宽，且不整齐。

2）燃烧生成的氧化物的熔点应低于金属本身的熔点，同时流动性要好，能及时熔化并被吹走，否则就会在割口处形成固态氧化物，阻碍氧气流与下层金属接触，使切割过程不能正常进行。

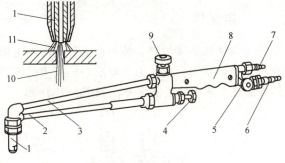

图 5-20　割炬

1—割嘴　2—混合气管　3—切割气管　4—燃烧氧气手轮
5—乙炔手轮　6—乙炔接头　7—氧气接头　8—手柄
9—切割氧气手轮　10—切割氧气流　11—预热火焰

3）金属燃烧时能放出大量的热，而且金属本身的导热性要低，以保持足够的预热温度，使切割过程能顺利进行。

满足以上条件的纯铁、低碳钢、中碳钢和普通低合金钢均能采用氧气切割，而高碳钢、铸铁、不锈钢、铝和铜等不适宜用氧气切割。

三、气焊与气割实训安全技术操作规范

1）每个氧气或乙炔减压器上只可接一把焊炬或割炬。

2）氧气管用红色、乙炔管用绿色区分，接管时必须辨认分清，不可接错。

3）点火前应检查各橡皮管连接处有无漏气现象。

4）焊炬点火时先微开氧气阀，再开乙炔阀；结束时，先关乙炔阀，再关氧气阀，以防发生回火及产生烟尘。割炬点火时先开预热氧气阀，再开乙炔阀；点火后再开切割氧气阀；结束时先关切割氧气阀，再关乙炔阀，最后关预热氧气阀。

5）发生回火应立即关闭乙炔阀，再关闭氧气阀。重新点火时，应先打开氧气阀吹去焊炬内的烟尘。

6）气焊或气割结束后，应关紧氧气瓶和乙炔瓶阀，再拧松减压器调节螺钉。

第四节　压　力　焊

压力焊是通过加热或加压，使焊件达到塑性或微熔状态，在压力下形成接头的焊接方法。压力焊的种类有很多，主要形式有两种：一是焊接过程中加热加压并用，即先将被焊金属接触部分加热至塑性状态或局部熔化状态，然后施加一定压力，使金属原子间相互结合，形成牢固的接头，如电阻焊、扩散焊、摩擦焊等；另一类是仅靠压力作用，借助于金属接触面上所产生的塑性变形，实现原子间的结合，形成牢固的压挤焊点，如冷压焊等。其中，电阻焊应用最广。

一、电阻焊

电阻焊又称为接触焊，是指通电后焊件内电阻和接触电阻发热，把焊件接触处局部加热到塑性或微熔状态，在压力下形成焊接接头的方法。电阻焊分为点焊、对焊、缝焊、凸焊及T形焊五种，常用的是前三种，如图 5-21 所示。

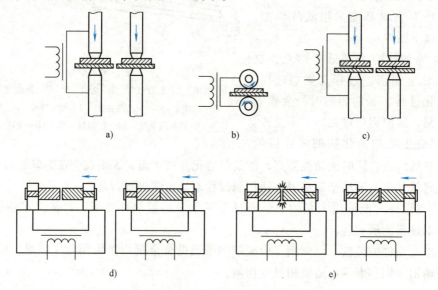

图 5-21 电阻焊
a）点焊 b）缝焊 c）凸焊 d）电阻对焊 e）闪光对焊

1. 对焊

对焊用于对接接头，按焊接过程和操作方法的不同，可分为电阻对焊和闪光对焊。

（1）电阻对焊 电阻对焊是将两焊件的端面紧密接触，利用电阻热将其加热至塑性状态，然后迅速施加压力完成焊接。电阻对焊接头较光滑，不需去飞边，但焊前需清理工件，适用于断面形状简单、直径或边长小于 20mm 和强度不高的焊件。

（2）闪光对焊 闪光对焊是将两焊件夹在电极夹钳上，接通电源，并使其断面逐渐移近达到局部接触，由于接触点的电流密度大，使金属迅速熔化、蒸发、爆裂而产生四射的闪光，直至整个断面金属熔化，然后迅速施加压力完成焊接。此法焊接后需处理飞边，可焊接低碳钢、低合金钢、不锈钢以及铝铜等有色金属，还能进行异种金属的焊接。

2. 点焊

点焊均采用搭接接头，焊接前先将表面清理干净，装配好后送入上下电极之间。先加一定压力使焊接处接触良好，然后通以大电流，焊件接触局部熔化形成熔核，断电后熔核在压力下冷却凝固形成焊点，最后去除压力取出焊件。点焊适用于 3mm 以下薄板搭接、$\phi 25mm$ 以下钢筋交叉搭接等薄板、薄壁构架。

点焊接头形式如图 5-22 所示。

3. 缝焊

缝焊是用旋转的电极滚轮代替点焊的固定电极，焊接时断续通电，形成一连串连续重叠的焊点，主要用于有密封要求、板厚在 3mm 以下且焊缝比较规则的薄壁构件。

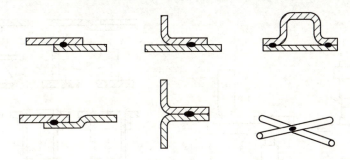

图 5-22　点焊接头形式

电阻焊焊接电流大，生产率高，焊接时电流集中，加热迅速，焊件变形小，且不需要填充金属，也不要焊剂，操作简单，易于实现机械化和自动化。但是，电阻焊接头质量的无损检验较为困难，设备复杂，维修困难。

二、摩擦焊

摩擦焊是利用两焊件端面在相对高速旋转运动中相互接触摩擦所产生的热量，将焊件端面加热至塑性状态，然后迅速加压形成牢固接头的一种压焊方法，如图 5-23 所示。摩擦焊的过程一般包括初始摩擦阶段、不稳定摩擦阶段、停车阶段、纯顶锻阶段和顶锻维持阶段。

摩擦焊具有以下优点：

1）接头质量稳定可靠。

2）焊接效率高。

3）生产成本低，无需填充材料，能量消耗低。

4）可焊接各种异种钢和异种金属接头。

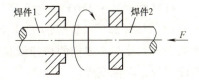

图 5-23　摩擦焊

5）焊接过程易于实现机械化和自动化，目前已在石油勘探设备、电动机、汽车和电工器材等制造行业得到较广泛的应用。

摩擦焊存在焊件横截面局限于圆形、焊机功率难以提高和焊接参数控制精度要求高等缺点。

三、冷压焊

冷压焊不用加热，是仅靠强大的外力把焊件压合在一起的焊接方法。冷压焊焊件接头处变形量较大，但焊接工艺简单，仅需控制焊前清理及变形程度，适用于各种塑性金属材料的焊接，如南浦大桥等斜拉桥上用的牵引索就是用接头套圈冷压焊连接起来的。

第五节　钎　　焊

钎焊是指利用熔点比焊件低的钎料作为填充金属，加热时焊件不熔化，仅钎料熔化并浸润焊件填充间隙，冷凝后形成接头的焊接方法。在钎焊过程中，除了使用钎料外，还常使用钎剂。钎剂的作用是去除焊件和钎料表面的氧化物，避免焊件和液态钎料被氧化，增加钎料的流动性。钎料熔化后填满母材间的间隙，然后冷凝形成牢固的接头，如图 5-24 所示。

1. 钎焊的接头形式

钎焊的常用接头形式如图 5-25 所示。

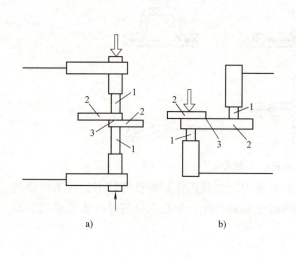

| 图 5-24　钎焊示意图 | 图 5-25　钎焊的常用接头形式 |

a）直接加热法　b）间接加热法

1—焊接加热端　2—被焊工件　3—填充金属

2. 钎焊的种类

钎料熔点高于 450℃ 的称为硬钎焊，低于 450℃ 的称为软钎焊。

（1）硬钎焊　硬钎焊的工件接头强度较高，用于承载较大的构件、工具和刀具等，如硬质合金刀片与车刀柄的焊接就是采用铜锌钎料、电阻加热或感应加热（亦可用火焰加热）的硬钎焊，简称铜焊。

（2）软钎焊　软钎焊的工件接头强度低，用于载荷不大的构件、仪器仪表等，如线路板的锡焊就是采用锡铅钎料、烙铁加热的软钎焊。

3. 钎焊的特点

与一般熔焊相比，钎焊具有以下特点：

1）由于在钎焊过程中工件温度较低，因此组织和力学性能变化很小，变形也小，接头光滑平整，工件尺寸精确。

2）可以焊接性能差异很大的异种金属，对工件厚度也没有严格限制。

3）生产率高，易于实现机械化和自动化。

4）钎焊接头的强度和耐热性都低于焊件金属，这是钎焊的主要缺点。

钎焊主要用于制造精密仪器、电气零部件、异种金属构件以及复杂薄板结构，也常用于钎焊各类导线和硬质合金刀具。

第六节　焊接质量分析

影响焊接质量的因素有很多，如被焊金属的焊接性、焊接参数、焊接结构、焊接设备以及焊接操作人员的熟练程度等。因此，在焊接前和焊接过程中对这些因素以及焊接完的焊件必须全面考虑，仔细检查。如果发现焊缝中存在缺陷，要分析其原因并采取一定的工艺措施加以消除，以保证焊接质量。

一、焊接缺陷

焊接缺陷（表5-5）往往是引起焊接构件失效与破坏的主要原因，完全避免是不可能的，但应注意尽量减少及预防。

表 5-5　常见焊接缺陷的种类、产生原因及预防措施

缺陷种类	产生原因	预防措施
未熔合	1. 焊接技术不熟练，操作手法不当 2. 坡口角度、平直度不当，装配间隙不均匀 3. 焊接参数选择不当，如电流过大或过小	1. 提高操作水平，注意运条手法与速度 2. 坡口开设得当，提高装配质量 3. 选择合适的焊接参数
气孔	1. 焊件表面被油、水、锈污染 2. 焊条药皮受潮 3. 电弧过长 4. 电流过大或过小，焊接速度过快	1. 清理焊件表面 2. 焊前烘干焊条 3. 采用短弧 4. 选择合适的焊接参数
夹渣	1. 前道焊缝除渣不净 2. 焊条太粗而电流太小 3. 运条速度不均，焊条摆动幅度太宽 4. 焊条牌号选择不当	1. 清除焊层间熔渣，将凹凸处铲平 2. 用细焊条和较大的电流 3. 运条均匀，限制焊条摆动幅度 4. 选择合适的焊条
未焊透	1. 电流太小，运条速度过快 2. 坡口角度太小、钝边过厚，装配间隙太小 3. 焊条角度不对，熔池偏于一侧	1. 选择合适的电流和运条速度 2. 合理开设坡口，保证必需的装配间隙 3. 随时注意调整焊条角度，使熔池位于焊缝中间
弧坑	1. 熄弧过快 2. 焊薄板时电流过大	1. 正确收尾，或采用灭弧板 2. 焊薄板时电流小些，采用反复断弧法收尾
咬边	1. 电流过大，电弧过长，运条不当，焊条摆动速度过快 2. 角焊时，焊条角度不当	1. 选择合适的电流，控制好运条操作 2. 保持合适的焊条角度
裂纹	1. 熔池中含 C 量较高或含 S、P 等有害元素较多，易产生热裂纹；焊缝冷却速度太快 2. 熔池中含 H 量过高，易产生冷裂纹 3. 焊件结构刚性大 4. 焊接参数选择不当	1. 限制焊接材料的 C、S、P 含量，如开坡口、选择合适的焊条，并可采取焊前预热、焊后缓冷等措施 2. 降低熔池含 H 量，如烘干焊条、使用碱性焊条等 3. 采用合理的焊接顺序和方向 4. 选择合适的焊接参数

（续）

缺 陷 种 类	产 生 原 因	预 防 措 施
烧穿	1. 电流过大 2. 焊接速度太慢 3. 焊件间隙过大，或钝边太尖	1. 选择合适的电流 2. 焊接速度恰当 3. 焊件装配间隙不要过大，保持一定的钝边厚度
焊瘤	1. 焊接操作不熟练 2. 焊条太粗、电流太大、电弧过长，运条不当，焊条角度不合适	1. 提高操作技能 2. 合理选择焊接参数，保持适当的焊条角度，注意运条操作

二、焊接应力与变形

焊接过程是对焊件的局部进行高温加热使其达到熔化状态，随后快速冷结晶而形成焊缝，因此在焊接构件中产生了焊后残余变形应力及金属组织变化。焊接应力与变形直接影响焊接结构的制造质量及使用性能，如焊件的尺寸精度、刚度、强度、稳定性以及耐蚀性等。焊接应力与变形过大时，不仅会使产品制造工艺困难，而且会导致产品报废，造成巨大的经济损失。

三、焊接质量检验

焊接质量检验包括焊前检验、焊接过程中检验和成品检验，其中成品检验分无损检验（非破坏性检验）和破坏性检验两类。

1. 无损检验

（1）外观检验　这种方法是用肉眼或低倍放大镜检查焊缝的外形尺寸和表面可见缺陷。

（2）耐压和密封性试验　这种方法用于检测压力容器和管道的密封性，常用方法有水压试验、气压试验和煤油试验等。

（3）磁粉探伤　这种方法用于检测铁磁性材料的焊缝表面及近表面的裂纹、夹渣等缺陷。

（4）射线探伤　这种方法用于检测焊缝内部的裂纹、气孔、夹渣和未焊透等缺陷，常用的射线有 X 射线和 γ 射线两种。

（5）渗透探伤　这种方法有着色探伤和荧光探伤两种，用于检测使用射线探伤时表面无法检测的盲区，也可用于检测不锈钢、铜、铝合金等非磁性材料的焊缝表面缺陷。

（6）超声波探伤　这种方法是利用超声波反射规律探测焊件的内在缺陷，适用于厚件焊缝的内部缺陷检测。

2. 破坏性检验

破坏性检验需从焊缝上取出试样进行分析检验，检验项目包括力学性能试验、化学分析和金相组织分析和断口分析等。

第七节　焊接结构工艺性

在焊接结构的生产制造中，除了考虑使用性能外，还应考虑制造时焊接工艺的特点及要求，才能保证在较高的生产效率和较低的成本下，获得符合设计要求的产品质量。

焊接件的结构工艺性应考虑到各条焊缝的焊接性、焊缝质量的保证、焊接工作量、焊接变形的控制、材料的合理使用及焊后热处理等因素，具体主要表现在焊缝的布置、焊接接头和坡口形式等几方面。

一、焊缝布置

焊接位置对焊接接头的质量、焊接应力和变形以及焊接生产率均有较大影响，因此在布置焊缝时，应考虑以下几个方面：

1）**焊缝位置应便于施焊，有利于保证焊缝质量**。焊缝可分为平焊缝、横焊缝、立焊缝和仰焊缝四种形式，其中操作最方便、焊接质量最容易保证的是平焊缝，因此在布置焊缝时应尽量使焊缝能在水平位置进行焊接。

除了焊缝的空间位置外，还应考虑各种焊接方法所需要的施焊操作空间。图 5-26 所示为考虑焊条电弧焊施焊空间时，对焊缝布置的要求；图 5-27 所示为考虑点焊或缝焊施焊空间（电极位置）时，对焊缝布置的要求。

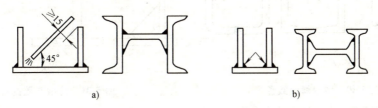

图 5-26　焊条电弧焊时的焊缝布置

a）合理　b）不合理

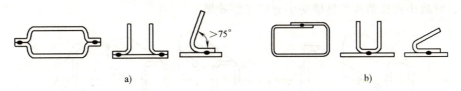

图 5-27　电阻点焊和缝焊时的焊缝布置

a）合理　b）不合理

另外，还应该注意焊接过程中对熔化金属的保护情况。气体保护焊时，要考虑气体的保护作用，如图 5-28 所示；埋弧焊时，应考虑接头处有利于熔渣形成封闭空间，如图 5-29 所示。

2）**焊缝布置应有利于减小焊接应力和变形**。通过合理布置焊缝来减小焊接应力和变形主要有以下几个途径：

① **尽量减少焊缝数量**。采用型材、管材、冲压件、锻件和铸钢件等作为被焊材料，这样不仅能减小焊接应力和变形，还能减少焊接材料消耗，提高生产率。如图 5-30 所示的箱

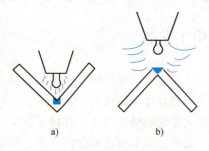

图 5-28 气体保护焊时的焊缝布置

a）合理 b）不合理

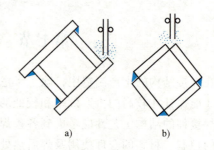

图 5-29 埋弧焊时的焊缝布置

a）合理 b）不合理

体构件，如采用型材和冲压件（图 5-30b）焊接，可较板材（图 5-30a）减少两条焊缝。

② 尽可能分散布置焊缝。如图 5-31 所示，焊缝集中分布容易使接头过热，材料的力学性能降低。两条焊缝的间距一般要求大于三倍或五倍的板厚。

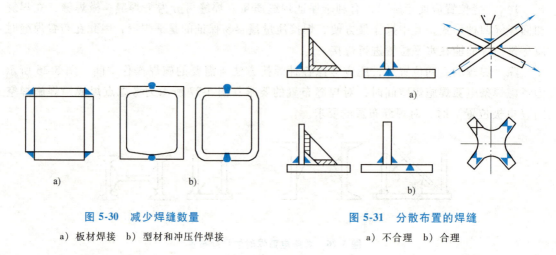

图 5-30 减少焊缝数量

a）板材焊接 b）型材和冲压件焊接

图 5-31 分散布置的焊缝

a）不合理 b）合理

③ 尽可能对称分布焊缝。如图 5-32 所示，焊缝的对称布置可以使各条焊缝的焊接变形相抵消，对减小梁柱结构的焊接变形有明显的效果。

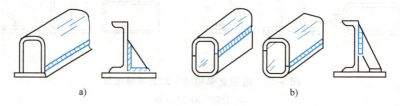

图 5-32 焊缝分布位置

a）不合理 b）合理

3）焊缝应尽量避开最大应力和应力集中部分。如图 5-33 所示，为了防止焊接应力与外加应力相互叠加，造成工件应力过大而开裂，可以附加刚性支承，以减小焊缝承受的应力。

4）焊缝应尽量避开机械加工面。一般情况下，焊接工序应在机械加工工序之前完成，以防止焊接损坏机械加工表面。此时焊缝的布置也应尽量避开需要加工的表面，因为焊缝的机械加工性能不好，且焊接残余应力会影响加工精度。如果焊接结构上某一部位的加工精度要求较高，又必须在机械加工完成后进行焊接工序时，应将焊缝布置在远离加工面处，以避免焊接应力和变形对已加工表面精度造成影响，如图5-34所示。

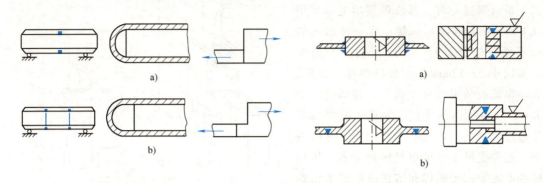

图 5-33　焊缝避开最大应力集中部位
a）不合理　b）合理

图 5-34　焊缝远离机械加工表面
a）不合理　b）合理

二、焊接结构工艺图

焊接结构工艺图是指通过使用国家标准中规定的有关焊缝的图形符号、画法和标注等表达设计人员关于焊缝的设计思想，并能被他人正确理解的焊接结构图样。它与一般机器零件工艺图的主要区别在于，必须要表达出对焊缝的工艺要求。

焊缝的图示法和符号表示如图5-35所示。

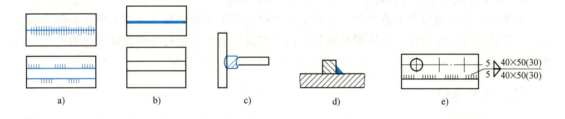

图 5-35　用图示法表示焊缝

第八节　焊接新技术简介

一、等离子弧焊

等离子弧焊是利用等离子弧作为热源的焊接方法。气体由电弧加热产生离解，在高速通过水冷喷嘴时受到压缩，增大能量密度和离解度，形成等离子弧，如图5-36所示。它的稳定性、发热量和温度都高于一般电弧，因而具有较大的熔透力和焊接速度。形成等离子弧的气体和它周围的保护气体一般用氩，根据各种工件的材料性质，也有使用氦或氩氦、氩氢等混合气体的。

等离子弧有两种工作方式，一种是"非转移弧"，电弧在钨极与喷嘴之间燃烧，主要用于等离子喷镀或加热非导电材料；另一种是"转移弧"，电弧由辅助电极高频引弧后，在钨极与工件之间燃烧，用于焊接。形成焊缝的方式有熔透式和穿孔式两种，前一种形式的等离子弧只熔透母材，形成焊接熔池，多用于 0.8～3mm 厚的板材焊接；后一种形式的等离子弧只熔穿板材，形成钥匙孔形的熔池，多用于 3～12mm 厚的板材焊接。此外，还有小电流的微束等离子弧焊，特别适合于 0.02～1.5mm 的薄板焊接。等离子弧焊属于高质量焊接方法，焊缝的深宽比大，热影响区窄，工件变形小，可焊材料种类多，特别是脉冲电流等离子弧焊和熔化极等离子弧焊的发展，更扩大了等离子弧焊的使用范围。

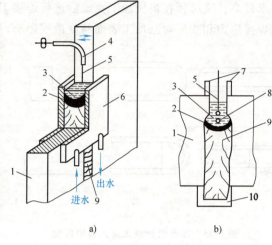

图 5-36 等离子弧焊

1—焊件 2—金属熔池 3—渣池 4—导电嘴
5—焊丝 6—强迫成形装置 7—引出板
8—金属熔滴 9—焊缝 10—引弧板

等离子弧焊具有以下特点：

1）微束等离子弧焊可以焊接箔材和薄板。

2）具有小孔效应，能较好地实现单面焊双面自由成形。

3）等离子弧能量密度大，弧柱温度高，穿透能力强，10～12mm 厚度的钢材可不开坡口，能一次焊透双面成形，焊接速度快，生产率高，应力变形小。

4）设备比较复杂，气体耗量大，只适用于室内焊接。

等离子弧焊广泛用于工业生产，特别是航空航天等军工和尖端工业技术所用的铜及铜合金、钛及钛合金、合金钢、不锈钢和钼等金属的焊接，如钛合金的导弹壳体、飞机上的一些薄壁容器等。

二、电子束焊

电子束焊的基本原理是，电子枪中的阴极由于直接或间接加热而发射电子，电子在高压静电场的加速下再通过电磁场的聚焦就可以形成能量密度极高的电子束，用此电子束去轰击工件，巨大的动能转化为热能，使工件焊接处熔化，形成熔池，从而实现对工件的焊接。

图 5-37 所示为真空电子束焊示意图，其电子枪、焊件及焊具全部装在真空室内。电子枪由加热灯丝、阴极、阳极和聚焦装置组成。当阴极被灯丝加热到 2600℃ 时能发出大量电子，这些电子在阴极与阳极（焊件）间的高压作用下，经过电子透镜聚焦成电子束，以极大的速度（可达 160000km/s）射向焊件表面，电子的动能变为热能。能量密度比普通电弧大 5000 倍，使得焊件金属迅速熔化甚至汽化。根据焊件的熔化程度逐渐移动焊件，即能得到要求的焊接接头。

真空电子束焊具有以下特点：

1）在真空中进行焊接，金属不会氧化氮化，且无金属电极沾污，所以能保证焊缝金属的高纯度。焊缝表面平滑洁净，没有弧坑或其他表面缺陷；焊缝内部熔合得好，无气孔夹渣。

2）热源能量密度大、熔深大、焊速快、焊缝深而窄，焊缝深宽比可达 20∶1，能单道

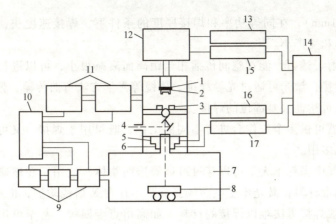

图 5-37 真空电子束焊示意图

1—阴极 2—聚束极 3—阳极 4—光学观察系统 5—聚焦线圈

6—偏转线圈 7—真空工作室 8—工作台及转动系统 9—工作室真空系统

10—真空控制及监测系统 11—电子枪真空系统 12—高压电源 13—阴极加热控制器

14—电气控制系统 15—束流控制器 16—聚焦电源 17—偏转电源

焊厚件。焊接热影响区很小，基本上不产生焊接变形，可防止难熔金属焊接时产生的裂纹和泄漏。

3）焊接时一般不填充金属，因而接头要加工得平整光滑，装配紧密，不留间隙，任何厚度的工件都不开坡口。

4）电子束参数可在较宽的范围内调节，控制灵活，精度高，适应性强。

5）缺点是设备复杂，造价高，使用维护技术要求高，焊件尺寸受真空室限制，对焊件清整装配质量要求严格，因而应用受到一定的限制。

电子束焊因具有不用焊条、不易氧化、工艺重复性好及热变形量小的优点而广泛应用于航空航天、原子能、国防及军工、汽车和电气电工仪表等众多行业。

三、激光焊

激光焊是以聚焦的激光束作为能源轰击焊件，利用所产生的热量进行焊接的一种焊接方法，如图 5-38 所示。

按激光束的输出方式不同，可以把激光焊分为脉冲激光焊和连续激光焊。若根据激光焊时焊缝的形成特点，又可以把激光焊分为热导焊和深熔焊。前者使用的激光功率低，熔池形成时间长，且熔深浅，多用于小型零件的焊接；后者使用的激光功率高，激光辐射区金属熔化速度快，在金属熔化的同时伴随着强烈的汽化，能获得熔深较大的焊缝，焊缝的深宽比较大，可达 12∶1。

激光焊具有以下特点：

1）聚焦后的激光具有很高的功率密度（105～107W/cm^2 或更高），焊接以深熔方式进行。由于激

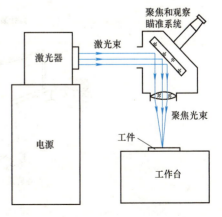

图 5-38 激光焊示意图

光加热范围小（<1mm），在同等功率和焊接厚度的条件下，焊接速度快，热输入小，热影响区小，焊接应力和变形小。

2）激光能发射、透射，能在空间传播相当距离而衰减很小，可以进行远距离或一些难以接近的部位的焊接；激光可通过光导纤维、棱镜等光学方法弯曲传输、偏转、聚焦，特别适用于微型零件及可达性很差部位的焊接。

3）一台激光器可供多个工作台进行不同的工作，既可用于焊接，又可用于切割、合金化和热处理，一机多用。

4）激光在大气中损耗不大，可以穿过玻璃等透明物体，适用于在玻璃制成的密封容器里焊接铍合金等剧毒材料；激光不受电磁场影响，不存在 X 射线防护，也不需要真空保护。

5）可以焊一般焊接方法难以焊接的材料，如高熔点金属等，甚至可用于非金属材料的焊接，如陶瓷、有机玻璃；焊后无需热处理，适合于某些对热输入敏感的材料的焊接。

6）属于非接触焊接，接近焊区的距离比电弧焊的要求低，焊区材料的疲劳强度比电子束焊高。与电子束焊相比，不需要真空设备，而且不产生 X 射线，也不受磁场干扰。

7）当激光束进入熔融孔道时，光束在反复反射并与孔壁金属表面相互作用（即壁聚焦效应）的过程中，如遇到夹杂物（如氧化物、硅化物）时，便首先被吸收。不纯杂质有选择地被加热并被汽化而逸出焊道。激光焊焊件的韧性与母材相当或高于母材。在 SMA 焊、GMA 焊、激光焊、电子束焊四种焊接方法中，激光焊的硬度最高，又由于热影响区极窄，对金属组织变化的影响可不予考虑。

激光焊广泛应用于制造业、粉末冶金、汽车、电子和生物医学等领域。目前影响大功率激光焊扩大应用的主要障碍是：激光，特别是高功率连续激光器价格昂贵，对焊件的加工、组装、定位要求很高，激光器的电光转换及整体效率很低。

四、焊接机器人

焊接机器人是从事焊接（包括切割与喷涂）的工业机器人。图 5-39 所示为焊接机器人组成图。根据国际标准化组织（ISO）工业机器人术语标准焊接机器人的定义，工业机器人是一种多用途的、可重复编程的自动控制操作机（manipulator），它具有三个或更多可编程的轴，用于工业自动化领域。为了适应不同的用途，机器人最后一个轴的机械接口通常是一

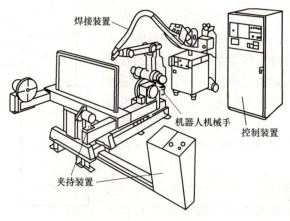

图 5-39　焊接机器人组成图

个连接法兰，接装不同工具，称为末端执行器。焊接机器人就是在工业机器人的末轴法兰装接焊钳或焊（割）枪，使之能进行焊接、切割或热喷涂。

 复习思考题

1. 电焊机有哪几类？各有何特点？
2. 简述焊条的组成部分及其作用。
3. 焊条电弧焊的焊接参数有哪些？结合实训操作件的要求，简述如何选择焊接参数。
4. 常见的焊接缺陷有哪些？如何预防？
5. 埋弧焊和气体保护焊是用什么来保护熔池的？
6. 气焊和气割的原理区别在哪里？是否所有材料都可以用氧气切割？
7. 电阻对焊和闪光对焊对接头端面的要求有什么不同？
8. 硬质合金车刀是用什么方法焊接的？

第六章　钳　工

制造业是立国之本、强国之基，钳工技术是机械制造领域重要的技术领域之一。钳工技术的发展历程可以追溯至远古时代的石器制作时期，也是现代制造中为数不多仍采用手工加工的工种之一。长征三号乙运载火箭运载了嫦娥四号探测器，是人类首次访问月球背面。在大国工匠带领的团队下，通过钳工技术组装了近万个火箭发动机涡轮泵部件，克服了"异常盲孔加工"等问题，一些关键零件上小孔的定位精度需精确到 0.01mm。追求专业技能的完美和极致，为建设强国作出了独特贡献，实现了中国速度和精度。而正是因为这些大国工匠，在每个岗位上追求完美和极致，才使得我们拥有了迈向制造强国的底气。

第一节　概述与工艺特点

钳工是机械制造中最古老的金属加工技术，在机械生产过程中起着重要的作用。

钳工是利用台虎钳、手锯、锉刀、钻床及各种手工工具对金属表面进行切削加工的一种方法，主要包括划线、锯削、锉削、錾削、钻削、扩孔、锪孔、铰孔、攻螺纹、套螺纹、刮削、研磨和装配等基本操作。

19 世纪以后，随着各种机床的发展和普及，使大部分钳工作业实现了机械化和自动化，但在机械制造过程中钳工仍是应用广泛的基本技术，其中的主要原因是：①划线、刮削、研磨和机械装配等钳工作业，至今尚无适当的机械化设备可以全部代替；②某些最精密的样板、模具、量具和配合表面（如导轨面和轴瓦等），仍需要依靠工人的手艺进给精密加工；③在单件小批量生产、修配工作或缺乏设备条件的情况下，采用钳工制造某些零件仍是一种经济实用的方法。因此，虽然钳工操作生产率低，劳动强度大，对操作者的技能要求高，但目前在机械制造，特别是在现代制造技术下仍被广泛应用，是切削加工中不可缺少的一个组成部分。

钳工工作台和台虎钳是钳工操作的主要装备。台虎钳固定在钳工工作台上，用来装夹工件，如图 6-1 所示。工具、量具必须分类按要求放置，如图 6-2 所示。

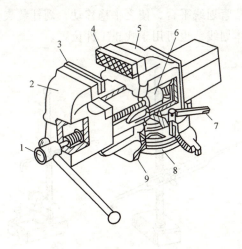

图 6-1 台虎钳

1—丝杠 2—活动钳体 3—活动钳口 4—固定钳口 5—固
定钳体 6—螺母 7—夹紧手柄 8—夹紧盘 9—转盘座

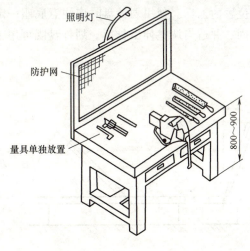

图 6-2 钳工工作台

第二节 划 线

一、划线概述

在毛坯或半成品上，根据图样要求，划出加工图形或加工界线的操作称为划线。

划线的作用是：①作为加工工件或安装工件的依据；②检查毛坯或半成品的形状和尺寸；③使加工余量的分配变得合理。

一些比较复杂的毛坯或半成品，在进行粗、精加工时，就以划线作为加工和校正的依据。特别是对复杂的大型、重型工件，由于结构、质量、加工的特殊性或单件修配的需要等，其划线工作就显得特别重要，所以划线是钳工必须掌握的一门基本功。

二、划线工具

1. 划线平板

划线平板是由铸铁材料经过精刨或刮削加工而成的一块平板，是划线的基准工具，如图 6-3 所示。划线平板的使用要求是：①安放要平稳牢靠；②保持水平；③不得撞击，并严禁在平板上锤击工件；④长期不用时应擦油防锈，并用木板护盖。

2. 划针和划针盘

划针如图 6-4 所示，它是在工件上刻画直线用的。使用划针划线时应当尽量做到一次划出，并使线条清晰、准确。

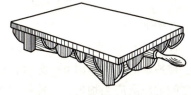

图 6-3 划线平板

划针盘又称划线盘，如图 6-5 所示，是以划线平板工作面为基准进行立体划线并校正工件位置的工具。使用划针盘时应注意底座一定要贴紧划线平台，使之平稳移动，划针装夹要牢固，并适当调整伸出长度。划针盘既可用于立体划线，也可用于找正工件位置。

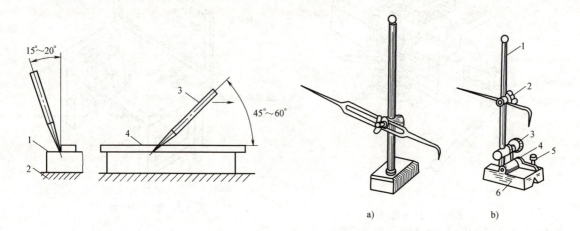

图 6-4　划针和划直线方法

1—工件　2—划线平板　3—划针　4—钢直尺

图 6-5　划针盘

a）普通划线盘　b）可调式划线盘

1—支杆　2—夹头　3—锁紧螺栓

4—转动杆　5—调节螺栓　6—底座

3. 划卡和划规

划卡又称单脚规，如图 6-6 所示，主要用来确定轴和孔的中心位置，也可以用于划平行线。使用划卡时应注意弯脚到工件的端面距离一定要保持一致。

划规用于在平面上划圆、圆弧及等分线，并可用来量取尺寸，也可作为圆规使用，划规包括普通划规、定距划规等几种，如图 6-7 所示。

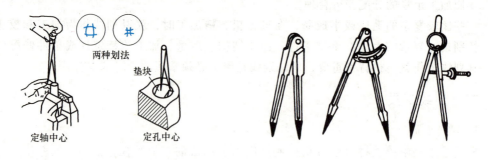

图 6-6　划卡用法

图 6-7　划规

4. 样冲

样冲如图 6-8 所示，用来在已划出的线条上打出样冲眼，以备线条模糊后仍能准确定位。

样冲眼的作用如图 6-9 所示，打样冲眼时应注意：①样冲眼中心不能偏离直线；②样冲眼之间的距离应当均匀；③转折点处应打上样冲眼；④在钻孔的时候，为了便于钻头定心，样冲眼应稍大一些。

5. 量具

划线常用的量具有：钢直尺、直角尺、高度尺、高度游标尺和组合分度规等。

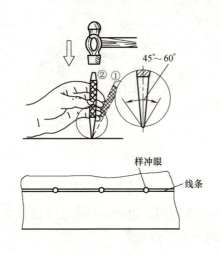

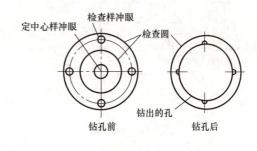

图 6-8　样冲　　　　　　　　　　　图 6-9　样冲眼的作用

6. 支持工具

（1）方箱　如图 6-10 所示，方箱是由铸铁制成的六个面相互垂直的空的立方体。这六个面需经过精加工，其中一面有 V 形槽，并配有压紧装置。它用于支持尺寸较小表面划线轻的工件，通过翻转工件，在工件表面划出相互垂直的线；V 形槽则用来安装圆形工件，也是通过翻转方箱以划出工件的中心线或是找出中心。

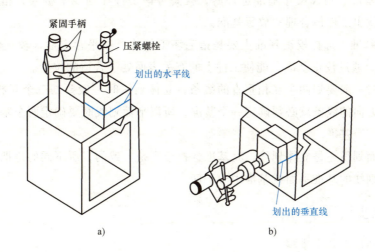

图 6-10　方箱的应用

a）划水平线　b）翻转 90° 划垂直线

（2）千斤顶　如图 6-11 所示，在加工较大或不规则工件时，用千斤顶来支持工件，适当调整其高度，以便找正工件。一般以三个千斤顶为一组同时使用。

（3）V 形铁　如图 6-12 所示，V 形铁用于支撑圆柱形的工件，若圆柱形工件较长，则可用两个 V 形铁进行支撑，以便使工件轴线与平板平行。V 形铁的相邻各边互相垂直，V 形槽呈 90°。

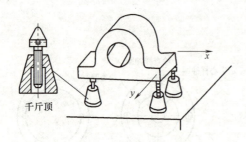

图 6-11　千斤顶

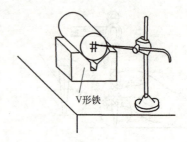

图 6-12　V 形铁

（4）角铁　角铁一般用于支持工件，常与压板配合使用。用直角尺对工件的垂直度校正之后，用划针盘划线，使划线与原来找正的直线或平面保持垂直。

三、选择划线的基准

划线时，要选择工件上某个点、线或面作为基准，用它来确定工件上其他的点、线、面的尺寸和位置。划线基准应包括以下三个：

（1）尺寸基准　在选择划线尺寸基准时，应先分析图样，找正设计基准，使划线的尺寸基准与设计基准一致，从而能够直接量取划线尺寸，简化换算过程。

（2）放置基准　划线尺寸基准选好后，就要考虑工件在划线平板或方箱、V 形铁上放置的位置，即找出工件最合理的放置基准。

（3）校正基准　选择校正基准主要是指毛坯工件放置在平台上后，校正哪个面（或点和线）的问题。通过校正基准，能使工件上的有关表面处于合适的位置。

平面划线时一般要划两个互相垂直的线条，立体划线时一般要划三个互相垂直的线条。因为每划一个方向的线条就必须确定一个基准，所以平面划线时要确定两个基准，而立体划线时则要确定三个基准。

无论是平面划线还是立体划线，其基准选择原则是一致的，所不同的是把平面划线的基准线变为立体划线的基准平面或基准中心平面。

四、划线步骤

划线应包括以下几个步骤：

1）研究图样、确定划线基准。

2）清理工件，有孔的需用木块，铝等较软的材料塞孔，在工件上涂上颜色。

3）根据工件，正确选定划线工具。

4）先划基准线，再划水平线、垂直线、斜线，最后划圆、圆弧和曲线，检查是否正确。

5）在线上打出样冲眼。

五、划线示例

以锤子制作步骤为例，见表 6-1。

表 6-1 锤子制作步骤

操作序号	内　容	加 工 简 图	装夹方式	主要工具
1. 读图	①看懂图样要求（尺寸、位置、形状、表面粗糙度等）②选定加工基准面	零件图		台虎钳
2. 下料	留加工余量	19×19×97	纵向水平装夹，一端伸出	手锯
3. 锉四面	①先锉基准面②再锉与基准面垂直的面③锉其余基准面垂直面④用游标卡尺检查尺寸,用角尺检验平面度和垂直度	(18±0.1)×(18±0.1)	工件纵向装夹，加工面应略高于台虎钳钳口，另可将台虎钳转成纵向锉削	测量工具平锉
4. 锉球面端	①划线 2mm、5mm②锉出斜面成梯台③用平锉摆动方式锉球面④用样板卡检验	5　5　2　R50	工件直立装夹	划线工具平锉
5. 锉八角	①八角划线 4mm、28mm②先加工圆弧，用圆锉刀加工八角的一处圆弧③用平锉锉平八角一处④锉好一处加工另一面圆弧，应与平面相切并以"等高""等宽"方法检验	4　4　28	工件棱形纵向装夹，被加工面应保持水平以利于锉削，第一面锉削棱形装夹，第二面以加工好的面为基准平面贴紧钳口夹紧	划线工具圆锉平锉
6. 螺纹孔划线	①用高度游标卡尺划出中心线与高度位置 9mm、39.5mm②用样冲打出圆心孔③用划规划出φ10mm 圆	39.5	将工件平放在平板上，用样冲打出中心孔	划线工具样冲锤子

（续）

操作序号	内　　容	加　工　简　图	装夹方式	主要工具
7. 钻孔	在钻床用 $\phi8.5mm$ 钻头钻出孔，然后用 $\phi12mm$ 钻头倒角	$\phi12$　$\phi9$	工件用机用平口钳装夹，必须垂直于钻头	钻头
8. 攻螺纹	①用 M10 丝锥攻螺纹 ②检验丝锥与工具是否垂直 ③切削时注意丝锥的进退		工件纵向装夹并与台虎钳钳口平行	丝锥
9. 锯斜面	①划线 3mm、54mm ②用样板进行圆弧直线连接 ③用手锯锯出斜面（从两面进行锯割）	54　3　第二刀　第一刀	工件与锯割线垂直装夹	手锯
10. 锉斜面	①先锉圆弧面 ②再锉斜平面		锉圆弧时弧底靠近钳口装夹 锉平面时工件与钳口平行	半圆锉平锉
11. 修光	修光，使表面粗糙度值全部达到 $Ra = 3.2\mu m$，可用推锉方式修光		根据修光要求装夹，可垫钳口铁	锉刀
12. 装手柄	在 M10 螺纹孔内装上已做好的手柄			

第三节　锯　　削

锯削就是用手锯锯断材料或锯削成形，以及在工件上锯槽等操作。

锯削具有以下作用：

1）工件坯料或半成品的分割。

2）加工过程中去除多余的材料。

3）在工件上开槽。

4）工件形状及尺寸的修整等。

锯削用手锯如图 6-13、图 6-14 所示。手锯由锯条和锯弓组合而成，锯条由碳素工具钢制成并经过淬火处理。锯齿按齿距大小可分为粗齿、中齿、细齿三种，各种齿距及用途见表 6-2。

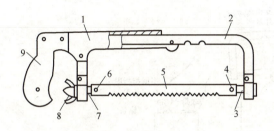

图 6-13　手锯

1—固定部分　2—可调部分　3—固定拉杆

4、6—销子　5—锯条　7—活动拉杆

8—蝶形拉紧螺母　9—锯柄

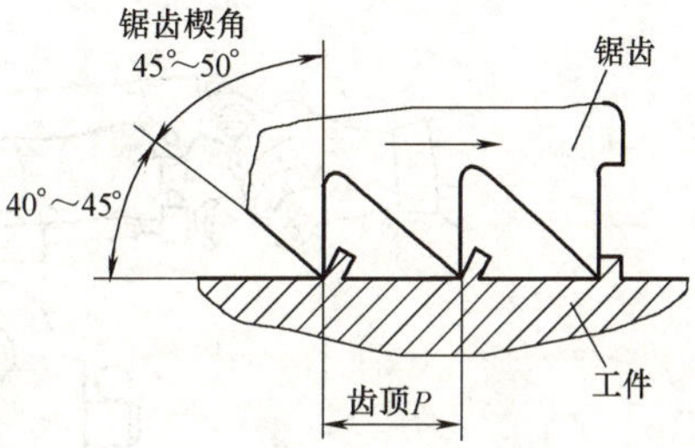

图 6-14　锯齿的形状

表 6-2　锯条的齿距及用途

锯 齿 种 类	每 25mm 长度内含齿数目	适 用 场 合
粗齿	14～16	软钢、铜、铝及厚工件
中齿	18～22	普通钢、铸铁、厚管子
细齿	24～32	硬钢、薄壁管、板料

锯齿排列多为波浪形与折线形，以减轻锯口两侧与锯条的摩擦。常用的锯条长为 300mm、宽为 12mm、厚为 0.8mm。

一、锯削操作

1. 选择锯条

应根据材料的软硬程度和厚度来选择锯条。在锯削较软或厚工件时，应选用粗齿锯条，因为粗齿的齿距大，锯削时不易堵塞齿间；而锯硬材料或薄工件时，一般选用细齿锯条，这样同时参加锯削的锯齿数较多，锯齿不易崩裂。

2. 安装锯条

安装锯条的松紧要适宜，根据锯削的方向装正锯条。

3. 夹持工件

夹持工件应当稳固，夹紧力要适度，不能使之变形或损坏已加工表面，工件不宜伸出钳口部分过多，以免锯削时产生振动而使锯条折断。

4. 基本操作

起锯角度应小些，不宜超过15°，如图6-15所示；起锯行程要短，压力要轻，应与工件表面形成垂直状。当锯痕深达2mm后，应逐渐向水平方向运动，压力应适量加大，回程后拉时不应施压，在锯削过程中只能做直线运动，而不能左右晃动，用力要均匀、速度也不宜过快，如图6-16所示。

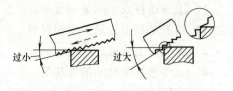

图 6-15　起锯角度

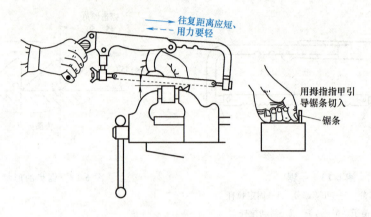

往复距离应短、用力要轻

用拇指指甲引导锯条切入

锯条

图 6-16　起锯方法

在将要锯断时用力应轻，速度要慢下来，行程要小，以免碰伤手臂。

锯削示例如图6-17所示。

（1）锯削圆钢　锯条与工作面的轴线应垂直，可一次连续锯断（图6-17a）。

（2）锯削扁钢　应从较宽的一面起锯，这样锯缝较浅，容易整齐（图6-17b）。

（3）锯削圆管　锯圆管时，应在管壁将要被锯穿时将圆管向推锯方向转一个角度，从厚缝处继续锯削，依次不停转动，直至锯断，不可以从上到下一次锯断（图6-17c）。

（4）锯削厚件　锯削锯缝较长的工件时，可将锯条转90°安装后，依厚缝锯削。

（5）锯削薄件　可将板料多片重叠起来以增加刚度，一起进行锯削，或用木板夹住薄板的两侧，尽量避免锯齿被卡住而崩断（图6-17d）。

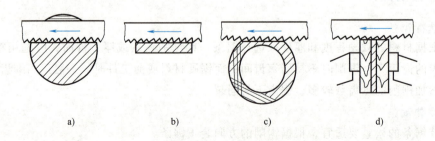

a)　　　　　　　b)　　　　　　　c)　　　　　　　d)

图 6-17　锯削示例

a）锯削圆钢　b）锯削扁钢　c）锯削圆管　d）锯削薄件

二、锯条损坏原因

锯条损坏有以下几种原因：

（1）折断 导致锯条折断的原因如下：

①锯条安装不正确（过紧或过松）；②工件装夹不牢；③锯缝产生歪斜，靠锯条强行纠正；④用力过大；⑤更换锯条后，新锯条在旧锯缝中锯削。

（2）崩齿 崩齿的原因有：①锯条选用不当；②起锯角过大；③工件材料有问题。

（3）损耗过快 锯切速度过快、未加切削液等都会导致锯条损耗过快。

三、锯削质量分析

应从以下三方面分析锯削质量：

（1）工件尺寸不对 导致工件尺寸不对的原因可能有：①划线产生误差；②锯削时未考虑加工余量。

（2）锯缝不直 锯缝不直的原因有：①锯条安装过紧或过松；②工件未夹紧，产生抖动或松动；③锯削时顾前不顾后。

（3）工件表面质量差 起锯角过小、锯条未靠紧左手大拇指定位等都会使工件表面质量变差。

第四节 锉 削

锉削是用锉刀对工件表面进行修整和切削加工，可以加工平面、曲面、内外圆弧面和沟槽，也可以加工各种复杂的、特殊形状的表面，以提高工件精度，并减小表面粗糙度值。锉削在修整及装配工作中被广泛利用。

一、锉削工具

锉削的工具为锉刀，锉刀由碳素工具钢制成，并经过热处理来淬硬锉齿。锉刀常采用双齿纹交叉排列，以便于锉屑碎裂，不易堵塞锉面，保证锉削工作面光滑。

锉刀由锉面、锉边、锉尾、锉舌和锉柄等组成，如图6-18所示，锉刀齿纹如图6-19所示。

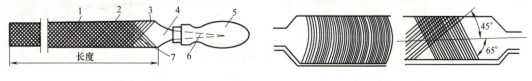

图6-18 锉刀的结构   图6-19 锉刀齿纹

1—锉面 2—锉边 3—底齿 4—锉尾
5—锉柄 6—锉舌 7—面齿

锉刀的种类包括以下三种：

（1）钳工锉 常用的钳工锉适用于一般工件表面的锉削，按照截面形状的不同可分为平锉（板锉）、方锉、圆及半圆锉和三角锉；按锉齿齿纹粗细的不同可分为粗齿、细齿和油光锉等，其中粗齿锉刀用来进行粗加工和锉削软金属，细齿锉刀用于半精加工钢及铸铁等工件，油锉刀则用来修光工作表面。

（2）整形锉　整形锉适用于修整工件上细小部位和精密工件的加工。

（3）特种锉　特种锉用来加工特殊表面的工件。

二、锉削操作

1. 选择锉刀

锉刀的选择取决于加工的精度、表面粗糙度及工件的材质、余量的大小等。

2. 锉削方法

锉削时，必须正确掌握锉刀的推力和施力的变化，一般右手握锉柄，左手压锉。锉刀推进时，应保持在水平面内运动；要注意两手施力的变化，返回时，两手不加压力，以减少齿面磨损。而在向前锉时，要注意开始时右手不要下压太紧，终了时左手要稍放松些。若两手施力始终不变，则开始时刀柄会下偏，而在锉削终了时前端又会下垂，结果锉成两端低、中间凸的鼓形表面。锉刀的握法如图 6-20 所示。

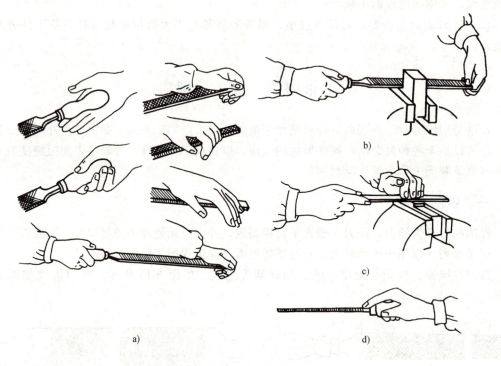

图 6-20　锉刀的握法

a）大锉刀握法　b）中锉刀握法　c）小锉刀握法　d）更小锉刀握法

锉削常用的方法有以下三种，即交叉锉法、顺向锉法、推锉法，如图 6-21 所示。

（1）交叉锉法　交叉锉时先沿一个方向锉一层，再转 90°锉平。交叉锉效率较高，适用于较大 面积的粗锉，加工余量较大时，可采用这种锉法。

（2）顺向锉法　顺锉时顺着锉刀轴线方向的锉削，一般用于最后的锉平或锉光。

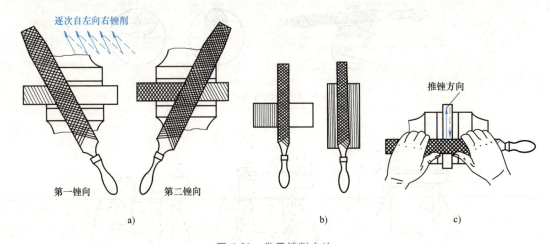

图 6-21　常用锉削方法

a）交叉锉法　b）顺向锉法　c）推锉法

（3）推锉法　推锉时锉刀的运动方向与工件长度方向垂直。当工件表面基本锉平、余量不大时，推锉可用来降低工件表面粗糙度的值和修正尺寸。

3. 锉削示例

1）平面锉削，如图 6-22 所示。

2）外圆弧面锉削，如图 6-23 所示。

3）内圆弧面锉削，如图 6-24 所示。

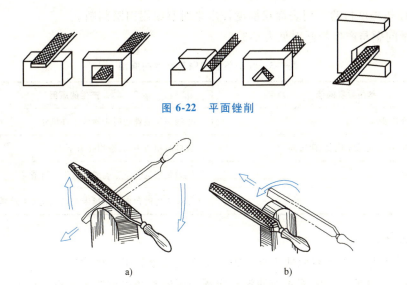

图 6-22　平面锉削

图 6-23　外圆弧面锉削

a）滚锉法　b）横锉法

4. 锉削检验

锉削质量的检验如图 6-25 所示。

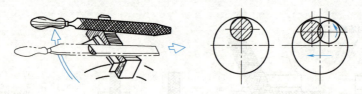

图 6-24　内圆弧面锉削

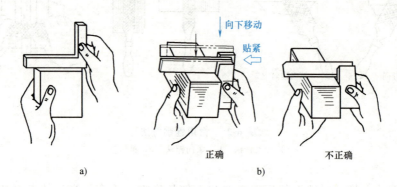

向下移动

贴紧

正确　　　　　不正确

a)　　　　　　　　　b)

图 6-25　锉削质量检验

a）直线度检验　b）垂直度检验

（1）直线度检验　采用透光法，用钢直尺或刀口尺进行检验。

（2）垂直度检验　用直角尺通过透光法进行检验。

（3）尺寸检验　用游标卡尺测量各部分的尺寸。

（4）表面粗糙度检验　用表面粗糙度样本来对照或用肉眼判断。

锉削质量问题与产生的原因见表 6-3。

表 6-3　锉削质量问题与产生的原因

锉削质量问题	产生的原因
形状尺寸不符合要求	划线不正或锉削时未检验工件尺寸
平面为中间高、两边低或中间低、两边高	锉削时用力不均，选用锉刀不当
工件表面粗糙	锉刀粗细选择不正确或锉屑未及时清除
工件夹坏	装夹工件时台虎钳钳口未垫垫片或装夹过紧

5. 锉削的注意事项

1）工件应夹紧，但要避免使工件受损，工件应适量高出台虎钳钳口。

2）铸件、锻件毛坯上的硬皮及沙粒，应预先用砂轮磨去或錾去，以免锉刀过早磨损。

3）用钢丝刷及时顺锉纹方向刷去锉刀上堵塞的锉屑。

4）锉削速度不宜太快，以免打滑。

5）注意安全，不可用手摸工件表面和锉刀刀面，也不可用嘴去吹锉屑。

6）避免将锉刀摔落或当做杠杆夹撬它物。

第五节　錾　　削

錾削是运用手锤锤击錾子，对金属材料进行切削加工的一种方法，可用来加工平面、沟槽、切断金属以及清理铸件、锻件上的飞边等。

一、錾削工具

1. 錾子

錾子一般用碳素工具钢锻造而成，经淬火、回火处理后，使之达到一定的硬度和韧性。常用的錾子有以下几种（图6-26）：

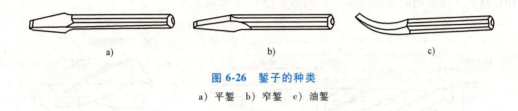

图6-26　錾子的种类
a）平錾　b）窄錾　c）油錾

（1）平錾　它用于錾平面和切断材料，刀宽一般为10~15mm。

（2）窄錾　它用于錾削沟槽，刀宽一般为5~8mm。

（3）油錾　它用于錾削润滑油槽，刀短且呈圆弧形状。

2. 锤子

锤子也是用碳素工具钢制成的，其规格是以锤头的质量表示，常用的有0.25kg、0.50kg及0.75kg等几种，全长约300mm。锤柄用硬质木料制成。

二、錾削方法

錾削过程可分为起錾、錾削和錾出三个阶段。起錾时首先錾子要握平，刀口要贴紧工件，如图6-27所示。錾削时錾子应与前进方向成45°角，夹紧工件，锤柄不得松动，保持錾子的正确位置及前进方向；錾出前，当錾到接近工件尽头时，应调转工件，錾去余下部分，以免工件边缘棱角损坏。

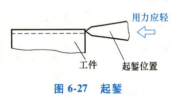

用力应轻
工件　　起錾位置
图6-27　起錾

三、錾削的注意事项

1）錾削容易飞溅伤人，要注意自己及他人安全。

2）锤子的锤头与锤柄间不应松动，锤击錾子的力要均匀，不可时大时小。

3）工件应夹紧，以避免在錾削时产生松动。

4）錾头的毛边应及时磨去，不可用手去摸，以免沾上油而在锤击时打滑。

5）錾削时应稳握錾子，锤击力的作用线应与錾子中心线一致。

6）錾削大平面时，先用窄錾，再用宽錾。

第六节 钻 削

钻削是用钻头在工件及实体材料上加工出孔，即钻孔。钻孔属于粗加工一类，所达精度为IT11~IT12，表面粗糙度 Ra 值为 50~12.5μm，随后还有扩孔和铰孔等精加工。钻削的刀具受孔径限制。

一、钻削工具及设备

1. 钻头

钻头是钻削的主要刀具，一般由高速钢制造，其切削部分都要经过热处理，硬度可达62HRC以上。最常用的是麻花钻，其构造如图6-28所示。

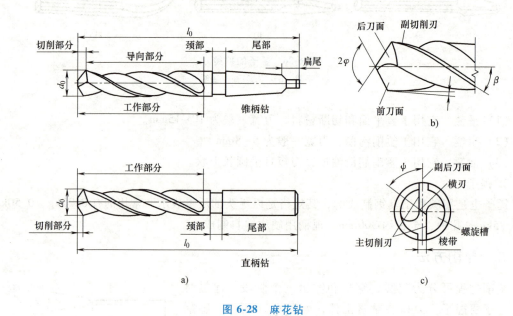

图 6-28 麻花钻

a）麻花钻的构造 b）切削部分 c）几何角度

2. 钻床

（1）台式钻床 台式钻床是一种小型钻床，适用于加工孔径小于12mm的工件，即适于加工小型工件，如图6-29所示。

（2）立式钻床 立式钻床是一种中型钻床，适用于加工直径小于50mm的中型工件孔，如图6-30所示。

（3）摇臂钻床 摇臂钻床是一种大型钻床，可便捷地调整刀具位置，对准所加工孔的中心，适用于加工大型、笨重的多孔件，如图6-31所示。

3. 手电钻

图6-32所示为两种手电钻的外形图，主要用于钻直径12mm以下的孔，常用于不便使用钻床钻孔的场合。手电钻的电源有单相（220V、36V）和三相（380V）两种。根据用电安全条例，手电钻额定电压只允许36V。手电钻携带方便，操作简单，使用灵活，应用较广泛。

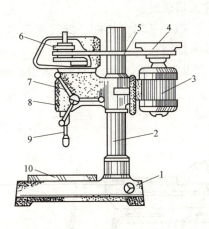

图 6-29 台式钻床

1—底座 2—立柱 3—电动机 4、6—带轮
5—胶带 7—钻头带给手柄 8—主轴架
9—主轴 10—工作台

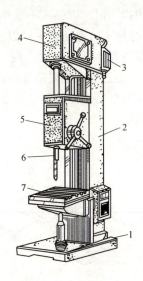

图 6-30 立式钻床

1—底座 2—立柱 3—电动机
4—主轴箱 5—进给箱
6—主轴 7—工作台

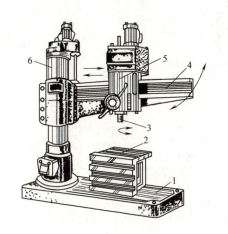

图 6-31 摇臂钻床

1—底座 2—工作台 3—主轴
4—摇臂 5—主轴箱 6—立柱

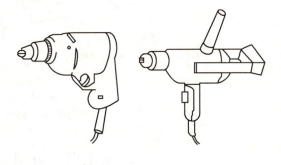

图 6-32 手电钻外形图

二、钻削操作

钻削操作时，工件是固定的，由钻头旋转并做轴向移动（进给运动），向深度方向钻削。

钻削时应注意以下几点：

1）按工件加工要求选择合适的钻头。装夹工件的常用工具有：手虎钳、平口台虎钳、压板和 V 形铁。注意：不论用何种方法装夹，都必须使孔的中心线与钻床工作台垂直，并装夹稳固，如图 6-33 所示。

2）钻削操作时，因钻头不易散热，排屑不畅，所以切削时应进行冷却和润滑减摩。钻较深孔时，必须不时退回钻头，以便排屑、冷却、注入切削液。

3）钻削较硬工件和较大孔时，切削速度要慢；钻削小孔时，切削速度应相应大一些；钻削通孔时，切记当孔将要钻通时应减慢速度，以免卡住钻头。

4）钻削时要特别注意裹紧衣袖，戴好工作帽，严禁戴手套，头不可靠得太近，防止切屑伤手、伤眼。

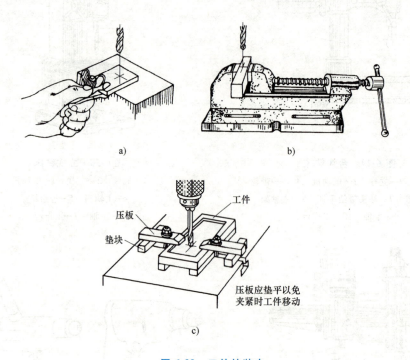

图 6-33　工件的装夹

a）手虎钳　b）平口台虎钳　c）压板夹紧

第七节　扩孔、锪孔、铰孔

一、扩孔

扩孔是用扩孔钻扩大已钻出的、或是在毛坯和铸件上锻出的孔径。扩孔可作为孔的终加工，也可作为铰孔与磨孔的预加工。扩孔的加工精度可达到 IT9~IT10，表面粗糙度 Ra 值为 3.2~6.3μm。

扩孔钻的形状如钻头，它的刚性和导向性好，生产率及加工质量较钻孔要高。扩孔钻的工作方式及结构如图 6-34 所示。

二、锪孔

在原有孔的孔口表面需要加工成圆柱形沉孔、锥形沉孔或凸台端面时，可采用锪孔，如图 6-35 所示。

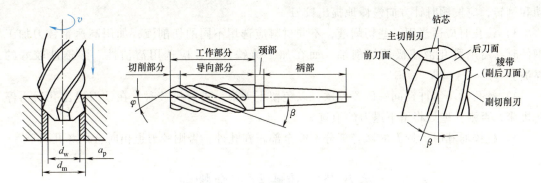

图 6-34　扩孔钻的工作方式及结构

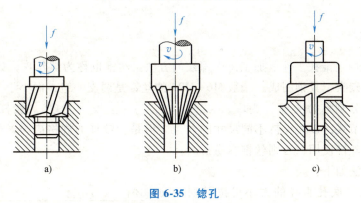

图 6-35　锪孔

a）锪柱孔　b）锪锥孔　c）锪端面

三、铰孔

铰孔是对工件上已有的孔进行精加工的一种加工方法。铰孔的精度较高，可以达到 IT6~IT7，表面粗糙度 Ra 值为 $0.8~1.6\mu m$。

铰孔使用的工具称为铰刀，铰刀分为机用铰刀和手用铰刀两大类，如图 6-36 所示。

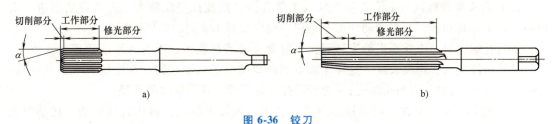

图 6-36　铰刀

a）机用铰刀　b）手用铰刀

将手用铰刀的方榫夹在铰杠的方孔内，转动铰杠一致用力来缓慢均匀地进给。将机用铰刀的锥柄装在钻床或是镗床上进行铰孔。操作时应注意以下几点：

1）铰杠带动铰刀只能顺时针方向旋转，绝对不可以逆时针方向旋转，否则就会损伤切削刃；铰刀也只能沿铰削方向退出，即也按顺时针方向退出。

2）在手工铰孔过程中，两手必须均匀用力，若感觉到铰杠不动或发紧时，不应强行转动和倒转，应按顺时针方向慢慢地提出铰刀。

3）铰孔时应适当用一些切削液，不同材料应选用不同的切削液，如用高速钢铰刀加工钢件时，需用乳化液或极压切削油；而在加工铸铁件时，应选用清洁性、渗透性较好的煤油。

4）铰孔时不容许在同一位置停歇，以免留下刀痕。进行机铰时，在铰刀退出孔后再停住机床，否则孔壁处将留下退刀的痕迹。

5）机铰通孔时，铰刀的修光部分不能全部露在孔外，否则铰刀退出时会划坏孔口。

第八节　攻螺纹与套螺纹

一、攻螺纹

攻螺纹就是用丝锥在工件上加工出内螺纹的方法。丝锥也称为螺丝攻，如图 6-37 所示，丝锥由高速钢或碳素工具钢制成。一般 M6~M24 的丝锥是两支一组，而小于 M6 和大于 M24 的为三支一组，分别称为头锥（头攻）、二锥（二攻）、三锥（三攻）。铰杠是扳转丝锥的工具，常用可调节式的以便夹持不同尺寸的丝锥。但是，铰杠的规格应与丝锥大小相适应，大铰杠不可配小丝锥使用，否则丝锥容易折断。

具体操作方法如下：

（1）钻底孔　底孔直径的大小可按下列公式计算

$$D_0 \approx D - P（钢及塑性材料）$$

$$D_0 \approx D - 1.1P（铸铁及脆性材料）$$

式中　D_0——钻头直径；

　　　D——螺纹外径；

　　　P——螺距。

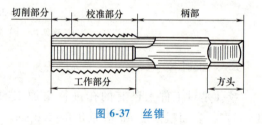

图 6-37　丝锥

（2）用头锥攻螺纹　头锥要垂直放入工件孔内，用铰杠轻压旋入，当丝锥切削进入工件后，即不需再加压，只需转动即可，每转一周应反转 1/4 周，以便断屑。

攻盲孔螺纹时，应注意当锥底碰到孔底时要及时清理积屑，因为丝锥的顶部带有锥度，所以钻孔深度应大于螺纹长度，这样才能得到所要螺纹的长度。钻孔深度按以下公式计算：$h = l + 0.7D$，其中 h 为钻孔深度；l 为所需螺纹的长度；D 为螺纹的外径。

（3）使用二锥、三锥　将丝锥垂直放入孔内，先用手旋入，再用铰杠转动，转动时无需施压。

攻螺纹时应注意以下事项：

1）螺纹底孔的孔口应倒角，便于丝锥切入，并防止孔口的螺纹牙崩裂。

2）丝锥必须垂直切入工件。

3）攻螺纹时要加切削液润滑，以减小摩擦，延长丝锥的使用寿命，提高螺纹的加工质量。

4）机攻时，丝锥与螺纹孔必须同轴，丝锥的校准部分不可全部出头，否则反车退出时会产生乱扣。

5）丝锥若断在孔内：①应先将碎的丝锥块及切屑清除干净；②用尖嘴钳拧出断丝锥，

用尖錾、样冲等工具顺着丝锥旋出的方向敲击，以取出断丝锥；③在丝锥折断部分露在孔外，且咬合很紧的情况下，可将弯杆或螺母气焊在丝锥上部，扳动螺母或旋转弯杆将之带出；④用专用工具顺着丝锥旋出方向转动，取出断丝锥。

二、套螺纹

套螺纹就是用板牙在圆柱形工件上加工出外螺纹的方法。

1. 套螺纹用工具（图6-38）

（1）板牙　板牙用高速钢或合金钢制成，分固定式和可调式（开缝式）两种，常用的是固定式板牙，其结构形状如同圆螺母。板牙两端是带有60°锥度的切削部分，起切削的作用；其中部是校准部分，起修光和导向的作用。

（2）板牙架　板牙架用于夹持板牙，带动板牙进行旋转。

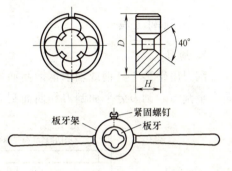

图6-38　板牙和板牙架

2. 套螺纹的方法

1）套螺纹前应先确定需套螺纹圆杆的直径。圆杆直径的计算公式为

$$d' = d - 0.13P$$

式中　d'——圆杆直径；

d——外螺纹直径；

P——螺距。

2）圆杆的端部需倒角60°左右，使板牙端面与圆柱直线垂直，避免套出的螺纹有深有浅。

3）板牙开始切入工件时转动要慢，压力要大，再套入三、四扣之后则不需再施压，避免损坏板牙及螺纹。

3. 套螺纹注意事项

1）在钢制件上套螺纹的时要加切削液冷却、润滑，提高螺纹的光洁程度，延长板牙使用寿命。

2）当套入3~4牙后，需经常反转断屑，如图6-39所示。

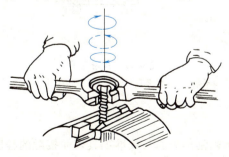

图6-39　套螺纹

第九节 刮 削

刮削就是用刮刀在工件表面刮去一层极薄金属，以修整加工表面，使之平整、光滑的一种精密加工方法。

刮削能提高工件间的配合精度，提高工件表面精度，表面粗糙度 Ra 值较小。但是刮削劳动强度较大，适合难以进行磨削加工的地方。

一、刮削工具

1. 刮刀

刮刀用碳素工具钢或轴承钢锻制而成，硬度可达 60HRC 左右。在刮削硬工件时使用硬质合金刮刀。刮刀分平面刮刀和曲面刮刀两大类，如图 6-40 所示，常用的是平面刮刀。

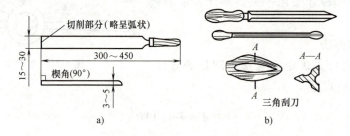

图 6-40 刮刀

a）平面刮刀 b）曲面刮刀

2. 校准工具

校准工具也称为研具，用来检验刮削的质量，常用的有检验平板，校准直尺、工字形直尺及角度直尺，如图 6-41 所示。刮削内圆弧面时，一般用与其相配的轴作为校准工具。

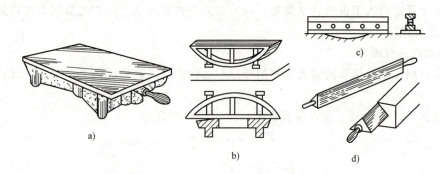

图 6-41 校准工具

a）检验平板 b）校准直尺 c）工字形直尺 d）角度直尺

3. 显示剂

在刮削过程中为了显示被刮削表面与校准工具表面接触的程度，在刮削表面或校准工具上涂上的一层显示材料称为显示剂。常用的显示剂有：①红丹粉与机械油、牛油（润滑脂）的调合剂，适用于钢及铸铁；②普鲁士蓝油，适用于有色金属或精密件。

二、刮削操作

1. 平面刮削

平面刮削如图 6-42 所示，可采用挺刮式或手刮式两种。

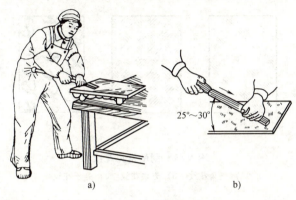

图 6-42 平面刮削

a）挺刮式 b）手刮式

（1）**挺刮式** 将刀柄顶在小腹左下侧，刀身离地 80~100cm，左手在前、右手在后，握住刀身，靠腿部和臂部的力量把刮刀推到前方，双手加压，当推到所需长度时提起刮刀。

（2）**手刮式** 右手握刀柄，左手捏住刮刀头部约 50mm 处，刮刀与刮削平面成 25°~30° 角度。刮削时右臂将刮刀向前推，左手施压控制刮刀方向，到所需长度时提起刮刀。

2. 曲面刮削

图 6-43 所示为内弧弧面的刮削，操作时刮刀做圆弧运动。

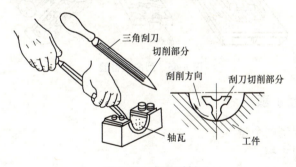

三角刮刀
切削部分
刮削方向
刮刀切削部分
轴瓦
工件

图 6-43 曲面刮削

三、刮削方法

应根据工件表面的情况及工件表面的质量要求来选择刮削方法，一般有粗刮、细刮、精刮及刮花等。

（1）粗刮 粗刮是在比较粗糙的工件表面，先用长柄刮刀将其全部粗刮一次，使之表面较平滑后，再将显示出的高点刮去。

（2）细刮 细刮是用较短的刮刀将粗刮后的高点刮去，细刮的刀痕要短、不连续，并要朝一个方向刮。刮第二遍时要与第一遍成 45°或 60°方向交叉刮成网状。

（3）精刮 精刮是将粗刮后的高点刮去，刮刀短而窄，经反复刮削，使工件达到要求

（刀痕 3~5mm）。

（4）刮花　刮花可使工件表面美观，并保证良好的润滑，可根据花纹的消失及完整程度来判定工件单面的磨损程度。常见的花纹有：三角花纹、方块花纹及燕子花纹等，如图 6-44 所示。

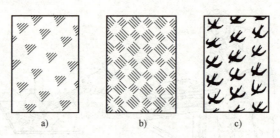

图 6-44　刮削常见花纹

a）三角花纹　b）方块花纹　c）燕子花纹

四、刮削的检验

检验时，先将校准工具和工件的刮削表面擦干净，然后在校准工件上均匀涂一层红丹油（或蓝油），再将工件的刮削表面与校准工具配研，如图 6-45 所示。配研后，工件表面上的高点因磨去红丹油（或蓝油）而显示出亮点，即为研合点，此时应继续刮削，直至研点均匀分布、平直为止。

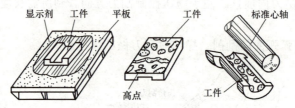

图 6-45　刮削的检验

五、刮削的注意事项

1）刮削前应确定刮削余量。

2）工件的毛边应去掉。

3）工作表面应放在腰下部位进行刮削。

4）刮削时刮刀应拿稳，用力要均匀。

5）使用显示剂时应用纱布包滚成球，以便于涂抹均匀。

6）刮削工件边缘用力要均匀，不可用力过大过猛，以免刮刀脱手伤人。

第十节　研　　磨

研磨就是使用研磨工具和极细的研磨剂，从工件表面磨去极薄的一层金属，是对工件进行最终的精加工。它可使工件达到精确的尺寸，公差可达到 IT0，并可以得到很小的表面粗糙度值（Ra 可达 $0.012\mu m$）。

研磨可提高零件的耐磨性、耐蚀性和疲劳强度，还可将精加工后残留在工件表面的波峰磨去。

一、研磨工具

常用的研磨工具有研磨平板、研磨环和研磨棒等，如图 6-46 所示，此外，还有研磨剂。

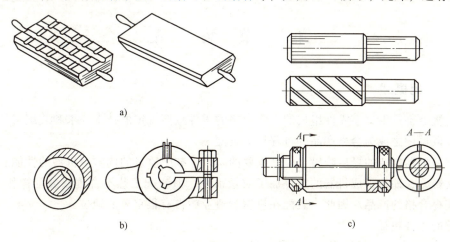

图 6-46 研磨工具

a）研磨平板 b）研磨环 c）研磨棒

二、研磨方法

首先应确定研磨余量，研磨的余量很小，一般在 0.003～0.005mm 之间，而一次研磨去掉的金属层不超过 0.002mm。

1. 平面研磨

平面研磨是在研磨平板上进行的。将平面用煤油或汽油清洁干净，再涂上适量研磨剂，手持工件，使之在平板表面上作"8"字形曲线滑移，速度不可太快。

2. 外圆柱研磨

外圆柱研磨的工具是研磨环，一般在车床或钻床上进行研磨。在工件上涂上研磨剂，套上研磨环，使工件以一定速度转动，手握住研磨环以适当速度做反复运动，使工件表面研磨出 45°的交叉网纹，研磨一段时间后，将工件调整 180°，再继续研磨。

3. 内孔研磨

将研磨棒套在工件内并固定住，涂上研磨剂，使研磨棒与工件内工作面相互紧贴，能达到徒手可转动的状态，用手握住工件使之缓慢反复做轴向运动。

4. 密封面的研磨

为了提高各种阀的阀盘与阀座的配合精度和密封性，需要进行研磨加工，加工时直接进行配对研磨，也可以用研磨工具分别进行研磨。

三、研磨工艺的发展

1. 流体动压悬浮研磨

流体动压悬浮研磨时工件与研具间并不接触，磨料的颗粒在研具和工件表面间流动而进行加工。

2. 磁性流体研磨

磁性流体研磨的原理与流体动压悬浮研磨的工作原理相似，但磨料颗粒所受作用力的来源不同。工件在磁性流体中均匀旋转，混悬于液体中的磁性粉末因磁场力的作用而冲击、摩擦工件表面，使工件表面逐渐被研磨。

第十一节　装　　配

一、装配概述

任何机器都是由许多零件组成的，将合格的零件按照规定的技术要求和装配工艺组装起来，并经调试使之成为合格产品的过程称为装配。

装配是机器制造的最后阶段，也是重要的阶段。装配质量的优劣对机器的性能和使用寿命有很大影响，即使组成机器的零件加工质量很好，但装配工艺不合理或装配操作不正确，也不能获得合格的产品。因此，装配在机器制造业中占有很重要的地位。

装配的零件包括：

1）基本零件，如机床床身、箱体、轴和齿轮等。

2）通用零件或部件。

3）标准件，如螺钉、螺母、接头、垫圈和销等。

4）外购零件，如轴承、密封圈和电气元件等。

二、装配工艺过程

装配工艺包括以下三个基本过程：

（1）装配前的准备阶段

1）研究和熟悉产品的装配图、工艺文件和技术要求，了解产品结构、工作原理、零件的作用以及装配连接关系。

2）准备所需工具，确定装配的方法和顺序。

3）对装配零件进行清理和清洗，去除油污和毛刺。

（2）装配工作阶段　按组件装配→部件装配→总装配依次进行。

（3）装配后　装配后应进行调整、检验、试车，试车合格后进行喷漆、涂油和装箱等。

三、部件装配和总装配

完成整台机器装配，必须要经过部件装配和总装配这两个过程。

1. 部件装配

部件装配通常是在装配车间的各个工段（或小组）进行的。部件装配是总装配的基础，这一工序进行得好与坏，会直接影响到总装配和产品的质量。

部件装配的过程包括以下四个阶段：

1）装配前按图样检查零件的加工情况，根据需要进行补充加工。

2）组合件的装配和零件相互试配。在这个阶段可用选配法或修配法来消除各种配合缺陷。组合件装好后不再分开，以便一起装入部件内。互相试配的零件，当缺陷消除后，仍要加以分开（因为它们不属于同一个组合件），但分开后必须做好标记，以便重新装配时不会调错。

3）部件的装配及调整，即按一定的次序将所有组合件及零件互相连接起来，同时对某些零件经过调整正确地加以定位。经过这一阶段，对部件所提出的技术要求都应达到。

4）部件的检验，即根据部件的专门用途作工作检验。例如，水泵要检验每分钟出水量及水头高度；齿轮箱要进行空载检验及负荷检验；有密封性要求的部件要进行水压（或气压）检验；高速转动部件还要进行动平衡检验等。只有通过检验确定合格的部件，才可以进入总装配。

2. 总装配

总装配就是把预先装好的部件、组合件、其他零件，以及从市场采购来的配套装置或功能部件装配成机器。总装配过程及注意事项如下：

1）总装配前必须了解所装机器的用途、构造、工作原理以及与此有关的技术要求，接着确定它的装配程序和必须检查的项目，最后对总装好的机器进行检查、调整、试验，直至机器合格。

2）总装配时应执行装配工艺规程所规定的操作步骤，采用工艺规程所规定的装配工具。应按从里到外、从下到上，以不影响下道装配为原则的次序进行。操作中不能影响零件的精度和表面粗糙度，对重要的复杂部分要反复检查，以免搞错或多装、漏装零件。在任何情况下都应保证污物不进入机器的部件、组合件或零件内。机器总装后，要在滑动和旋转部分加润滑油，以防运转时出现拉毛、咬住或烧损现象。最后要严格按照技术要求逐项进行检查。

3）装配好的机器必须加以调整和检验，调整的目的在于查明机器各部分的相互作用及各个机构工作的协调性；检验的目的是确定机器工作的正确性和可靠性，发现由于零件制造的质量、装配或调整的质量问题所造成的缺陷。小的缺陷可以在检验台上加以消除，大的缺陷应将机器送到原装配处返修，修理后再进行第二次检验，直至检验合格为止。

4）检验结束后应对机器进行清洗，随后送到修饰部门上防锈漆、涂漆。

四、典型联接件的装配方法

装配的形式有很多，下面着重介绍螺纹联接、滚动轴承、齿轮等几种典型联接件的装配方法。

1. 螺纹联接

如图6-47所示，螺纹联接常用零件有螺钉、螺母、双头螺栓及各种专用螺纹等。螺纹联接是现代机械制造中用得最广泛的一种联接形式，它具有紧固可靠、装拆简便、调整和更换方便、宜于多次装拆等优点。

对于一般的螺纹联接可用普通扳手拧紧，而对于有规定预紧力要求的螺纹联接，为了保证规定的预紧力，常用指示式扭力扳手或其他限力扳手控制转矩，如图6-48所示。

在紧固成组螺钉、螺母时，为使紧固件的配合面上受力均匀，应按一定的顺序来拧紧。图6-49所示为两种拧紧顺序的实例，按图中数字顺序拧紧，可避免被联接件的偏斜、翘曲和受力不均，而且每个螺钉或螺母不能一次完全拧紧，应按顺序分2~3次全部拧紧。

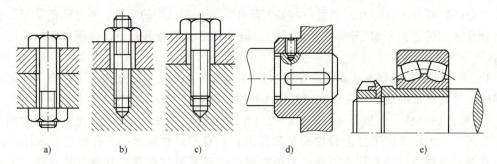

图 6-47　常见的螺纹联接类型

a）螺栓联接　b）双头螺栓联接　c）螺钉联接　d）螺钉固定　e）圆螺母固定

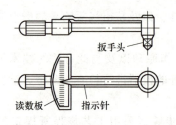

图 6-48　指示式扭力扳手

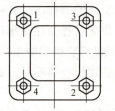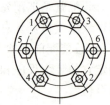

图 6-49　拧紧成组螺母顺序

零件与螺母的贴合面应平整光洁，否则螺纹容易松动。为了提高联接质量，可加垫圈。在交变载荷和振动条件下工作的螺纹联接，有逐渐自动松开的可能，为了防止螺纹联接的松动，可用弹簧垫圈、止退垫圈、开口销和止动螺钉等防松装置，如图 6-50 所示。

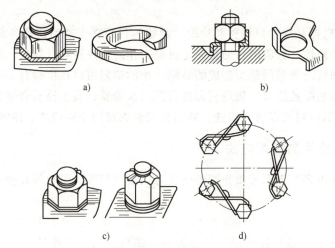

图 6-50　各种螺母防松装置

a）弹簧垫圈　b）止退垫圈　c）开口销　d）止动螺钉

2. 滚动轴承的装配

滚动轴承的配合多数为较小的过盈配合，常用锤子或压力机采用压入法装配。为了使轴承圈受力均匀，采用垫套加压。轴承压到轴颈上时应施力于内圈端面，如图 6-51a 所示；轴承压到座孔中时，要施力于外圈端面上，如图 6-51b 所示；若同时压到轴颈和座孔中时，应能同时对轴承内外圈端面施力，如图 6-51c 所示。

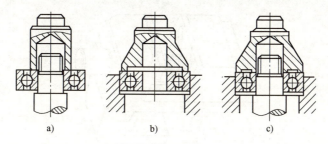

图 6-51　滚动轴承的装配

a）施力于内圈端面　b）施力于外圈端面　c）施力于内外圈端面

当轴承的装配是较大的过盈配合时，应采用加热装配，即将轴承吊在 80~90℃ 的热油中加热，使轴承膨胀，然后趁热装入。注意轴承不能与油槽底部接触，以防过热。如果是装入座孔的轴承，需将轴承冷却后装入。轴承安装后要检查滚珠是否被咬住，间隙是否合理。

3. 齿轮的装配

齿轮装配的主要技术要求是保证齿轮传递运动的准确性、平稳性，轮齿表面接触斑点和齿侧间隙合乎要求等。

轮齿表面接触斑点可用涂色法检验，先在主动轮的工作齿面上涂上红丹，使相啮合的齿轮在轻微制动下运转，然后看从动轮啮合齿面上接触斑点的位置和大小，如图 6-52 所示。

图 6-52　用涂色法检验啮合情况

齿侧间隙一般可用塞尺插入齿侧间隙中检查。塞尺由一套厚薄不同的钢片组成，每片的厚度都标在它的表面上。

五、对拆卸工作的要求

1）拆卸机器时应按其结构的不同，预先考虑操作程序，以免先后倒置，或贪图省事猛拆猛敲，造成零件的变形或损伤。

2）拆卸顺序应与装配顺序相反。

3）拆卸时使用的工具必须保证零件不受损伤。

4）拆卸时，零件的回松方向必须辨别清楚。

5）拆下的部件和零件必须有次序、有规律地放好，并按原来的结构套在一起，配合件应标上记号，以免搞乱。丝杠、长轴类零件必须用绳索将其竖直吊起，并且用布包好，以防弯曲变形和碰伤。

第十二节　典型零件

这里介绍一个小台虎钳的制作过程，如图 6-53 所示，其中主要零件均由钳工制造工艺完成。在制作时，首先分别制成各个零件，最后装配成台虎钳。整个制作过程涉及许多钳工工艺，综合性较强，学生通过台虎钳的制作，对钳工形成整体概念，并感性地了解钳工的范畴、应用范围等知识。

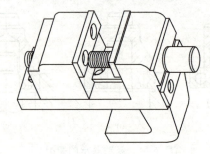

图 6-53　小台虎钳

一、台虎钳本体

台虎钳本体是整个组装体中最为重要的零件，也是制作比较复杂的零件，它涉及钳工中的划线、锯削、锉削、錾削、钻孔、扩孔以及攻螺纹等工序，是一个综合性较强的零件。台虎钳本体的材料选用铸铁，加工图样如图 6-54 所示，加工工序见表 6-4。

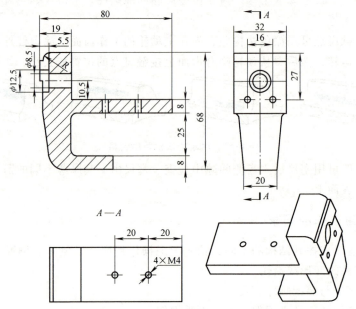

图 6-54　台虎钳本体

表 6-4　台虎钳本体加工工序

工步号	加 工 内 容
1	划线,划出钳体外形
2	冲样冲
3	锯锉外形,锯下活动钳口部分
4	划线底部 U 形口处
5	横向锯开 U 形口
6	用錾子錾下 U 形口中间部分
7	锯钳体底部斜面,锉出钳体丝杠外端台阶
8	锉平钳体外形
9	钻 4×M4mm 底孔,并攻螺纹,钻、扩丝杠装配处 φ12.5mm 和 φ8.5mm 台阶通孔

二、活动钳口

活动钳口通过丝杠以及其他零件与台虎钳本体连接，实现夹紧。活动钳口的材料选用铸铁，加工图样如图 6-55 所示，加工工序见表 6-5。

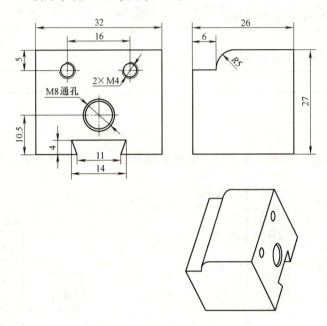

图 6-55 活动钳口

表 6-5 活动钳口加工工序

工步号	加 工 内 容
1	在固定钳身上取下坯料
2	锉削 32mm×26mm×27mm（各相交面垂直度小于等于 0.12mm）
3	划线①外形线；②燕尾线；③M8 孔线
4	冲样冲
5	锯锉燕尾（与燕尾导轨配合）
6	锯锉外形
7	钻 M8mm 底孔 φ6.8mm
8	与钳口铁配钻 2×M4mm 底孔 φ3.4mm
9	攻螺纹 M8mm
10	攻螺纹 M4mm

三、燕尾导轨

燕尾导轨与台虎钳本体和活动钳口连接，实现活动钳口相对台虎钳本体的移动。燕尾导轨的材料选用 Q235，加工图样如图 6-56 所示，加工工序见表 6-6。

表 6-6　燕尾导轨加工工序

工步号	加 工 内 容
1	锯料 52mm×15mm
2	锉削 50mm×14mm×4mm
3	划线①2×φ4.5mm；②划燕尾线
4	冲样冲
5	钻 2×φ4.5mm，扩孔 φ8.5mm×90°
6	锉削燕尾部分

四、钳口铁

钳口铁的材料选用 Q235，加工图样如图 6-57 所示，加工工序见表 6-7。

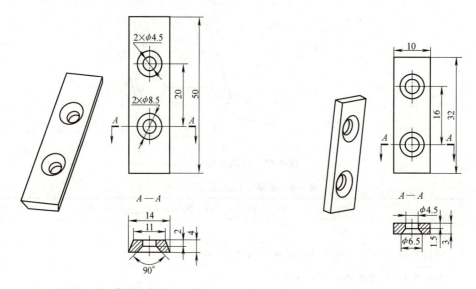

图 6-56　燕尾导轨

图 6-57　钳口铁

表 6-7　钳口铁加工工序

工步号	加 工 内 容
1	锯料 34mm×12mm
2	锉削 32mm×10mm×3mm
3	划线①2×φ4.5mm；②防滑纹
4	冲样冲
5	钻 2×φ4.5mm，扩孔 φ6.5mm×90°
6	锯防滑纹

五、挡块

挡块的材料选用 Q235，加工图样如图 6-58 所示，加工工序见表 6-8。

表 6-8 挡块加工工序

工步号	加 工 内 容
1	锯料 34mm×12mm
2	锉削 32mm×11mm×2mm
3	划线①2×φ4.5mm;②防滑纹
4	冲样冲
5	钻 2×φ4.5mm,扩孔 φ6.5mm×90°
6	锯防滑纹

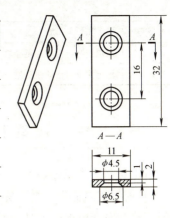

图 6-58 挡块

六、装配

小台虎钳的零件除了丝杠（图 6-59）外，都由钳工完成。完成所有零件后进行装配，装配图如图 6-60 所示，具体装配工序见表 6-9。

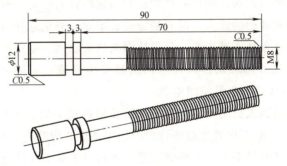

图 6-59 丝杠

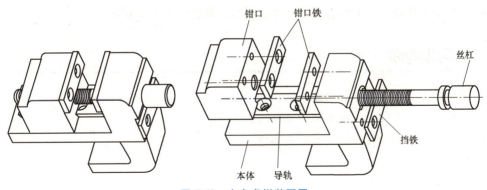

图 6-60 小台虎钳装配图

表 6-9 小台虎钳装配工序

工步号	加 工 内 容	工步号	加 工 内 容
1	检查各零件的配合尺寸	3	丝杠孔装上手柄及手柄螺母
2	修整各零件，倒去毛刺等	4	活动钳身及固定钳身分别用螺钉装上钳口铁

（续）

工步号	加 工 内 容	工步号	加 工 内 容
5	固定钳身与活动燕尾导轨	7	装上压板
6	固定钳身与活动钳身用丝杠联接	8	装上锁紧螺钉

第十三节　钳工安全操作规程

钳工安全操作规程如下：

1）所用工具必须齐备、完好、可靠才能开始工作。禁止使用有裂纹、带毛刺、手柄松动等不符合安全要求的工具，并严格遵守常用工具安全操作规程。

2）操作前应按规定穿戴好劳动保护用品，女工的发辫必须纳入帽内。如使用电动设备工具应按规定检查接地线，并采取绝缘措施。

3）掌握锯、錾、锉、刮、铰、磨、钻及攻套螺纹等各种钳工操作的正确姿势和钳工工具的正确使用方法。

4）使用砂轮机磨削刀具时，操作者严禁正对高速旋转的砂轮，避免砂轮意外伤人。

5）禁止使用无柄或裂柄的锉刀，锉刀柄应安装牢固，避免意外伤手。

6）锤头的头与柄必须加楔铁固紧，并保持锤头柄无油污，避免使用时锤头滑出伤人。

7）若设备上的电气线路和器件以及电动工具发生故障，应交电工修理，自己不得拆卸，不准自己动手敷设线路和安装临时电源。

8）工作中应注意周围人员及自身的安全，防止因挥动工具、工具脱落、工件及铁屑飞溅造成伤害。两人以上一起工作要注意协调配合。工件堆放应整齐，放置平稳。

9）操作台钻作业严禁戴手套，工件应压紧，不得用手拿工件进行钻、铰、扩孔。

10）清除铁屑必须使用工具，禁止手拉嘴吹。

11）使用手持式电动工具必须经过安全检查，符合有关安全规定。

 复习思考题

1. 钳工的基本操作方法有哪些？

2. 划线的作用是什么？常用的划线工具有哪些？

3. 什么是划线基准？如何选择划线基准？

4. 锯条的锯齿如何排列？为什么？

5. 如何正确选择锯条？

6. 锉刀的种类及使用方法都有哪些？

7. 锉削平面有几种方法？说出它们各自的特点和应用场合。

8. 錾削时应注意哪些事项？

9. 试述麻花钻切削部分的名称、含义及其作用。

10. 试述铰削的操作方法。

11. 如何确定攻螺纹和套螺纹余量?
12. 简述刮削的特点及应用。
13. 简述研磨的方法。
14. 简述装配的一般方法。
15. 装配工作应注意哪些事项?

第七章　车削加工

在古代，人们将木材绕着它的中心轴旋转，用刀具进行车削。起初，人们用两根立木作为支架，架起要车削的木材，利用树枝的弹力把绳索卷到木材上，靠手拉或脚踏拉动绳子转动木材，并手持刀具进行切削。这种古老的方法逐渐演化，发展成了在滑轮上绕两三圈绳子，绳子架在弯成弓形的弹性杆上，来回推拉弓使加工物体旋转从而进行车削，这便是"车床"的雏形。

重型装备制造加工行业大型轴类零件深加工的精度指标为 μ 级，即微米级（0.001mm）。通过普通车床的切削加工，使重达上百吨的大型轴类零件产品精度达到 μ 级，这几乎是不可能的事，但是，大国工匠们做到了。"大只是外在，精才是内在"，要将大型轴类件的加工精度控制在 μ 级非常难，他们以自己的责任担当，开启了全新大轴类零件精深加工的微米时代，更以产品"零缺陷"诠释着工匠精神，践行和见证着"一场中国制造的品质革命"。

车床主要用于加工轴、盘、套类和其他具有回转表面的工件，是机械制造和修配工厂中使用最广的一类机床。铣床和钻床等旋转加工的机械都是从车床发展而来的，在我国香港等地也有人把它们称为旋床。

车削是在车床上利用工件的回转运动和刀具的移动来改变毛坯形状和尺寸，将其加工成所需零件的一种切削加工方法。其中工件的回转运动为主运动，刀具的移动为进给运动，如图 7-1 所示。

车工是金属切削加工中最常用的工种，所用设备是各类车床。在金属切削机床中，车床约占 50%。车床的种类很多，按用途和结构的不同，主要分为卧式车床和落地车床、立式车床、转塔车床、单轴自动车

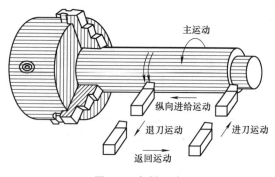

图 7-1　车削运动

床、多轴自动和半自动车床、仿形车床、多刀车床，以及各种专门化车床，如凸轮轴车床、曲轴车床、车轮车床、铲齿车床。在所有车床中，以卧式车床应用最为广泛。近年来，由于计算机技术被广泛运用到机床制造业中，随之出现了数控车床、车削加工中心等机电一体化产品。车床的加工范围很广，如图 7-2 所示。

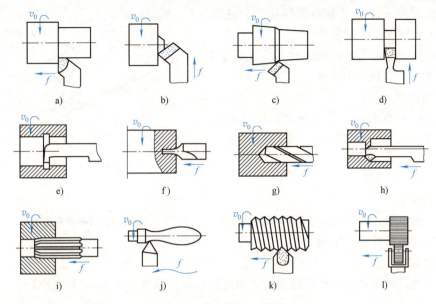

图 7-2　车床的加工范围

a）车外圆　b）车端面　c）车锥面　d）切槽、切断　e）切内槽　f）钻中心孔　g）钻孔　h）镗孔
i）铰孔　j）车成形面　k）车外螺纹　l）滚花

车削加工的尺寸精度范围较宽，一般可达 IT7~IT12，精车时可达 IT5~IT6。表面粗糙度 Ra 数值的范围一般是 $0.8~6.3\mu m$，具体数值可参见表 7-1。

表 7-1　常用车削精度与相应表面粗糙度值

加工类别	加工精度	表面粗糙度值 $Ra/\mu m$	标注代号	表 面 特 征
粗车	IT12 IT11	25~50 12.5	$\sqrt{Ra\frac{50}{25}}$ $\sqrt{Ra\ 12.5}$	可见明显刀痕 可见刀痕
半精车	IT10 IT9	6.3 3.2	$\sqrt{Ra\ 6.3}$ $\sqrt{Ra\ 3.2}$	可见加工痕迹 微见加工痕迹
精车	IT8 IT7	1.6 0.8	$\sqrt{Ra\ 1.6}$ $\sqrt{Ra\ 0.8}$	不见加工痕迹 可辨加工痕迹方向
精细车	IT6 IT5	0.4 0.2	$\sqrt{Ra\ 0.4}$ $\sqrt{Ra\ 0.2}$	微辨加工痕迹方向 不辨加工痕迹

第一节　切削用量选择

一、切削用量三要素

切削加工时，工件与刀具必须有相对运动，称为切削运动。切削运动分为主运动和进给运动，主运动是工件随主轴的回转运动；进给运动是车刀相对于工件的移动。

切削用量三要素是指切削速度 v_c、进给量 f 和切削深度 a_p，如图7-3所示。

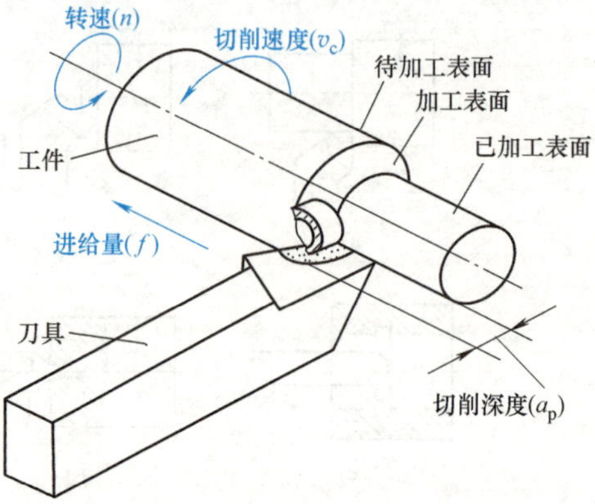

1. 切削速度 v_c

切削速度是指主运动的线速度。已知待加工表面的最大直径为 D（mm），工件的转速为 n（r/min），则 $v_c = \dfrac{\pi D n}{1000}$（单位为 m/min）。

2. 进给量 f

在车削加工中，进给量是指工件每转一周，车刀沿进给方向所移动的距离。

3. 切削深度 a_p

切削深度是指待加工表面与已加工表面之间的垂直距离，即 $a_p = (D-d)/2$。

图7-3 切削用量三要素

二、粗车与精车

车削过程一般分为粗车、半精车和精车三个阶段。粗车的主要目的是快速切除工件的大部分加工余量，使工件接近所需形状和尺寸，保证高的生产率；半精车与精车的主要目的是保证工件的精度及降低表面粗糙度值。由于粗车与精车的目的不同，加工时，一般采取"粗精分开"的原则。不过在车削大型且精度要求较低的工件时，由于装夹困难，也可不必粗精分开。

三、车削用量的选择

车削用量的选择就是在确定了合适的刀具材料、刀具几何角度等的基础上，来确定合理的切削深度 a_p、进给量 f 和切削速度 v_c。在车削用量中，对刀具寿命来说 v_c 的影响最大，f 的影响次之，a_p 的影响最小；对切削力来说，a_p 的影响最大，f 其次，v_c 最小；对工件的表面粗糙度来说，f 的影响最大，a_p 和 v_c 的影响较小。切削用量就是根据这些原则进行合理选择的。

1. 切削深度的选择

切削深度应根据加工余量来确定。粗车时，除了留下精加工的余量外，应尽可能一次进给切除大部分加工余量，以减少进给次数，提高生产率，且大的切削深度可保证刀具寿命。在中等功率的车床上，粗车时切削深度最深可达 8～10mm；半精车（$Ra = 3.2～10\mu m$）时，切削深度可取 0.5～2mm；精车（$Ra = 1.25～2.5\mu m$）时，切削深度可取 0.1～0.4mm。

如图7-4所示，工件材料为45钢，毛坯尺寸为 $\phi 90mm$，车削至 $\phi 26mm$ 外圆。根据表面粗糙度值 $Ra = 3.2\mu m$，可安排最终加工为半精车。粗车时可取 $a_p = 4mm$，半精车时可取 $a_p = 1mm$。

在工艺系统刚性不足、加工余量过大或加工余量较不均匀时，粗车可分两次以上进给，第一次切削深度取大些，第二次切削深度取小些，使精加工时能获得更好的加工精度。

在切削表层有硬皮的铸件、锻件等工件时，应注意使切削深度超过硬皮厚度，如图7-5所示，避免因直接在硬皮上切削而引起振动和加剧车刀磨损。

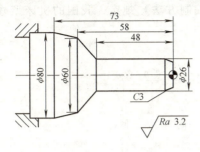

图7-4　加工实例

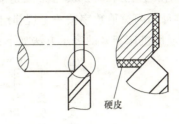

硬皮

图7-5　粗车铸铁深度

2. 进给量的选择

为了提高生产率，保证刀具寿命，粗车时进给量应尽可能选择大些。但在工艺系统刚性差的情况下，进给量受切削力的限制，不允许太大。

精车和半精车时，限制进给量的主要因素是表面粗糙度。工件与刀具相对运动时，中间会有一小部分材料无法被切除，称为残留面积，如图7-6所示。在刀具几何角度相同时，进给量越大，工件上的残留面积越大，表面粗糙度值就越大，可根据零件图上对表面粗糙度的要求选取合适的进给量。

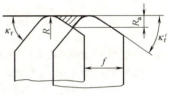

图7-6　残留面积

在实践中，粗车时进给量一般取 0.3 ~ 1.5mm/min，精车时进给量一般取 0.05 ~ 0.20mm/min。

3. 切削速度的选择

当切削深度与进给量选定以后，可根据刀具寿命公式计算或查表来确定切削速度。

在实践中，粗车用高速钢车刀时，切削速度一般取 25m/min 左右，用硬质合金车刀时切削速度取 50m/min 左右；精车时为了避免积屑瘤的产生而影响表面粗糙度，切削速度一般选择在 0.5~4m/min 的低速区或 60~100m/min 的高速区内。

4. 刀具几何参数和切削用量

切削用量的选择受多种因素的影响，应该综合考虑，随切削条件（机床、刀具、夹具、工件材料与结构、工艺、切削液）的不同而不同。在选择时，应根据具体情况进行合理的组合，以达到优质、高效、低成本的目的。

（1）选择原则　粗加工时，为了充分发挥机床和刀具的性能，以增加金属切除量为主要目的，应选择较大的切削深度、较大的进给量和适当的切削速度。精加工时，应主要考虑保证加工质量，并尽可能提高加工效率，应采用较小的进给量和较高的切削速度。在切削可加工性差的材料时，由于这些材料硬度高、强度高、热导率低，必须首先考虑选择合理的切削速度。

（2）选择步骤　在一般情况下，首先根据加工余量选择切削深度，其次根据工件材料的硬化深度和切屑断连的已加工表面粗糙度情况选择进给量，最后尽量选择较高的（高速钢刀具选择较低的）切削速度，以切削速度来控制切削温度，消除积屑瘤，保证工件表面粗糙度。

第二节　卧式车床的手柄操作

机床型号是机床产品的代号，用以表明机床的类型、通用性和结构特性，以及主要技术参数等。GB/T 15375—2008《金属切削机床 型号编制方法》规定，我国的机床型号由汉语拼音字母和阿拉伯数字按一定规律组合而成。

1）通用机床型号的表示方法如下：

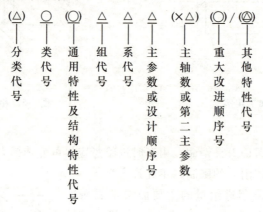

注：1. 有"（）"的代号或数字，当无内容时，则不表示，若有内容则不带括号。

2. 有"○"符号的，为大写的汉语拼音字母。

3. 有"△"符号的，为阿拉伯数字。

4. 有"⌂"符号的，为大写的汉语拼音字母，或阿拉伯数字，或两者兼有之。

2）机床的分类和代号如下：

类别	车床	钻床	镗床	磨床			齿轮加工机床	螺纹加工机床	铣床	刨插床	拉床	锯床	其他机床
代号	C	Z	T	M	2M	3M	Y	S	X	B	L	G	Q
读音	车	钻	镗	磨	二磨	三磨	牙	丝	铣	刨	拉	割	其

3）机床的通用特性代号如下：

通用特性	高精度	精密	自动	半自动	数控	加工中心（自动换刀）	仿形	轻型	加重型	柔性加工单元	数显	高速
代号	G	M	Z	B	K	H	F	Q	C	R	X	S
读音	高	密	自	半	控	换	仿	轻	重	柔	显	速

4）车床的类别、组别代号如下：

类别/组别	0	1	2	3	4	5	6	7	8	9
车床 C	仪表小型车床	单轴自动车床	多轴自动、半自动车床	回转、转塔车床	曲轴及凸轮轴车床	立式车床	落地及卧式车床	仿形及多刀车床	轮、轴、辊、锭及铲齿车床	其他车床

组和系用两位阿拉伯数字表示，前者表示组，后者表示系。每类机床划分为 10 个组，每个组又划分为 10 个系。在同一类机床中，凡主要布局或使用范围基本相同的机床，即为同一组；在同一组机床中，其主参数、主要结构及布局形式相同的机床，即为同一系。

5）车床的主参数、折算系数及第二主参数如下：

机　床	主参数名称	主参数折算系数	第二主参数
卧式车床	床身上最大回转直径	1/10	最大工件长度
立式车床	最大车削直径	1/100	最大工件高度

例如，CA6140 型卧式车床的表示方法如下：

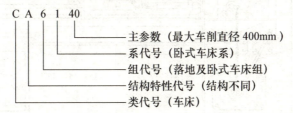

```
C A 6 1 40
          └─── 主参数（最大车削直径 400mm）
        └───── 系代号（卧式车床系）
      └─────── 组代号（落地及卧式车床组）
    └───────── 结构特性代号（结构不同）
  └─────────── 类代号（车床）
```

一、卧式车床外形

在各种车床中，以卧式车床应用最为普遍。各种卧式车床的外形基本相似，图 7-7 所示为 C6132 型卧式车床。

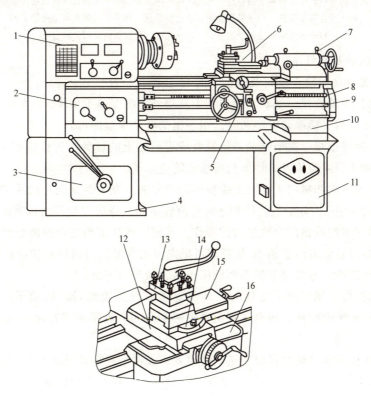

图 7-7　C6132 型卧式车床外形

1—主轴箱　2—进给箱　3—变速箱　4—前床脚　5—溜板箱　6—刀架　7—尾座　8—丝杠　9—光杠
10—床身　11—后床脚　12—中拖板　13—方刀架　14—转盘　15—小拖板　16—大拖板

二、卧式车床手柄的调整与操作

C6132 车床的调整主要是通过变换各自相应的手柄位置进行的，如图 7-8 所示。

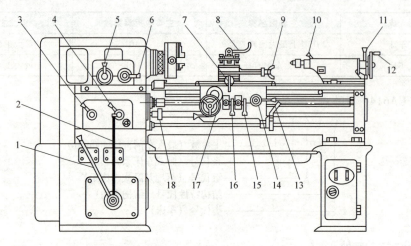

图 7-8 C6132 型卧式车床的调整手柄

1、2、6—主运动变速手柄　3、4—进给运动变速手柄　5—刀架左右移动换向手柄
7—刀架横向进给手动手柄　8—方刀架锁紧手柄　9—小拖板移动手柄　10—尾座套筒锁
紧手柄　11—尾座锁紧手柄　12—尾座套筒移动手轮　13—主轴正反转及停止手柄
14—开合螺母手柄　15—刀架横向自动进给手柄　16—刀架纵向自动进给手柄
17—刀架纵向进给手动手轮　18—光杠、丝杠更换使用的离合器

1. 卧式车床的基本操作

（1）停机练习（主轴正反转及停止手柄 13 在停止位置）

1）正确变换主轴转速。变动变速箱和主轴箱外面的变速手柄 1、2 或 6，可得到各种相对应的主轴转速。当手柄拨动不顺利时，用手稍微转动卡盘即可。

2）正确变换进给量。按所选的进给量查看进给箱上的标牌，再按标牌上进给变换手柄位置来变换手柄 3 和 4 的位置，即得到所选定的进给量。

3）熟悉掌握纵向和横向手动进给手柄的转动方向。左手握纵向进给手动手轮 17，右手握横向进给手动手柄 7，分别顺时针和逆时针旋转手轮，操纵刀架和溜板箱的移动方向。

4）熟悉掌握纵向或横向自动进给的操作。光杠、丝杠更换使用的离合器 18 位于光杠接通位置上，将纵向自动进给手柄 16 提起即可纵向自动进给，将横向自动进给手柄 15 向上提起即可横向自动进给。分别向下扳动则可停止纵、横自动进给。

5）尾座的操作。尾座靠手动移动，其固定靠紧固螺栓螺母。转动尾座套筒移动手轮 12，可使套筒在尾座内移动，转动尾座锁紧手柄 11，可将套筒固定在尾座内。

（2）低速开机练习

练习前应先检查各手柄是否处于正确的位置，无误后进行开机练习。

1）主轴起动——电动机起动——操纵主轴转动——停止主轴转动——关闭电动机。

2）自动进给——电动机起动——操纵主轴转动——手动纵横进给——自动纵横进给——手动退回——自动横向进给——手动退回——停止主轴转动——关闭电动机。

（3）操作机床注意事项

1）机床未完全停止时严禁变换主轴转速，否则会发生严重的主轴箱内齿轮打齿现象，甚至发生机床事故。开机前要检查各手柄是否处于正确位置。

2）纵向和横向手柄进退方向不能摇错，尤其是快速进退刀时要千万注意，否则会发生工件报废和安全事故。

3）横向进给手动手柄每转一格时，刀具横向吃刀量为 0.02mm，其圆柱体直径方向切削量为 0.04mm。

2. 主轴变速手柄的调整

主轴的变速机构安装在主轴箱内，主轴变速手柄在主轴箱的前表面上。调整时通过扳动变速手柄，来拨动主轴箱内的滑移齿轮，以改变传动路线，使主轴得到不同的转速。

在进行变速之前，首先要了解主轴箱上的转速标记方式。有些车床的转速是用表格形式标出的，有些车床是在其中一个手柄边上标出转速，用颜色来确定其他手柄的位置。

C6132 型卧式车床主轴转速见表 7-2。

表 7-2　C6132 型卧式车床主轴转速

手柄位置		I			II		
		长手柄			长手柄		
		↖	↑	↗	↖	↑	↗
短手柄	↖	45	66	94	360	530	750
	↗	120	173	248	958	1380	1980

调整变速手柄时，应注意以下几点：

1）变速时必须先停机再扳动手柄，否则易损坏齿轮。

2）变速时手柄要扳到位，否则也会损坏齿轮。

3）变速时若手柄难以扳到位时，可一边用手转动主轴一边扳动手柄，直到手柄扳动到位为止。

3. 进给箱上的螺距及进给量手柄的调整

通过调整螺距及进给量手柄，来改变车削时的进给量或螺距。该手柄在进给箱的前表面上。进给箱的上表面有标记进给量及螺距的表格，调节进给量或螺距时，可先在表格中查到所需的数值，再根据表中的提示配换交换齿轮，并将手柄逐一扳动到位，具体操作方法与主轴变速手柄操作方法相似。

4. 溜板箱手柄的操作

溜板箱上有纵向自动进给手柄、横向自动进给手柄、开合螺母手柄和大拖板上移动手轮。

合上纵向自动进给手柄可连接光杠的运动，在光杠带动下，车刀沿平行于导轨方向的纵向自动进给，光杠的转动方向决定了进给方向是往左还是往右；合上横向自动进给手柄时，车刀沿垂直于导轨方向的横向自动向前或向后进给。

扳动开合螺母手柄合上开合螺母，车刀就在丝杠的带动下进行螺纹车削。开合螺母手柄与自动进给手柄是互锁的，两者不能同时合上。

操作溜板箱手柄时，有时也会出现手柄"合不上"的现象，这时应先检查开合螺母与自动进给手柄的位置，有时会因手柄稍微下落而导致两手柄互锁；若还不行，纵向进给时可转动一下溜板箱上的手轮，横向进给时可转动一下中拖板刻度盘手柄，改变内部齿轮的啮合位置即可解决。

5. 刻度盘手柄的操作

中拖板、小拖板上的手柄一般都带有刻度盘，刻度盘安装在进给丝杠的轴头上，转动刻度盘手柄，可带动车刀的移动。中拖板刻度盘手柄用于调整切深，小拖板刻度盘手柄用于调整轴向尺寸。中拖板刻度盘上一般标有每格尺寸，如图7-9所示的刻度盘手柄，它表示的是刻度盘每转过一格，车刀移动的距离为0.02mm，即每进一格，轴的半径减小0.02mm，即直径减小0.04mm。通常车削时尺寸是以直径大小为依据的，所以用中拖板刻度盘手柄进刀时，可将刻度读为每格0.04mm。

小拖板刻度盘上一般不标每格尺寸，其每格对应的车刀移动量与中拖板的相同。但要注意与加工圆柱面不同的是，小拖板手柄转过的刻度值，就是拖板轴向实际移动的距离。

特别需要注意的是，进刀时刻度盘手柄转过了头，或试切后发现尺寸不合适需要退刀时，由于传动丝杠与螺母之间有间隙，刻度盘手柄不能直接退回到所需的刻度上，这时应退回半圈以上，再进到所需的刻度，如图7-9所示。

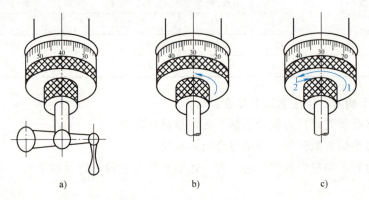

图7-9　刻度盘手柄摇过头后的纠正方法

a）要求手柄转至30，但转过头成了40　b）错误：直接退至30　c）正确：反转一周后再转至所需位置30

第三节　车刀的刃磨与安装

车刀由刀头和刀杆两部分组成，刀头是车刀的切削部分，刀杆是车刀的夹持部分。车刀从结构上分为四种形式，即整体式、焊接式、机夹式和可转位式，其结构特点及适用场合见表7-3。

表7-3　车刀结构特点及适用场合

车刀类型	特　　点	适　用　场　合
整体式	用整体高速钢制造,刃口可磨得较锋利	小型车床或加工非铁金属
焊接式	焊接硬质合金或高速钢刀片,结构紧凑,使用灵活	各类车刀,特别是小刀具
机夹式	避免了焊接产生的应力、裂纹等缺陷,刀杆利用率高,刀片可集中刃磨获得所需参数,使用灵活方便	外圆、端面、镗孔、切断、螺纹车刀等
可转位式	避免了焊接刀的缺点,刀片可快换转位,生产率高,断屑稳定,可使用涂层刀片	大中型车床加工外圆、端面、镗孔,特别适用于自动线、数控机床

一、刀具材料

常用的刀具材料主要有高速钢和硬质合金两大类。

高速钢俗称白钢，我国常用的牌号是 W18Cr4V，高速钢刀具切削时能承受 600～700℃ 的温度，最高切削速度可达 30m/min 左右。

硬质合金是由碳化物（WC、TiC）及黏结剂（Co）经高压成形后烧结而成的，一般分为钨钴类（YG）和钨钛钴类（YT）两大类。钨钴类适用于加工铸铁等脆性材料，钨钛钴类适用于加工钢等塑性材料。硬质合金刀具切削时能承受 800～1000℃ 的温度，最高切削速度可达 100m/min 左右，由此可见硬质合金刀具可采用的切削速度比高速钢刀具要高得多，但其抗弯强度、冲击韧性比高速钢低，为此硬质合金往往制成刀片的形式。

车削加工的常用刀具如图 7-10 所示。

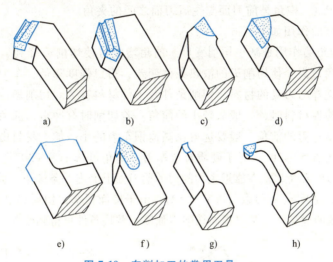

图 7-10 车削加工的常用刀具

a）45°外圆车刀 b）75°外圆车刀 c）90°左偏刀 d）90°右偏刀
e）成形车刀 f）螺纹车刀 g）切断刀 h）镗孔刀

二、车刀的几何角度

1. 车刀的主要组成部分

车刀由刀头和刀杆两部分组成，如图 7-11 所示。刀头部分起切削作用，刀杆起夹固作用。

刀头切削部分的组成如下（图 7-11）：

（1）前刀面 前刀面是刀具上切屑流过的表面。

（2）主后刀面 主后刀面是与工件切削表面相对的表面。

（3）副后刀面 副后刀面是与工件已加工表面相对的表面。

（4）主切削刃 主切削刃是前刀面和主后刀面的交线，担负主要的切削工作。

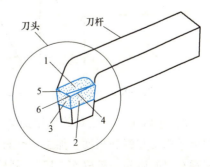

图 7-11 车刀的组成

1—前刀面 2—主后刀面 3—副后刀面
4—主切削刃 5—副切削刃 6—刀尖

（5）副切削刃　副切削刃是前刀面和副后刀面的交线，起修光工件的作用。

（6）刀尖　刀尖是主切削刃和副切削刃的交点，一般要磨出小于1mm的圆弧或直线过渡刃。

2. 车刀的主要几何角度

车刀的主要几何角度如图7-12所示。

（1）前角（γ_o）　前角是基面与前刀面之间的夹角。

（2）主后角（α_o）　主后角是主后刀面与主切削平面之间的夹角。

（3）副后角（α'_o）　副后角是副后刀面与副切削平面之间的夹角。

（4）主偏角（κ_r）　主偏角是主切削刃在基面上的投影与刀具进给方向之间的夹角。

（5）副偏角（κ'_r）　副偏角是副切削刃在基面上的投影与刀具进给方向之间的夹角。

（6）刃倾角（λ_s）　刃倾角是主切削刃与基面之间的夹角。

（7）刀尖角（ε_r）　刀尖角是主切削刃与副切削刃在基面上的投影之间的夹角。

（8）楔角（β_o）　楔角是前刀面与主后刀面之间的夹角。

车刀主要角度的作用如下：

1）前角。前角的作用是减小切削变形。前角增大可使切削刃锋利、切削力减小、切削温度降低，但前角过大会使切削刃的散热条件变差，刃口强度降低，车刀易磨损甚至崩刃。

前角的大小选择与刀具的材料、切削条件及工件材料有关。切削塑性材料时，一般取较大的前角；切削脆性材料时，一般取较小的前角。若切削时有冲击，前角应取较小值，甚至取负值。硬质合金车刀的前角一般要选得比高速钢车刀的小。加工材料由硬到软时，对于高速钢车刀，前角可选5°~30°；对于硬质合金车刀，前角可选-15°~30°。

为了提高车刀的寿命，常在靠近主切削刃的前刀面上磨出一条棱边，称为倒棱。棱面的前角一般取-5°~5°，宽度 b_r 一般取（0.3~0.5）f。由于棱面很窄，切屑仍沿前刀面流出，这样，刀具既具有大前角的优越性，又可提高切削刃强度，散热条件也得到改善，如图7-13所示。

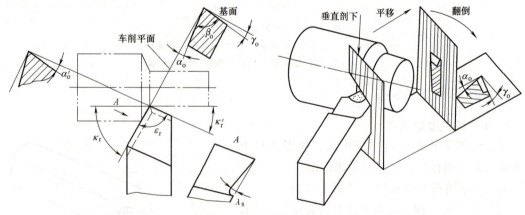

图7-12　车刀的主要几何角度　　　　图7-13　车刀的倒棱

2）主后角。主后角的作用是减小后刀面与工件之间的摩擦，同时还与前角共同影响切削刃的强度和锋利程度。加工塑性材料时后角可取大些，加工脆性材料时后角应取小些。高速钢车刀的后角一般取6°~12°，硬质合金车刀可取2°~12°。粗车时后角一般取3°~6°，精车时一般取6°~12°，但精车时尺寸精度要求高的后角要取得小些。

3）主偏角。减小主偏角可改善切削刃的散热条件并能增加刀尖强度，因此在工艺系统刚性允许的情况下，应取较小的主偏角。但主偏角越小，切削时径向力越大，易引起工件的振动和弯曲，90°主偏角的外圆车刀径向力近似为零，可用于加工细长轴类零件。主偏角通常分45°、60°、75°、90°，可合理选取，如图7-14所示。

4）刃倾角。刃倾角的主要作用是控制切屑的流动方向。如图7-15所示，当刃倾角为正值时，切削刃强度较低，切屑流向待加工表面；当刃倾角为负值时，切削刃强度较高，切屑流向已加工表面；当刃倾角为零时，切屑垂直于切削刃流出。刃倾角一般取$-4° \sim 4°$，粗加工时取负值，精加工时取正值，为了刃磨方便常取$\lambda_s = 0°$。

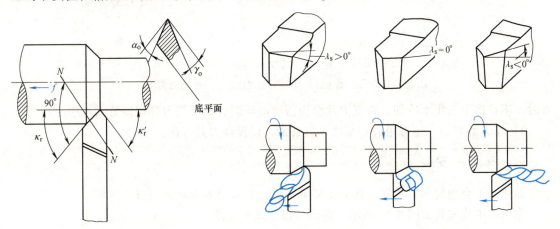

图7-14　车刀的主偏角　　　　　　图7-15　刃倾角与排屑方向

三、车刀的刃磨

车刀经过一段时间的使用会产生磨损，使切削力和切削温度升高，工件表面粗糙度值增大，所以需及时刃磨车刀。

常用的磨刀砂轮主要有两种，一种是氧化铝砂轮，又称为刚玉砂轮，有白刚玉砂轮（白色）和棕刚玉砂轮（褐色）；另一种是碳化硅砂轮（绿色）。高速钢车刀应用氧化铝砂轮刃磨；硬质合金车刀刀体部分的碳钢材料可先用氧化铝砂轮粗磨，再用碳化硅砂轮刃磨刀头的硬质合金。

1. 车刀刃磨步骤

车刀刃磨包括以下步骤，如图7-16所示。

（1）磨前刀面　磨出车刀的前角γ_o和刃倾角λ_s。

（2）磨主后刀面　磨出车刀的主偏角κ_r和主后角α_o。

（3）磨副后刀面　磨出车刀的副偏角κ_r'和副后角α_o'。

（4）磨刀尖圆弧　在主切削刃与副切削刃之间磨刀尖圆弧或直线过渡刃，以提高刀尖强度并改善散热条件。

2. 刃磨时的注意事项

刃磨时应注意以下事项：

1）人应站在砂轮的侧面，双手拿稳车刀，用力要均匀，倾斜角度要合适，要在砂轮的圆周中间部位刃磨，并左右移动车刀。

2）刃磨高速钢刀具时，要经常把刀放入水中冷却，以防刀具发生退火。磨硬质合金刀

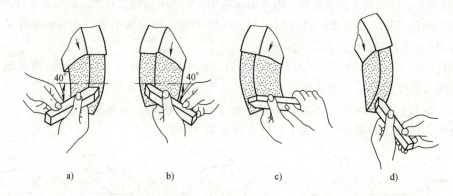

图 7-16 车刀的刃磨

a）磨前刀面　b）磨主后刀面　c）磨副后刀面　d）磨刀尖圆弧

具时，不得将刀头用水冷却，否则刀片会因激冷而碎裂，只可把刀杆尾端置入水中冷却。

3）车刀磨好后，还可用磨石细磨车刀各面，以提高刀具寿命。

四、车刀的安装

即使有了合理的车刀角度，如果安装不正确，车刀仍不能起到应有的作用。

车刀的正确安装如图 7-17 所示，应满足以下几个要求：

1）刀尖与工件的轴线等高。

2）刀杆应与工件轴线垂直。

3）车刀伸出方刀架的长度一般应小于刀体高度的两倍（不包括车内孔）。

4）车刀垫铁要放置平整，且数量应尽可能少。

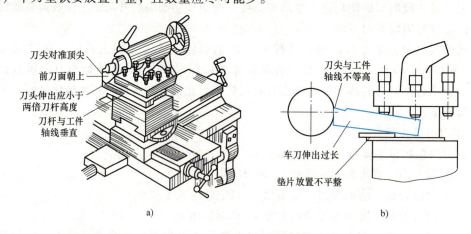

图 7-17 车刀的安装

a）正确　b）错误

第四节　工 件 安 装

为了保证工件的加工质量和必要的生产效率，安装工件的要求主要有以下两点：①工件位置准确；②工件装夹牢固。

以下几种方法为卧式车床上常用的零件装夹方法。

一、用自定心卡盘安装工件

自定心卡盘是车床上最常用的附件，其结构及用其进行工件安装如图 7-18 所示。当旋转小锥齿轮时，大锥齿轮便随之转动，它背面的平面螺纹就使三个卡爪同时向中心靠近或退出。自定心卡盘装卸工件方便，具有自动对心的作用，但其定心精度不高。安装直径较大的工件时，还可以"反爪"装夹。

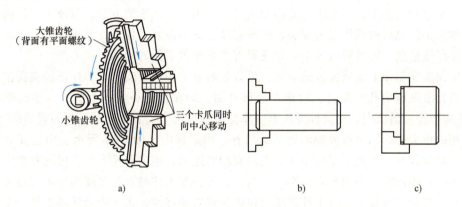

图 7-18 自定心卡盘的结构和工件安装

a）结构 b）夹持棒料 c）反爪夹持大棒料

用自定心卡盘安装工件的步骤如下：

1）把工件在三个卡爪之间放正，轻轻夹紧。

2）使主轴低速旋转，观察工件有无偏摆，若有偏摆，应停机后轻敲工件予以纠正，直到无偏摆后，用力拧紧三个卡爪。夹紧后应随即取下扳手，以保证安全。

3）移动刀架，检查刀架是否与自定心卡盘碰撞。

二、用单动卡盘安装工件

单动卡盘的结构及用其进行工件安装如图 7-19a 所示。

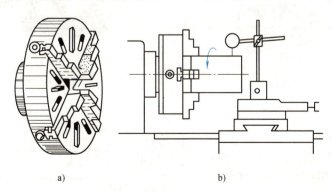

图 7-19 单动卡盘的结构和工件安装

a）单动卡盘 b）用百分表找正

单动卡盘的四个卡爪是用四根丝杠分别带动的，故其四个卡爪可单独调整。单动卡盘夹紧力大，适用于安装形状不规则的工件，如方形、长方形、椭圆形等工件，或较大的工件。用单动卡盘安装工件时，要用划线盘或百分表对工件进行找正，如图 7-19b 所示，通过对四个卡爪逐个进行调节，使工件需加工表面的中心与工件的旋转中心相重合。

三、用顶尖安装工件

用卡盘夹持工件，当所车制的工件细长、刚性较差时，工件若只有一端被固定，此时工件往往会出现"让刀"现象，会出现车出的工件在靠近卡盘的一端尺寸小、另一端尺寸大的现象。在这种情况下，可采用一端用卡盘另一端用顶尖的安装方法，以改善工件的刚性。

长轴类工件也可两端用顶尖安装，这种安装方法不需对工件进行找正，精度高，且多次安装也能保证精度。还可通过装中心架或跟刀架来改善工件的刚性。

根据顶尖在车床上安装位置的不同，可分为前顶尖和后顶尖，它们尾部的莫氏锥度分别与主轴内孔或尾座内孔相配合。前顶尖也可自制，即在自定心卡盘上装上一小段钢料，车 60°的尖端来代替前顶尖，用这种方法可以降低前顶尖由于安装不当而引起的误差。

常用的顶尖分为固定顶尖和回转顶尖两种，固定顶尖如图 7-20 所示，用它安装工件比较稳固，刚性较好，但由于工件与顶尖之间有相对运动，顶尖容易磨损，因此常在中心孔中填入润滑脂。固定顶尖的顶紧力大小要适当，过大会使工件与顶尖之间的摩擦力过大；过小则加工时工件易出现晃动。当工件两端用顶尖顶住安装好时，用手用力转动工件，工件能自由转动 1~2 圈，这时认为顶紧力是合适的。

高速车削时，为了防止中心孔与顶尖之间由于摩擦而发热过大，一般采用回转顶尖。回转顶尖如图 7-21 所示，由于回转顶尖内部有轴承，在车削时顶尖与工件一起转动，可避免工件中心孔与顶尖之间的摩擦，但它的刚性较差，一般适用于粗车和半精车。

图 7-20　固定顶尖

图 7-21　回转顶尖

工件两端用顶尖顶住后，实现了工件的定位，车床的动力要通过拨盘和鸡心夹头传递到工件上，如图 7-22 所示。有时拨盘可用自定心卡盘代替。

用顶尖安装工件的步骤如下：

1）安装前，先车平两端面，确定

图 7-22　用顶尖安装工件

好长度，然后用中心钻钻出中心孔，如图 7-23 所示。此时主轴转速可高些。

2）将拨盘安装到主轴上，如图 7-24 所示。

3）安装前后顶尖。图 7-25 所示为安装前顶尖，此时要检查工件端面的中心孔，要求中心孔形状正确，孔内光洁且无杂物，然后用力将顶尖推入中心孔。

4）前后顶尖对正检查，如图 7-26 所示。如前后顶尖不在一条直线上，可调节尾座。

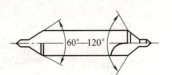

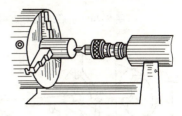

图 7-23 钻中心孔

5）安装工件。先把鸡心夹头套在工件的一端，用手轻轻拧紧鸡心夹头螺钉（待安装调整完毕，再最后拧紧）；然后将工件装在两顶尖之间，转动尾座手轮，调节后顶尖与工件中心孔之间的松紧程度。加工中工件会因切削发热而伸长，导致顶紧力过大。因此，车削过程中应使用切削液对工件进行冷却，以降低工件的温度。在加工长轴时，中途必须经常松开后顶尖，再重新顶上，以释放长轴因温度升高而产生的伸长量。另外，在不碰到刀架的前提下，尾座套筒的伸出长度应尽量短些。

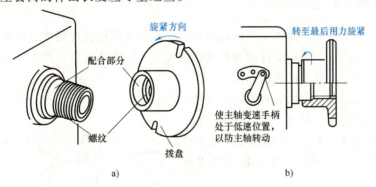

图 7-24 安装拨盘

a）擦净螺纹和配合部分、加机油 b）旋紧拨盘

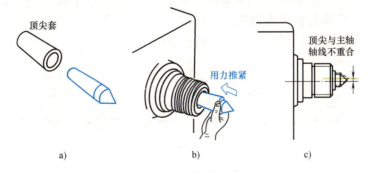

图 7-25 安装前顶尖

a）用顶尖套时，顶尖套的孔与顶尖应擦净后装配 b）主轴孔与顶尖套仔细擦净，适配良好后，用力推进

c）开机检查顶尖有无偏差摆动，如有则重装，不得用敲打顶尖的方法纠正

车削细长轴时工件会产生弯曲变形，影响加工精度，这时应采用附加辅助支承——中心架（图 7-27）或跟刀架（图 7-28）来保证加工精度。

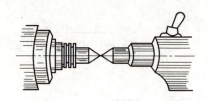

图 7-26　前后顶尖对正检查

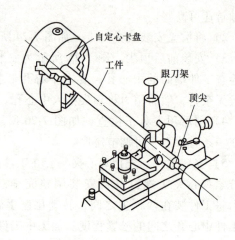

图 7-28　跟刀架的应用

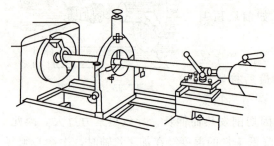

图 7-27　中心架的应用

四、用心轴安装工件

在加工盘套类工件时，为了保证内孔与外圆、端面之间的位置精度，还可用心轴安装工件。用心轴安装工件时，要对工件的内孔进行精加工，用内孔定位，把工件装在心轴上，再把心轴安装到车床上，对工件进行加工。

心轴的种类有很多，常用的有圆柱心轴和锥度心轴。

圆柱心轴如图 7-29 所示，工件用螺母压紧，用该方法安装工件时夹紧力较大，但工件的同轴度相对较低，一般用于加工精度要求较低的工件。

圆锥心轴如图 7-30 所示，其锥度很小（一般为 1∶5000～1∶1000），工件压入心轴后，靠摩擦力传递转矩。圆锥心轴装卸简便，工件同轴度较高，但只能承受较小的切削力，多用于精加工。

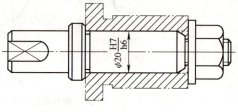

图 7-29　圆柱心轴

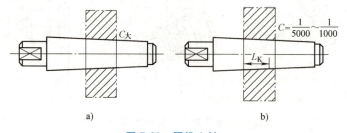

图 7-30　圆锥心轴

a）锥度太大　b）锥度合适

五、用花盘安装工件

在车床上加工大而扁、形状不规则的工件时，可用花盘安装。用花盘安装工件之前，首先要用百分表检查盘面是否平整、是否与主轴轴线垂直。若盘面不平或不与主轴轴线垂直，必须先精车花盘，才能安装工件，否则所车出的工件会有位置误差。

用花盘安装工件时，常用两种方法：①如图 7-31 所示，工件平面紧靠花盘，可保证孔的中心线与安装面之间的垂直度要求；②如图 7-32 所示，用弯板安装工件，可保证孔的中心线与安装面的平行度要求。

用花盘安装工件时，由于工件重心的偏置，应装上平衡铁予以平衡，以减小加工时的振动。

图 7-31　在花盘上安装工件
1—垫铁　2—花盘　3—螺栓　4—螺栓槽
5—工件　6—平衡铁

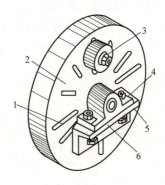
图 7-32　在花盘上用弯板安装工件
1—螺栓槽　2—花盘　3—平衡铁
4—工件　5—安装基面　6—弯板

第五节　车削的基本操作

一、车外圆和车台阶

外圆车削是车削加工中最基本的也是最常见的操作。外圆车削刀具一般有尖刀、弯头刀和偏刀三种，如图 7-33 所示。

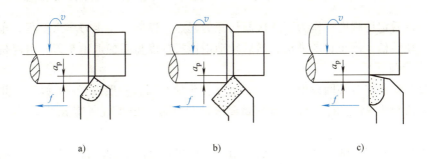
图 7-33　常见的外圆车削
a）尖刀车外圆　b）45°弯头刀车外圆　c）偏刀车外圆

尖刀中 75°偏刀（主偏角为 75°）用得较多，主要用于粗车和车削无台阶的外圆。弯头刀中 45°偏刀（主偏角为 45°）用得较多，主要用于车外圆、车端面和倒角。90°偏刀车外圆时径向力很小，所以可用来车细长轴，还可车直台阶的外圆。

1. 车外圆的步骤

车外圆应按以下步骤进行：

1）应正确安装工件和车刀。

2）选择合理的切削用量，根据所选的转速和进给量调整车床上手柄的位置。

3）对刀并调整切削深度。对刀方法为：开机使工件旋转，转动横向进给手柄，使车刀与工件表面轻微接触，即完成对刀。车刀以此位置为起点，计算应转的刻度格数，转动中拖板刻度盘手柄，进到切削深度。

4）试切。由于对刀的准确度和刻度盘的误差，按前面所进的切削深度不一定能车出准确的工件尺寸，一般要进行试切，并对切削深度进行调整，试切的方法和步骤如图 7-34 所示。

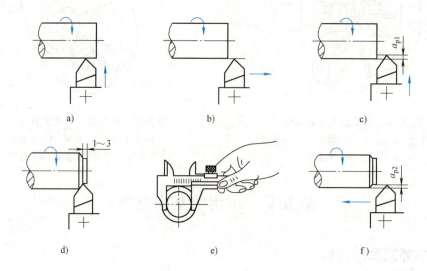

图 7-34　试切的方法和步骤

a）对刀，刀具与工件表面轻微接触即可　b）按图示方向退出车刀　c）刀具横向进到切削深度　d）自动进给车削 1~3mm　e）退出车刀，工件停转后测量尺寸　f）根据测量结果调整切深，再试切，尺寸合格后车全程

试切完以后记住刻度，作为下一次调切深的起点。纵向自动走刀车出全程，车到所需长度后，先扳动手柄，停止自动进给，然后转动中拖板刻度盘手柄退出车刀，再停机。

2. 车直台阶

直台阶一般紧接着外圆车出。为了方便直台阶的车削，一般选择90°偏刀，并在安装车刀时，把偏角装成95°左右。当外圆车到要求的尺寸后，由里往外车出直台阶，如图 7-35 所示。

车台阶时还要控制轴向尺寸，一般先用钢直尺粗定台阶位置，再开机使工件旋转，用刀尖在工件表面划一线痕，作为车削时的粗界线，如图 7-36 所示。由于这种方法所定位置有一定误差，线痕所确定的长度应比所需长度略短，最终的轴向尺寸可通过手动小拖板刻度盘手柄的微量进给进行控制。

3. 加工质量分析

车外圆和台阶的加工质量分析见表 7-4。

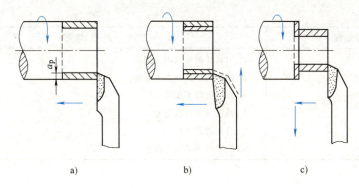

图 7-35　直台阶车法

a）车低台阶　b）车高台阶　c）车台阶端面

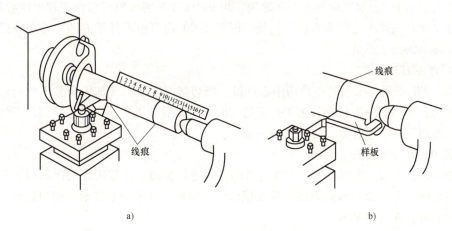

图 7-36　用钢直尺粗定台阶位置

a）用钢直尺定位　b）用样板定位

表 7-4　加工质量分析

常　见　问　题	产　生　原　因
工件有残留毛坯表面	1. 加工余量不够 2. 工件在卡盘上没有找正 3. 中心孔位置不正
尺寸精度不符合图样要求	1. 看错图样 2. 试切时粗心 3. 看错尺寸或看错刻度 4. 测量不正确 5. 冷却收缩
锥度超差	1. 主轴轴线与尾顶尖轴线不重合 2. 车床导轨与主轴轴线不平行 3. 工件刚性差，出现让刀
圆度及圆柱度超差	1. 主轴回转精度误差 2. 顶尖孔和顶尖的几何形状不规则 3. 中心孔内藏有异物 4. 回转顶尖精度超差

（续）

常见问题	产生原因
表面粗糙度超差	1. 刀具几何形状不正确 2. 切削用量选择得不合理 3. 刀具安装不正确 4. 回转顶尖精度变差 5. 刀具磨损变钝 6. 主轴轴承磨损及振动

二、车端面

常用弯头刀和90°偏刀两种方法车端面。用90°偏刀车端面当切削深度较大时容易断刀，所以车削端面时用弯头刀较为有利，但精车时可用90°偏刀由零件端面的中心向外进给，这样能提高端面的加工质量。

1. 用弯头刀车端面

如图7-37a所示，车削时由外向中心进给。当切削深度较大或加工余量不均匀时，一般用手动进给；当切削深度较小且加工余量均匀时，可用自动进给。自动进给到离工件中心较近时，应改用手动慢慢进给，以防车刀崩刃。

2. 用90°偏刀车端面

如图7-37b所示，常用从中心向外进给的方式进行车削，通常用于端面的精加工，或有孔端面的车削，车削出的端面表面粗糙度值较低。也可从外向中心进给，但用这种方法车削到靠近中心时，车刀容易崩刃。

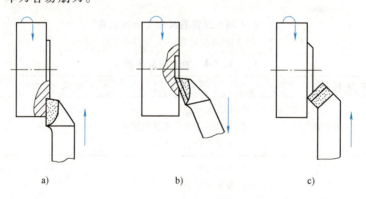

a)   b)   c)

图 7-37　车端面

a）弯头刀车端面　b）90°偏刀从中心向外进给　c）90°偏刀从外向中心进给

3. 车端面的注意事项

车端面时应注意以下几点：

1）车端面时，刀尖应准确对准工件中心，以免在端面留有凸台。

2）由于端面的直径从外圆到中心由大逐渐变小，切削速度也随之由高变低，所以车端面时不易获得较低的表面粗糙度值，因此车端面时车床的转速应比车外圆的转速选得高一些。

3）车较大的端面时，所车出的端面应略有内凹，用刀口形直尺对光测量，可观测到在端面中心处略有间隙。

4）车精度要求较高的大端面时，应将大拖板上的锁紧螺栓锁紧，并将中拖板的导轨间隙调小，以减小车刀的纵向窜动。还应检查车刀和方刀架是否锁紧，此时切削深度用小拖板刻度盘手柄调整，并用该手柄的进给来控制工件的轴向尺寸。

三、切断与切槽

1. 切断

φ50mm 以下的棒料常在车床上进行切断，直径大于 50mm 的材料不易在车床上进行切断。切断刀如图 7-38 所示。

切断刀的主切削刃宽度较窄，一般取 2~5mm，若宽度太大，在切削时容易造成振动；切断刀的刀头长度应略大于被切工件的半径。安装切断刀时，刀杆应垂直于工件轴线，两条副切削刃对称，刀尖应与工件轴线等高。

由于切断刀刀头窄而长，强度较低，而且加工时刀头伸进工件的内部，刀具散热条件较差，排屑困难，所以切断刀在工作时较容易折断。

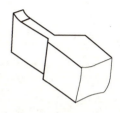

图 7-38　切断刀

切断操作时应注意以下几点：

1）切断时的主轴转速应比车外圆时低些，以减小切削时的振动。

2）切断时，工件一般用卡盘安装。在保证车刀不会撞到卡盘的前提下，工件的切断处应尽量靠近卡盘，以减小切削时的振动。

3）切断操作时，一般采用手动均匀而缓慢地进给，并随时注意观察，在工件即将被切断时要放慢进给速度。操作过程中要注意观察是否有异常，如有异常要迅速退刀。

4）不易切断的工件可采用借刀法，加大槽宽以便于散热、排屑，利于切断。

切断过程如图 7-39 所示。

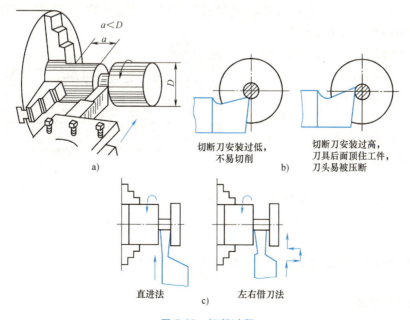

图 7-39　切断过程

a）在卡盘上切断　b）切断刀的刀尖必须与工件中心等高　c）切断方法

2. 切槽

切槽刀与切断刀基本相似，刀头比切断刀短些，所以刀具强度比切断刀大些。切 5mm 以下的窄槽时，可使主切削刃与槽等宽，通过横向手动进给一次切出。切宽槽时，可先用窄刀切去槽的大部分加工余量，再根据尺寸对槽的两侧和槽底进行精切，如图 7-40 所示。

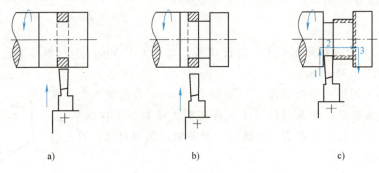

a)　　　　　　　　　b)　　　　　　　　　c)

图 7-40　切宽槽

a）第一次横向送进　b）第二次横向送进　c）最后一次横向送进后再以纵向送进精车槽底

四、钻孔与镗孔

1. 钻孔

在车床上进行孔加工时，若工件上无孔，需要先用钻头钻出孔来。车床钻孔的主运动仍为工件的旋转，进给运动是钻头的轴向移动。

常用的钻头有中心钻、麻花钻等。麻花钻又分为直柄和锥柄两种，直径小于 13mm 的钻头一般为直柄；直径大于 13mm 的钻头多为锥柄。钻孔时，钻头一般用钻夹头或锥套安装在尾座上，如图 7-41 所示，可夹中心钻和直柄钻头，并具有自动定心作用。钻夹头尾部的锥柄可插入尾座的套筒中。锥柄钻头可先在其锥柄上套上锥套，再插入尾座的套筒中。

（1）钻中心孔　用顶尖安装工件时中心孔可起到定位的作用，钻孔时中心孔起到定心引钻的作用。

钻中心孔的操作步骤如下：

1）安装工件和中心钻。工件用卡盘安装，工件伸出的长度应适当短些。中心钻用装在尾座套筒上的钻夹头夹紧。

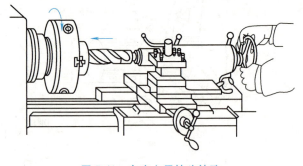

图 7-41　车床上用钻头钻孔

2）调整尾座位置。移动尾座，使中心钻靠近工件的端面，再扳紧床尾快速紧固手柄将尾座固定在车床导轨上。

3）松开床尾顶尖套紧固手柄，转动床尾顶尖套移动手柄使中心钻慢慢钻进。

4）由于中心孔是用锥部起定心、定位作用的，所以钻中心孔时深度应恰当，不宜钻得过深或过浅。

（2）钻孔与扩孔

钻孔操作步骤如下：

1）用卡盘安装好工件后，车出端面，端面不能有凸台。对于精度要求较高的孔，可先钻出中心孔来定心引钻。

2）装好钻头，推近尾座并扳紧床尾快速紧固手柄，转动床尾顶尖套移动手柄进行钻削。若无中心孔而直接钻孔时，钻头接触工件开始钻孔时用力要小，并要反复进退，直到钻出较完整的锥坑，且钻头抖动较小时，才能继续钻进，以免钻头引偏。钻较深的孔时，钻头要经常退出，以清除切屑。孔即将钻通时，要放慢进给速度，以防窜刀。钢料钻孔时一般要加切削液。

3）直径较大（φ30mm 以上）的孔，不能用大钻头直接钻削，可先钻出小孔，再用大钻头扩孔。扩孔的精度比钻孔高，可作为孔的半精加工，扩孔操作与钻孔操作相似。

2. 镗孔

镗孔是用镗刀进一步加工孔的方法，镗后孔的表面粗糙度值较低，精度较高。

镗刀分为通孔镗刀和不通孔镗刀两种，如图 7-42 所示。为了便于伸进工件的孔内，一般镗刀的刀杆细长，刀头较小，因此镗刀刚性较差。镗孔时，切削用量应选得小些，进给次数要多一些。

镗不通孔的操作步骤如下：

1）选用如图 7-42b 所示的不通孔镗刀。

2）安装镗刀。粗镗刀的刀尖高度应略高于工件的轴线，精镗刀的刀尖与工件的轴线等高。镗刀伸出的长度应比所要求加工的孔深略长，刀头处宽度应小于孔的半径。

3）粗镗。先通过多次进给，将孔底的锥形基本镗平，然后对刀、试镗、调整切削深度并记住刻度，再自动进给镗削出孔的圆柱面。每次镗到孔深时，镗刀先横向往孔的中心退出，再纵向退出孔外。应该特别注意镗孔时中拖板刻度盘手柄的切削深度调整方向与车外圆时相反。

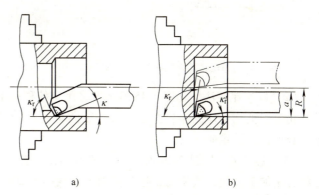

a)　　　　　　　　　b)

图 7-42　孔的镗削
a）通孔镗刀镗孔　b）不通孔镗刀镗孔

4）精镗。精镗时，切削深度与进给量应取得更小些。当孔径接近所要求的尺寸时，应以很小的切削深度或不加切削深度重复镗削几次，以消除因镗刀刚性差而引起的工件表面的锥度。当孔壁较薄时，精镗前应将工件放松，再轻轻夹紧，以免工件因夹得过紧而变形。

5）镗不通孔时，若镗刀的伸进长度超过了孔的深度，会造成镗刀的损坏，可在刀杆上划线标出记号对镗刀的伸进深度进行控制，自动进给快到划线位置时，改用手动进给。

6）镗通孔如图 7-42a 所示，比镗不通孔方便，镗刀选择通孔镗刀，刀尖高度可略高于工件轴线，操作方法与镗不通孔相似。

五、车圆锥面、车细长轴、车薄壁类零件

在机械加工中，除了采用圆柱体和圆柱孔作为配合表面外，还广泛采用圆锥体和圆锥孔作为配合表面，如车床的主轴锥孔、顶尖、钻头和铰刀的锥柄等。这是由于圆锥面配合紧密，拆卸方便，且多次拆卸仍能保持精确的定心作用。

1. 车圆锥面

圆锥各部分的名称、代号如图 7-43 所示，图中锥度为 $2\tan\alpha$，大端直径为 D，小端直径为 d，锥体长度为 L。车圆锥面的方法有：转动小拖板法，偏移尾座法和宽刀法等。

（1）转动小拖板法　如图 7-44 所示，松开转盘紧固螺母，使小拖板转动被切锥体的半锥角 α，然后把螺母固紧。摇动手柄，车刀即沿锥面进给，从而车出所需锥度。

用该方法车削锥度时需手动进给，所以表面粗糙度值较难控制。又由于所车削圆锥的长度受小拖板行程的限制，所以只能加工长度较短的圆锥面。

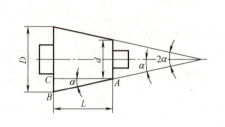

图 7-43　圆锥各部分的名称、代号

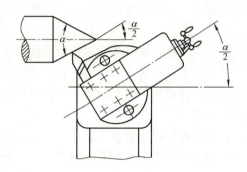

图 7-44　转动小拖板法

（2）偏移尾座法　如图 7-45 所示，将尾座偏移一个距离 s，使工件旋转轴线与主轴轴线的夹角等于被切锥体的半锥角 α，然后纵向自动进给即可车圆锥面。这种方法能车削锥度小、长度长的圆锥面。

（3）宽刀法　如图 7-46 所示，把宽刀调出所需的角度，直接横向进给，车出圆锥面。这种方法加工简便，效率高，但只能加工长度小于 20mm 的圆锥面，并要求工艺系统刚性较好，车床的转速应选择得较低，否则容易引起振动。也可先把外圆车成阶梯状，去除大部分余量，然后再用宽刀法加工，这样既省力又可减少振动。

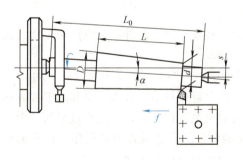

图 7-45　偏移尾座法

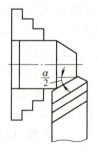

图 7-46　宽刀法

2. 车细长轴

一般在车细长轴时，用中心架来增加工件的刚性，当工件可以进行分段切削时，中心架支承在工件中间，如前面图 7-27 所示。在工件装上中心架之前，必须在毛坯中部车出一段支承中心架支承爪的沟槽，其表面粗糙度及圆柱度误差值要小，并在支承爪与工件接触处经常加润滑油。为了提高工件精度，车削前应将工件轴线调整到与车床主轴回转中心同轴。当车削支承中心架的沟槽比较困难时，或车削一些中段不需加工的细长轴时，可用过渡套筒，使支承爪与过渡套筒的外表面接触。过渡套筒的两端各装有四个螺钉，用这些螺钉夹住毛坯表面，并调整套筒外圆的轴线与主轴旋转轴线相重合。

不适宜调头车削的细长轴不能用中心架支承，而要用跟刀架支承进行车削，以增加工件的刚性。跟刀架固定在床鞍上，一般有两个支承爪，它可以跟随车刀移动，抵消径向切削力，提高车细长轴的形状精度并减小表面粗糙度值。图 7-47a 所示为两爪跟刀架，因为车刀给工件切削抗力 F_r'，使工件贴在跟刀架的两个支承爪上，但由于工件本身的向下重力以及偶然的弯曲，车削时会瞬时离开支承爪，接触支承爪时会产生振动。所以，比较理想的跟刀架为三爪跟刀架，如图 7-47b 所示。三爪跟刀架由三爪和车刀抵住工件，使之上下、左右都不能移动，车削时稳定，不易产生振动。

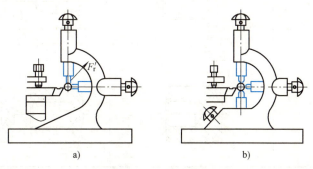

a)　　　　　　　　b)

图 7-47　跟刀架
a）两爪跟刀架　b）三爪跟刀架

3. 车薄壁类零件

薄壁类零件的车削见表 7-5。

表 7-5　车薄壁类零件

类别	图　例		说　明
	结构工艺性差	结构工艺性好	
刚度			薄壁套筒受夹紧力极易变形，如在一端加上凸缘可增加一定的刚度
尽量采用通用夹具安装	$\phi47H7$　$\phi72h7$　0.01 A		位置精度要求较高的零件最好在一次安装中全部加工完毕。右图增设一台阶后即可用自定心卡盘安装且能一次加工完毕
			电动机端盖 A 处弧面不易安装，增加三个凸台 B 便于用自定心卡盘安装。为防止夹紧时变形，增设三个加强肋 C

（续）

类别	图　例		说　明
	结构工艺性差	结构工艺性好	
便于加工	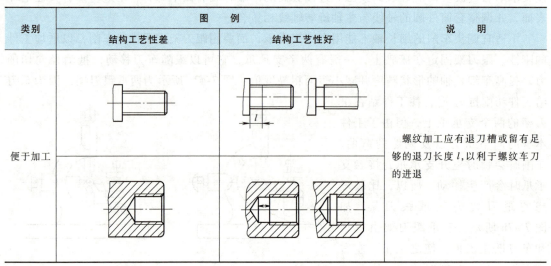		螺纹加工应有退刀槽或留有足够的退刀长度 l，以利于螺纹车刀的进退

六、车成形面

零件轴向剖面呈现曲线形特征的表面叫作成形面。车工中主要有三种加工成形面的方法。

1. 用样板刀车成形面

如图 7-48 所示，这种方法生产效率高，但刀具刃磨较困难，车削时容易振动，故只用于批量较大的生产中车削刚性好、长度较短且形状较简单的成形面。

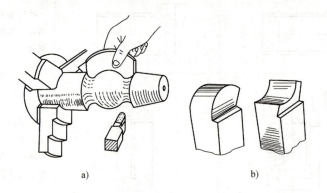

a)　　　　　　　　　　　　　　　　b)

图 7-48　用圆头刀车削成形面

a）车削成形面　b）车圆弧的样板刀

2. 用靠模车成形面

如图 7-49 所示，这种方法操作简单，生产率较高，但需制造专用靠模，故只用于大批量生产中车削长度较大、形状较为简单的成形面。

3. 用手控制法车成形面

如图 7-50 所示，这种操作技术灵活、方便，不需要其他辅助工具，但需要较高的技术水平，多用于单件、小批量生产。

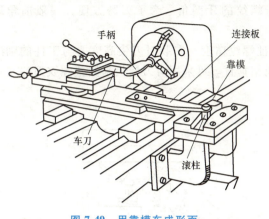

图 7-49　用靠模车成形面

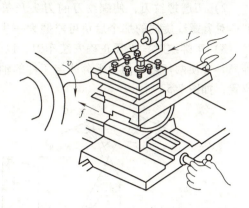

图 7-50　用双手控制纵、横向进给车成形面

七、车螺纹

将工件表面车削成螺纹的方法称为车螺纹。螺纹按牙型分为三角形螺纹、梯形螺纹和矩形螺纹等，如图 7-51 所示为几种常见螺纹。

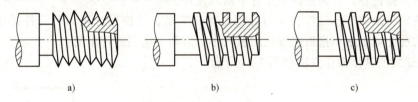

a)　　　　　　　　　　b)　　　　　　　　　　c)

图 7-51　常见螺纹

a）三角形螺纹　b）矩形螺纹　c）梯形螺纹

车螺纹时，要通过车削来保证螺纹的牙型角、螺距和螺纹中径，如图 7-52 所示。

在车削时，牙型角靠车刀来保证，螺距用车床的传动来保证，中径 d_2 由切削深度来控制。下面以车削外螺纹为例，来介绍螺纹的车削方法。

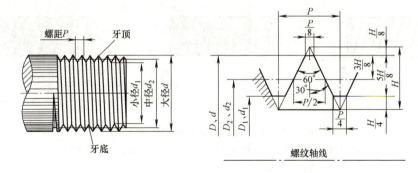

图 7-52　普通螺纹

D—内螺纹大径（公称直径）　d—外螺纹大径（公称直径）　D_2—内螺纹中径

d_2—外螺纹中径　D_1—内螺纹小径　d_1—外螺纹小径　P—螺距　H—原始三角形高度

1. 车削步骤

车削螺纹包括以下步骤：

1）车出外圆，外圆尺寸控制在螺纹大径尺寸的下极限偏差。

2）刃磨螺纹刀，使螺纹刀的刀尖角等于螺纹的牙型角。为了刃磨方便，一般前角取0°；对着螺纹旋向的那个后角可略磨大一些。

3）车螺纹时，必须正确安装车刀，以保证螺纹精度。安装时刀尖高度要与工件的轴线等高，并使两切削刃的角平分线与工件的轴线相垂直。可采用对刀样板来调整螺纹刀的安装位置，如图7-53所示。

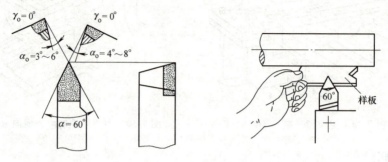

图7-53　螺纹车刀的几何角度与用样板对刀

4）调整车床和配换交换齿轮。在进给箱上表面的铭牌表中查到所需的螺距，根据表中的要求配换交换齿轮，并调整好车床各手柄的位置。

应该特别指出，车螺纹时，车刀必须由丝杠带动，才能保证车刀与工件的正确运动关系。车螺纹前还应把中小拖板的导轨间隙调小，以利于顺利进行车削。

5）车螺纹的具体操作方法如图7-54所示。

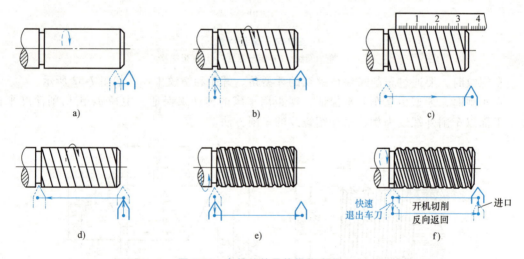

图7-54　车螺纹的具体操作方法

a）开机，使车刀与工件轻微接触，记下刻度盘读数，向右移出车刀

b）合上对开螺母，在工件表面车出一条螺旋线。横向退出车刀，停机

c）反向使车刀退到工件右端，停机，用钢直尺检查螺距是否正确

d）利用刻度盘调整深度，开机切削，车钢料时加机油润滑

e）车刀将至行程终了时，应做好退刀停机准备。先快速退出车刀，然后停机，反向退回刀架

f）再次横向切深，继续切削。

2. 操作中的注意事项

1）车螺纹时，车刀移动速度很快，操作时注意力要非常集中。车削时应两手不离手

柄，特别是车削到行程终了时，退刀停机动作一定要迅速，否则易撞刀。操作时，左手操作正反转手柄，右手操作中拖板刻度手柄；停机退刀时，右手先快速退刀，紧接着左手迅速停机，两个动作几乎同时完成。

2）在车螺纹过程中，开合螺母合上后不可随意打开，否则每次切削时，车刀难以切回已切出的螺纹槽内，会出现乱扣现象。换刀时，可转动小拖板的刻度盘手柄，把车刀对回已切出的螺纹槽内，以防乱扣。

3）切削深度的控制。螺纹的总切削深度由螺纹高度决定，可根据中拖板上的刻度车到接近螺纹的总切削深度，再用螺纹量规检验，或用螺纹千分尺测量螺纹的中径，再进一步车削到要求尺寸。

4）进刀方法。车削螺纹时，一般有如图7-55所示的三种方法。

① 直进法。用中拖板上的手柄直接横向进给，采用这种方法时，车刀的左右两个切削刃同时参与切削，允许的切削深度很小，适用于精车。

② 单面斜进法。在横向进给的同时，用小拖板在纵向做微量进给，这时车刀仅有一个切削刃参与切削，排屑容易，切削省力，因此切削深度可大些，适用于粗车。

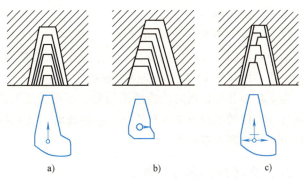

图7-55　车削螺纹进给法

a）直进法　b）单面斜进法　c）左右交替进给法

③ 左右交替进给法。在横向进给的同时，用小拖板在纵向向左或向右轮番微量进给，其加工特点与单面斜进法相似，常用于深度较大的螺纹的粗车。

八、滚花

在有些工具和机器零件表面的手握部分，为了增加摩擦力和美观，常用滚花的方法在工件表面滚出不同的花纹。滚花是用滚花刀挤压工件，使其表面产生塑性变形而形成花纹。如图7-56所示。

滚花刀有单轮、双轮和六轮三种，如图7-57所示。单轮滚花刀一般是直纹的；双轮滚

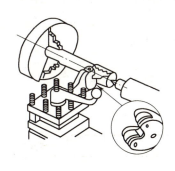

图7-56　滚花

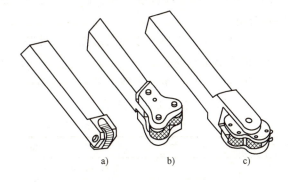

图7-57　滚花刀

a）单轮直纹滚花刀　b）双轮网纹滚花刀　c）六轮网纹滚花刀

花刀是斜纹的，两个滚轮一个左旋、一个右旋，相互配合，滚出网纹；六轮滚花刀可滚出三种不同粗细的网纹。

滚花操作步骤如下：

（1）安装工件　由于滚花时压力很大，工件一般采用一夹一顶的安装方法，以保证工件刚性，且工件要夹得特别紧。

（2）车出外圆　由于滚花挤压变形后工件的直径会增大，根据花纹的粗细，外圆可车细 0.15~0.80mm。

（3）选择切削用量　选用较慢的转速、中等进给量。

（4）装滚花刀　使单轮直纹滚花刀的滚轮轴线或双轮、六轮网纹滚花刀的滚轮架转动中心与工件轴线等高。

（5）滚花　开机，先横向进给，使滚花刀与工件接触，这时滚花刀的挤压力要大。操作时动作要适当快些、用力要大，直到表面花纹较清晰后再纵向自动进给。根据纹路的深浅，一般来回滚压 2~3 次，即可滚好花纹。

为了减小开始挤压时所需的正压力，还可采用先将滚花刀的一半与工件表面接触，或将滚花刀与工件轴线偏斜 2°~3°的方法。滚花时，应加机油充分冷却润滑，以防止滚花刀的损坏及因切屑堵塞而造成乱纹。

九、典型综合零件的加工

在实践教学中，对一些车床生产中常用的零件进行加工，如图 7-58 所示。

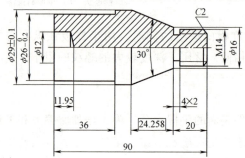

图 7-58　锥度轴

图 7-58 所示的零件包括外圆、台阶、切槽、螺纹、钻孔和倒角，在加工前学生必须进行零件分析。

1）先加工零件左侧，步骤为端面——外圆——倒角——钻孔。

2）调头装夹车总长。

3）再加工零件右侧，步骤为外圆——倒角——切槽——圆锥——螺纹。

此类零件的一般加工步骤见表 7-6。

表 7-6　锥度轴加工步骤

加工顺序	车　　刀	加 工 内 容	安装方法
1		下料 ϕ93mm×35mm	
2	用 45°车刀车端面	夹 ϕ35mm 外圆，长 40mm 每次切削深度 1mm 左右，车端面见平	自定心卡盘

（续）

加工顺序	车　　刀	加工内容	安装方法
3	用90°车刀车外圆	粗车 $\phi26.3mm\sim\phi26.5mm$ 外圆，长度 36mm 精车 $\phi26_{-0.2}^{\ 0}mm$，倒外角 C1	自定心卡盘
4	$\phi3$ 钻头，$\phi12$ 钻头	用 $\phi3mm$ 钻头钻中心孔 用 $\phi12mm$ 钻头钻孔，长度 11.95mm	自定心卡盘、顶尖卡箍、锥度心轴
5	45°车刀	夹 $\phi26mm$ 外圆，长 26mm 精车小端面，保证总长 90mm	自定心卡盘
6	90°车刀	粗车外圆 $\phi29.3mm\sim\phi29.5mm$ 粗车 $\phi16mm$ 螺纹外圆，长度 20mm 精车 $\phi29_{-0.1}^{+0.1}mm$，倒外角 C2	自定心卡盘
7	4mm 切槽刀	用切刀切槽 4mm×2mm	自定心卡盘
8	90°车刀	将小拖板扳至15°，用90°车刀车圆锥面	自定心卡盘
9	60°螺纹刀	车削螺纹，总长 17mm	自定心卡盘

十、车工实训安全技术规则

1）严格遵守劳动纪律，不迟到、不早退，按时完成作业。

2）实训期间，不擅自离开指定岗位，不随意走动，更不能打闹玩耍。

3）实训前必须穿好工作服及其他防护装备，并扣好衣扣、领扣、袖口。不允许穿短裤、背心、裙子、凉鞋、拖鞋、高跟鞋上班。不得戴手套操作。

4）要爱护机器设备及工具、量具等，机床导轨上不要乱放工具、刀具、量具等物件。

5）开车前必须检查下列事项：①工作前按规定润滑机床，检查各手柄是否到位，并开慢车试运转 5min，确认一切正常才能操作；②各转动部分是否正常，润滑情况是否良好；③防护装置是否盖好；④机床上及其周围是否堆放有碍安全的物件；⑤工件装夹是否牢固；⑥卡盘扳手在夹紧工件后是否已取下。

6）未了解机床性能和未得到指导教师许可前，不准擅自开车。

7）开车后应注意下列事项：①工作时注意力要集中，卡盘夹头要上牢，开机时扳手不能留在卡盘上，特别要当心拖板运行的极限位置；②严禁用手接触工作中的刀具、工件等，也不要将身体靠在机床上；③工件和刀具装夹要牢固，转动小拖板要停车，防止刀具碰撞卡盘、工件或划破手。如遇到刀具磨损、破裂等情况时应立即停车，并向指导教师报告；④切断时，不要用手抓住将要断离的工件；⑤工件运转时，操作者不能正对工件站立，身不靠车床、脚不踏油盘。切削中不准用棉纱擦工件或刀具；⑥变速时必须先停车，后调整；⑦切削中途要停车时，不准用倒车来代替刹车，也不准用手掌压住卡盘去刹车；⑧切削时，头不要靠工件及刀具太近，人站立位置应偏离切屑飞出的方向，以免受伤；⑨禁止在机床运行中测量工件尺寸等；⑩应该用铁钩或刷子清除切屑，不能用手去拉；⑪操作中不得擅自离开工作岗位，若因故离开，应随手切断电源。

8）如遇到电动机发热、发生噪声等不正常现象时，应立即向指导教师报告。

9）工作完毕后要清理机床，收拾好工量具。擦车床时，先用刷子从上到下刷去切屑，再用棉纱揩净油污，并按规定加润滑油，然后切断电源。

10）把用毕的工量具揩净，按保养规定放置好。

复习思考题

1. 在车床上可进行哪些加工？

2. 切削用量三要素是什么？切削用量三要素的选择原则是什么？

3. 什么是"粗精分开"原则？为什么要"粗精分开"？

4. 常用的车刀材料有哪些？如何应用？

5. 车刀的刀头由哪几部分组成？

6. 说出车刀几何角度的名称，如何正确选用车刀的主要几何角度？

7. 如何刃磨车刀？

8. 如何安装车刀？安装时对车刀的刀尖高度有何要求？

9. 自定心卡盘与单动卡盘有何不同？使用上各有什么特点？常用哪种卡盘？

10. 固定顶尖与回转顶尖在使用上各有什么优缺点？

11. 工件安装有哪些方法？各适用于哪些场合？

12. 车外圆时如何选用不同形状的车刀？

13. 为什么车削时要试切？如何试切？

14. 如何车削端面？用弯头刀与偏刀车端面有何不同？

15. 切断刀有何特点？如何进行切断操作？

16. 在车床上如何钻孔和扩孔？钻孔和扩孔在应用上有什么不同？

17. 镗孔刀有何特点？镗孔如何操作？

18. 车圆锥面有哪些方法？每种方法有什么不同？

19. 车削螺纹时如何操作？进给方法有哪些？如何防止乱扣？

20. 工件滚花如何操作？

21. 结合创新设计与制造活动，自己设计一件符合车床加工的产品，要求产品有一定的创意、一定的使用价值及一定的欣赏价值。

第八章 铣削加工

中国航天科技集团的大国工匠们从事固体燃料发动机推进剂药面的微整形工作，主要给发动机药面进行微整形，按工艺要求用特制刀具对已经浇注固化好的推进剂药面进行精细修整，以满足火箭和导弹飞行的各种复杂要求，通过"整形一把刀"，大国工匠们使固体推进剂药面整形精度允许在最大误差内，堪称完美。

铣床是用铣刀对工件进行铣削加工的机床。在铣床上可以加工平面、沟槽、分齿零件及各种曲面，此外还可加工回转体表面、内孔及进行切断工作等。铣床在工作时，工件装在工作台上或分度头等附件上，铣刀旋转为主运动，辅以工作台或铣头的进给运动，工件即可获得所需的加工表面。由于是多刀断续切削，因而铣床的生产率较高。铣床除能铣削平面、沟槽、齿轮、螺纹和花键轴外，还能加工比较复杂的形面，效率较刨床高，在机械制造和修理部门得到广泛应用。

铣床的结构种类如下：

（1）**台式铣床**　用于铣削仪器、仪表等小型零件的小型铣床，如图 8-1a 所示。

（2）**悬臂式铣床**　铣头装在悬臂上的铣床，床身水平布置，悬臂通常可沿床身一侧立柱导轨做铅垂移动，铣头沿悬臂导轨移动，如图 8-1b 所示。

（3）**滑枕式铣床**　主轴装在滑枕上的铣床，床身水平布置，滑枕可沿滑鞍导轨做横向移动，滑鞍可沿立柱导轨做铅垂移动，如图 8-1c 所示。

（4）**龙门式铣床**　床身水平布置，其两侧的立柱和连接横梁构成门架的铣床。铣头装在横梁和立柱上，可沿其导轨移动。通常横梁可沿立柱导轨做铅垂移动，工作台可沿床身导轨纵向移动，用于大型工件加工，如图 8-1d 所示。

（5）**平面铣床**　用于铣削平面和成形面的铣床，床身水平布置，通常工作台沿床身导轨纵向移动，主轴可轴向移动。它结构简单，生产效率高，如图 8-1e 所示。

（6）**仿形铣床**　对工件进行仿形加工的铣床，一般用于加工复杂形状工件，如图 8-1f 所示。

（7）**升降台铣床**　具有可沿床身导轨垂直移动的升降台的铣床，通常安装在升降台上的工作台和滑鞍可分别做纵向、横向移动，如图 8-1g 所示。

（8）**摇臂铣床**　摇臂装在床身顶部，铣头装在摇臂一端，摇臂可在水平面内回转和移动，铣头能在摇臂的端面上回转一定的角度，如图 8-1h 所示。

（9）**床身式铣床**　工作台不能升降，可沿床身导轨做纵向移动，铣头或立柱可做垂直移动的铣床，如图 8-1i 所示。

　　（10）专用铣床　例如工具铣床，是用于铣削工具模具的铣床，加工精度高，加工形状复杂，如图 8-1j 所示。

a)

b)

c)

d)

e)

f)

图 8-1　各种铣床

a）台式铣床　b）悬臂式铣床　c）滑枕式铣床　d）龙门式铣床　e）平面铣床　f）仿形铣床

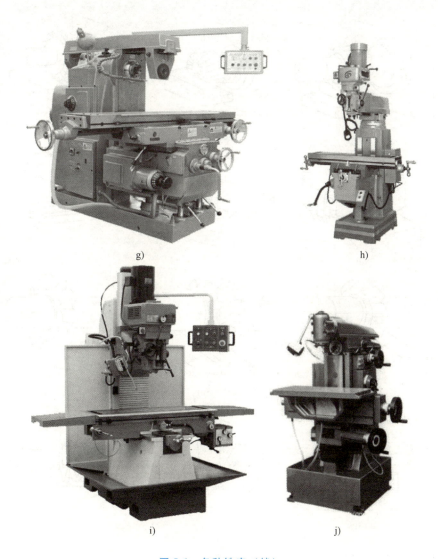

图 8-1 各种铣床（续）

g）升降台铣床　h）摇臂铣床　i）床身式铣床　j）工具铣床

第一节　铣削基础知识

铣削是在铣床上用铣刀加工工件的过程，其生产率较高，是金属切削加工中常用的方法之一。由于可以采用不同类型和形状的铣刀，并配以铣床附件分度头，加上回转工作台等的应用，铣削的加工范围很广，如图 8-2 所示。

铣削加工的精度一般可达 IT7～IT9，表面粗糙度 Ra 值一般为 1.6～6.3μm。

一、万能卧式铣床的主要组成部分

卧式铣床的特点是主轴水平放置，而万能卧式铣床的工作台可沿纵、横和垂直三个方向移动，并可在水平面内回转一定的角度，以适应不同铣削加工的需要。

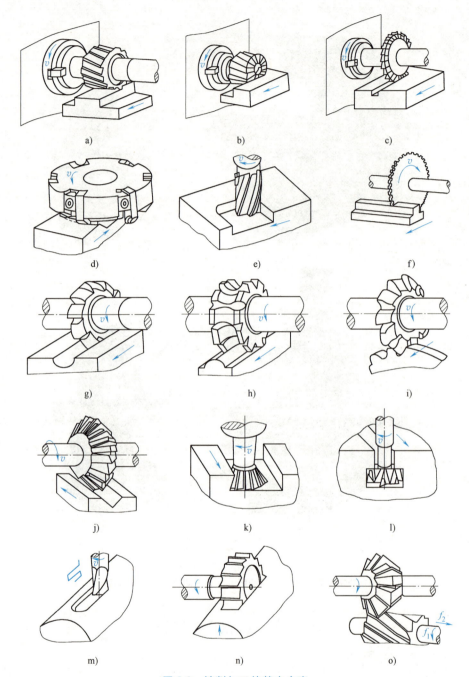

图 8-2　铣削加工的基本内容

a）铣平面　b）铣台阶　c）铣直角槽　d）铣平面　e）铣凹平面　f）切断　g）铣凹圆弧面
h）铣凸圆弧面　i）铣直齿圆柱齿轮　j）铣 V 形槽　k）铣燕尾槽　l）铣 T 形槽
m）铣键槽　n）铣半圆键槽　o）铣螺旋槽

现以常用的 XW6132 型万能卧式铣床为例，介绍其主要组成部分的名称和作用。图 8-3 所示为 XW6132 型万能卧式铣床的外形图。

（1）床身　床身是铣床的主体，起支承和连接铣床各部件的作用。床身顶面上有水平导轨，供横梁移动；前壁有燕尾形的垂直导轨，供升降台上下移动。

（2）横梁　横梁可以沿着床身顶部导轨移动，其外端装有吊架，用来支承铣刀刀杆，以增加刀杆的刚性。

（3）主轴　主轴可做成空心，前端有锥孔，以便安装刀杆锥柄并带动其旋转。

（4）转台　转台的上面有水平导轨，供工作台纵向进给；下面用螺钉与横向工作台相连接，可随其移动，松开螺钉，可以使转台带动工作台在水平面内回转±45°。

（5）纵向工作台　纵向工作台在转台的上面，用来安装夹具和工件，并带动其做纵向移动。

（6）横向工作台　横向工作台在转台和升降台之间，可以带动纵向工作台沿升降台的水平导轨做横向移动。

（7）升降台　升降台位于横向工作台的下面，安装在床身前侧垂直导轨上，并能沿导轨移动。

（8）底座　底座用来支承和固定床身和升降台，起到稳固的作用。

（9）万能铣头　万能铣头是卧式铣床的重要附件，如图8-4所示。将横梁后移，它能直接安装在铣床的垂直导轨上。铣头壳体、主轴壳体可以转动，由铣床主轴带动万能铣头主轴，使卧式铣床具备立式铣床的功能，从而进一步扩大了卧式铣床的加工范围。

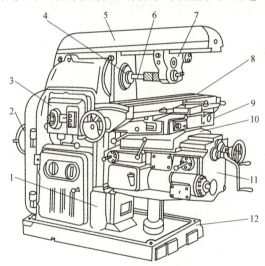

图 8-3　XW6132 型万能卧式铣床外形图
1—床身　2—电动机　3—变速机构　4—主轴　5—横梁
6—刀杆　7—刀杆吊架　8—纵向工作台　9—转台
10—横向工作台　11—升降台　12—底座

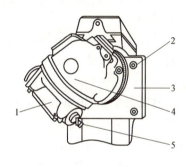

图 8-4　万能铣头
1—主轴壳体　2—螺钉　3—底
座　4—壳体　5—铣刀

二、铣削运动和铣削用量

1. 铣削运动

铣刀与工件之间的相对运动是铣削的切削运动。其中铣刀的旋转是主运动，工件的移动或转动是进给运动，如图8-5所示。

2. 铣削用量

（1）铣削速度　铣削速度一般是指铣刀最大直径处的线速度 v_c（m/min），它与铣刀转速 n（r/min）和铣刀直径 D（mm）的关系为

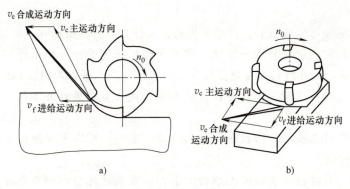

图 8-5 铣削运动

a）圆柱铣刀铣削 b）端铣刀铣削

$$v_c = \frac{\pi D n}{1000} \tag{8-1}$$

（2）**进给量** 进给量是铣刀与工件之间沿进给运动方向的相对移动量。

1）**每分钟进给量** v_f 是在每分钟内，工件相对于铣刀沿进给方向的位移（mm/min）。v_f 是一般铣床铭牌上标志的进给量。

2）**每齿进给量** f_z 是铣刀每转过一个齿时，工件相对于铣刀沿进给方向的位移（mm/z，z 为铣刀齿数）。

3）**每转进给量** f 是铣刀每转一转，工件相对铣刀沿进给方向的位移（mm/r）。

它们三者的关系是

$$v_f = f n z \tag{8-2}$$

（3）**背吃刀量** a_p **和侧吃刀量** a_e 铣刀是多齿旋转刀具，在切入工件时有两个方向的吃刀量，即背吃刀量 a_p 和侧吃刀量 a_e，如图 8-6 所示。

1）**背吃刀量** a_p 为平行于铣刀轴线方向测量的切削层尺寸，即铣削深度。

2）**侧吃刀量** a_e 为垂直于铣刀轴线方向的切削层尺寸，即铣削宽度。

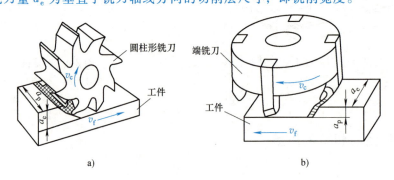

图 8-6 周铣和端铣

a）周铣 b）端铣

铣削用量的选用原则是：在保证铣削加工质量和工艺系统刚性的条件下，先选较大的吃刀量（a_e 或 a_p），再选取较大的每齿进给量 f_z，根据铣床功率，并在刀具寿命允许的情况下选取铣削速度 v_c。当工件的加工精度要求较高或要求表面粗糙度 Ra 值小于 6.3μm 时，应分粗、精铣两道工序进行铣削加工。

三、铣刀种类

铣刀用于在铣床上加工平面、台阶、沟槽、成形表面和切断工件等。

铣刀按用途区分有以下几种常用的形式：

（1）圆柱形铣刀　圆柱形铣刀用于卧式铣床上加工平面，其刀齿分布在铣刀的圆周上。按齿形分为直齿和螺旋齿两种；按齿数分为粗齿和细齿两种。螺旋齿粗齿铣刀齿数少，刀齿强度高，容屑空间大，适用于粗加工；细齿铣刀适用于精加工。

（2）面铣刀　面铣刀用于立式铣床、端面铣床或龙门铣床上加工平面，其端面和圆周上均有刀齿，也有粗齿和细齿之分，其结构有整体式、镶齿式和可转位式三种。

（3）立铣刀　立铣刀用于加工沟槽和台阶面等，刀齿在圆周和端面上，工作时不能沿轴向进给。当立铣刀上有通过中心的端齿时，可轴向进给。

（4）三面刃铣刀　三面刃铣刀用于加工各种沟槽和台阶面，其两侧面和圆周上均有刀齿。

（5）角度铣刀　角度铣刀用于铣削成一定角度的沟槽，有单角和双角铣刀两种。

（6）锯片铣刀　锯片铣刀用于加工深槽和切断工件，其圆周上有较多的刀齿。为了减小铣切时的摩擦，刀齿两侧有 $15' \sim 1°$ 的副偏角。

此外，还有键槽铣刀、燕尾槽铣刀、T 形槽铣刀和各种成形铣刀等。

铣刀的结构分为以下四种：

（1）整体式　这种结构的刀体和刀齿制成一体。

（2）整体焊齿式　这种结构的刀齿用硬质合金或其他耐磨刀具材料制成，并钎焊在刀体上。

（3）镶齿式　这种结构的刀齿用机械夹固的方法紧固在刀体上。这种可换的刀齿可以是整体刀具材料的刀头，也可以是焊接刀具材料的刀头。刀头装在刀体上刃磨的铣刀称为体内刃磨式；刀头在夹具上单独刃磨的称为体外刃磨式。

（4）可转位式　这种结构已广泛用于面铣刀、立铣刀和三面刃铣刀等。

图 8-7 所示为各类常用铣刀。

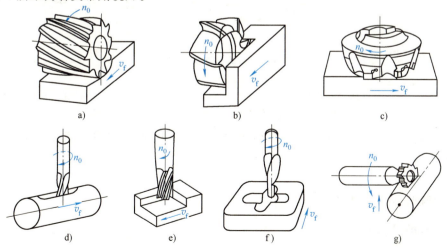

a)　　　　　　　　b)　　　　　　　　c)

d)　　　　　e)　　　　　f)　　　　　g)

图 8-7　常用铣刀

a）圆柱形铣刀　b）端铣刀　c）硬质合金端铣刀　d）键槽铣刀　e）立铣刀　f）模具铣刀　g）半圆键槽铣刀

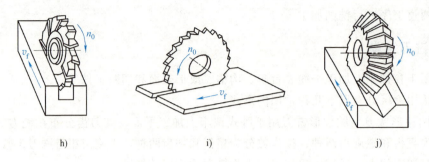

图 8-7　常用铣刀（续）

h）三面刃铣刀　i）锯片铣刀　j）角度铣刀

第二节　分　度　头

　　分度头是铣床的又一重要附件，主要用于加工需要分度的工件，如铣削齿轮、花键和离合器等。

　　常用的分度头有万能分度头，它由主轴、回转体、分度盘、基座及传动系统等组成，如图 8-8 所示。

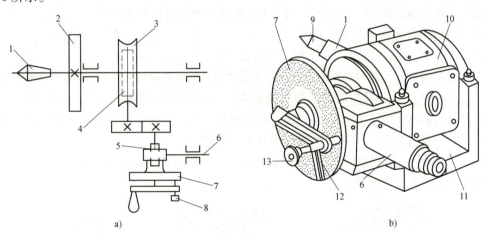

图 8-8　万能分度头的构造

a）传动图　b）外形图

1—主轴　2—刻度盘　3—蜗轮　4—蜗杆　5—螺旋齿轮　6—交换齿轮轴　7—分度盘　8—定位销

9—顶尖　10—回转体　11—基座　12—扇形叉　13—手柄

　　分度头的基座上装有回转体，回转体内装有主轴。主轴是空心的，两端有锥孔，其前端可安装自定心卡盘，也可在锥孔内安装顶尖，用以夹持工件。主轴可在回转体基座的环形槽内转动（-10°~110°）；万能分度头可在水平、垂直和倾斜位置工作。分度工作是经过传动系统来实现的，如图 8-8a 所示。

一、简单分度法

　　简单分度法是常用的一种分度方法。当手柄转一圈时，由传动比为 1∶1 的直齿轮传动，带动单头蜗杆也转一圈，蜗轮齿数为 40，此时蜗轮带动主轴转过 1/40 圈。若 z 为工件在整

个圆周上的分度数目，则每分一个等份要求主轴转 $1/z$ 圈，这时手柄所需转的圈数 n 为

$$n \times \frac{1}{1} \times \frac{1}{40} = \frac{1}{z} \tag{8-3}$$

即 $n=40/z$。

以铣削六角螺母的六个面为例，每铣完一个面工件应转过 $1/6$ 圈，手柄需转圈数 n 为

$$n = \frac{40}{6} = 6\frac{2}{3} \tag{8-4}$$

即手柄要在转过 6 圈后再转 $\frac{2}{3}$ 圈，分数部分的圈数由分度盘来控制。

国产分度头一般备有两块分度盘，其两面各有数圈等分孔圈，每圈孔距相等，各圈的孔数不同。第一块分度盘正面各圈孔数依次为：24、25、28、30、34、37；反面各圈孔数依次为：38、39、41、42、43。

将手柄的定位销插在孔数为 3 的倍数的孔圈上，如 30 的孔圈上，此时手柄转过 6 整圈后再转过 $2/3 = 20/30$，为 20 个孔距，工件便完成所需的"转角"。为了避免每次分度均需数孔数的烦琐，确保分度可靠准确，可调整分度盘前装有的扇股，使扇股夹角正好跨越 20 个孔，依次进行分度可更加方便准确。

二、差动分度法

若遇到 61 以上的较大质数，如 61、67、83、127、131 等，40 与这些数之比无法约分，分度盘上也没有这些孔圈，这时无法用简单分度法，可采用差动分度法。下面仍以 61 为例简单介绍。

简单分度法的分度盘固定不动，差动分度法先要设定与 61 相近的又能进行简单分度的数 z'，如 64，则

$$n' = \frac{40}{z'}$$

式中　n'——分度手柄的实际转动数，$n' = \frac{40}{z'} = \frac{40}{64}$。

如 n 为分度手柄的规定转动数，则 $n = \frac{40}{z} = \frac{40}{61}$。

于是，有 $\Delta n = n - n' = \frac{40}{z} - \frac{40}{z'}$，如图 8-9a 所示。

分度头的传动系统如图 8-9b 所示。

$$\Delta n = n - n' = \frac{40(z' - z)}{zz'} = \frac{40(64 - 61)}{64 \times 61} \tag{8-5}$$

若 $z' > z$，$\Delta n > 0$，说明分度盘的转向与手柄转向相同；若 $z' < z$，$\Delta n < 0$，说明分度盘的转向与手柄转向相反。

主轴带动心轴上的主动齿轮 z_1，通过齿轮 z_2、z_3 到被动齿轮 z_4，经交换齿轮轴、螺旋齿轮，最后带动分度盘转动，如图 8-9c 所示。这里假设螺旋齿轮的传动比为 1：1，要使分度盘的转动数为被动齿轮 z_4 的转动数，主轴每次的转动数为 $\frac{1}{61}$ 转（即 z_1 转动数）。

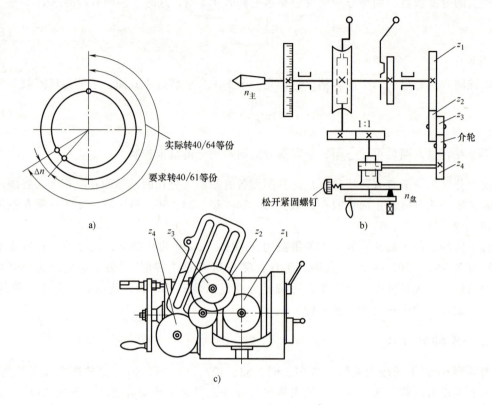

图 8-9 差动分度法

a）差动分度原理示意图 b）差动分度时分度头的传动系统 c）差动分度时交换齿轮的安装

z_1、z_2 的传动比 i 为

$$i = \frac{z_1}{z_2}\frac{z_3}{z_4} = \frac{40(64-61)}{64 \times 61} \times \frac{61}{1} = \frac{40(64-61)}{64}$$

$$= \frac{120}{64} = \frac{15}{8} = \frac{3}{2} \times \frac{5}{4} = \frac{90}{60} \times \frac{50}{40} \tag{8-6}$$

常见交换齿轮的组套齿数有 20、25、30、35、40、50、55、60、70、80、90、100 这 12 个齿轮，从中选取组成交换齿轮传动系统。

第三节 铣削操作实训

一、铣平面

铣平面是铣削加工中最主要的工序之一，在卧式铣床或立式铣床上都能铣平面。

1. 在卧式铣床上铣平面

在卧式铣床上用圆柱形铣刀铣平面，称为周铣（图 8-6a）。周铣由于操作简便，经常在生产中采用，铣削步骤如下：

（1）安装铣刀 常用的铣平面铣刀是螺旋齿铣刀，用螺旋齿铣刀铣削时，刀齿沿螺旋方向逐渐切入，切削平稳，故应用较多。安装铣刀的具体步骤如图 8-10 所示。

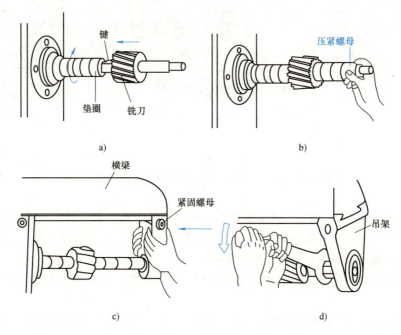

图 8-10 安装铣刀具体步骤

1）先在刀杆上套适量垫圈，以控制铣刀的位置，再装上键后套上铣刀。安装铣刀时应注意主轴的旋转方向（图 8-10a）。

2）在铣刀外侧的刀杆上再套几个垫圈后拧上左旋螺母压紧（图 8-10b）。

3）装上吊架，拧紧吊架紧固螺母（图 8-10c）。

4）初步拧紧螺母，开车后观察铣刀是否装正，待装正后再用力拧紧螺母（图 8-10d）。

（2）安装工件 铣平面时，根据工件的形状及大小的不同，可采用不同的安装方法。常用方法有下列几种：

1）将工件用压板直接安装在工作台上，如图 8-11a 所示。压板常用于安装尺寸较大或形状特殊的工件。为了保证压紧可靠，压板位置要安排适当，垫铁的高度要与工件相适应。

2）将工件安装在平口台虎钳上，如图 8-11b 所示。这种台虎钳底座上有一个刻度盘，能把台虎钳转成任意角度。安放台虎钳时，应先把台虎钳底面和工作台面擦拭干净，其安装位置可使台虎钳口平行于刀杆轴线，也可使台虎钳口垂直于刀杆轴线。这种安装方法适用于小型工件和形状规则工件的装夹。

3）将工件安装在角铁上，如图 8-11c 所示。角铁可以做成任何角度（图中为 90°），常用于把一个零件的两个加工面铣成互相垂直或成一定夹角的装夹方法上。

用上述几种方法装夹工件时，应检查安装位置是否正确，夹紧是否可靠。

（3）调整机床主轴转速和工作台进给量，然后调整铣削深度，铣削深度的调整方法是：开车使铣刀旋转，缓慢升高工作台使工件和铣刀稍微接触即停车。将垂直丝杠的刻度盘对准零线，接着纵向退出工件，然后利用刻度盘将工作台升高到所需铣削深度的位置，最后紧固升降台和横向溜板。

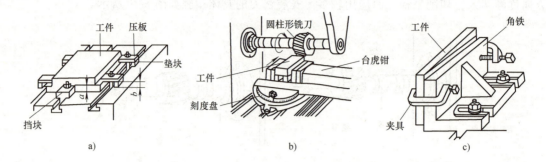

图 8-11　安装工件

a）用压板安装工件　b）用平口台虎钳安装工件　c）用角铁安装工件

（4）铣削平面操作　用卧式铣床铣削时多采用逆铣方式，具体操作步骤如下：

1）先用手动使工作台纵向送进，当工件被稍微切入后，改为自动送进。

2）铣完一遍后，停车，下降工作台。

3）退回工作台，测量工件尺寸，并观察加工表面质量，然后重复铣削直至工件达到图样要求。

在铣削过程中，应避免中途停车或停止进给运动，否则会因为切削力的突然变化而影响工件的表面质量。

周铣的铣削方式分为逆铣和顺铣两种，如图 8-12 和图 8-13 所示。

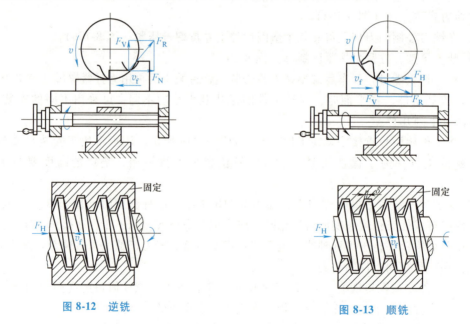

图 8-12　逆铣　　　　　　　　　　**图 8-13　顺铣**

铣削时铣刀的旋转方向与工件的进给方向相反，称为逆铣；铣削时铣刀的旋转方向和工件的进给方向相同，称为顺铣。

2. 在立式铣床上铣平面

在立式铣床上采用面铣刀铣平面，称为端铣（图 8-6b）。

面铣刀安装步骤如下：

（1）带孔面铣刀安装　刀杆的锥柄端安装在主轴上，另一端套穿铣刀并用螺钉拧紧，如图 8-14a 所示。

（2）带柄面铣刀安装

1）直柄面铣刀的直径在 20mm 以下时，用弹簧夹头安装，如图 8-14b 所示。弹簧夹头直接或借用中间锥套装入主轴孔内，用拉杆紧固。

2）锥柄面铣刀的安装。当铣刀柄部锥度与主轴锥孔的锥度相同时，直接将铣刀装入主轴锥孔内，如图 8-15 所示。当铣刀柄部锥度与主轴锥孔的锥度不同时，要借用适当的中间套筒安装到主轴锥孔内，如图 8-16 所示。

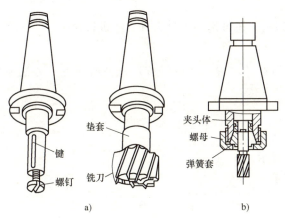

图 8-14　带孔面铣刀和直柄面铣刀的安装
a）带孔面铣刀　b）直柄面铣刀

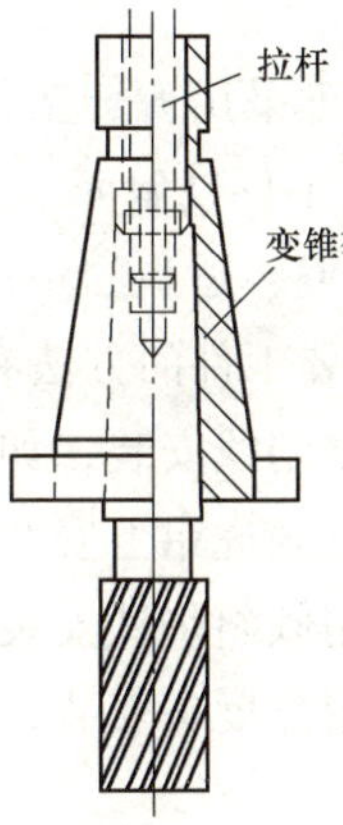

图 8-15　锥柄面铣刀的安装

端铣时，根据铣刀和工件相对位置的不同，分为对称铣削和不对称铣削两种方式，如图 8-17 所示。

采用对称方式铣削时，工件处在铣刀中间，它具有最大的平均切削厚度，避免了铣削开始时对加工表面的挤刮，铣刀的寿命较高。对称铣削适用于短而宽的工件加工。采用不对称铣削时，工件的铣削层宽度在铣刀中心两边不相等。当进刀部分大于出刀部分时称为逆铣，反之称为顺铣。

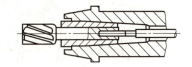

图 8-16　利用中间套筒安装

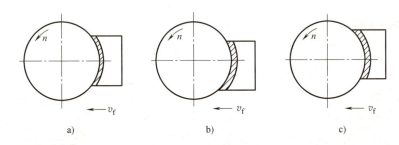

图 8-17　端铣的铣削方式
a）对称铣削　b）不对称逆铣　c）不对称顺铣

3. 铣削平面度检测

常用的铣削平面度检测的简便方法是，将刀口形直尺放置在待测平面的任意方向上，目测两者之间的间隙来确定平面的平整程度。

4. 其他铣平面的方法

在卧式铣床或立式铣床上还可采用三面刃圆盘铣刀铣台阶面，如图 8-18a 所示；用立铣刀铣垂直面，如图 8-18b 所示。

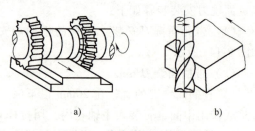

图 8-18 其他铣平面的方法
a）铣台阶面 b）铣垂直面

二、铣斜面

铣斜面可采用偏转工件法、偏转铣刀法，还可用角度铣刀等方法进行加工。

1. 偏转工件铣斜面

将工件偏转适当的角度，使斜面转到水平位置，然后就可按铣平面的各种方法来铣斜面。此时安装工件的方法有以下几种：

1）根据划线安装，如图 8-19a 所示。

2）在可倾虎钳上安装，如图 8-19b 所示。

3）使用倾斜垫铁安装，如图 8-19c 所示。

4）利用分度头安装，如图 8-19d 所示。

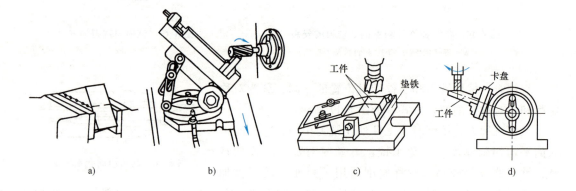

a)   b)   c)   d)

图 8-19 偏转工件铣斜面

2. 偏转铣刀铣斜面

偏转铣刀铣斜面通常在立式铣床或装有万能铣头的卧式铣床上进行。将铣刀轴线倾斜一定角度，工作台采用横向进给进行铣削，如图 8-20 所示。

调整铣刀轴线角度时，应注意铣刀轴线偏转角度 θ 值的测量换算方法：用立铣刀的圆柱面的切削刃铣削时，$\theta=90°-\alpha$（α 为工件加工面与水平面所夹锐角）；用端铣刀铣削时，$\theta=\alpha$，如图 8-21 所示。

图 8-20 偏转铣刀铣斜面

3. 用角度铣刀铣斜面

铣一些小斜面的工件时，可采用角度铣刀进行加工，如图 8-22 所示。

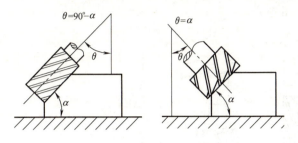

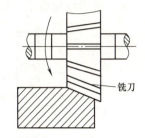

图 8-21　铣刀轴线转动的角度　　　　图 8-22　用角度铣刀铣斜面

三、铣沟槽

在铣床上可加工各种沟槽，如键槽、直槽、角度槽、T 形槽、半圆槽和螺旋槽等。下面介绍几种铣沟槽的方法。

1. 铣开口式键槽

可在卧式铣床上用三面刃盘铣刀铣开口式键槽，如图 8-23 所示。盘铣刀的宽度应根据键槽的宽度确定。安装时，盘铣刀的中心平面应和工件轴的中心对准。铣刀对准后，将机床横向溜板固紧。

轴类工件常用平口台虎钳装夹，台虎钳的固定钳口必须与进给方向平行。

铣削时应先试铣，检验槽宽，然后再铣出键槽全长。

2. 铣封闭式键槽

封闭式键槽一般是在立式铣床上用键槽铣刀或立铣刀进行铣削。

用键槽铣刀加工时，首先按键槽宽度选取键槽铣刀，将铣刀中心对准轴的中心，然后一薄层一薄层地铣削，a_p 约为 0.05～0.25mm，直到符合要求为止，如图 8-24 所示。

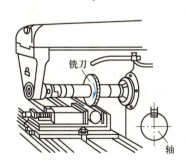

图 8-23　铣开口式键槽

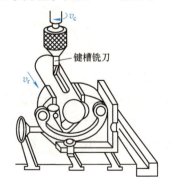

图 8-24　铣封闭式键槽

用立铣刀加工时，由于立铣刀端面中央无切削刃，不能轴向进给，一般是在封闭式键槽两端圆弧处，用相同圆弧半径的钻头先钻出一个落刀孔，然后才能用立铣刀铣键槽。

3. 铣 T 形槽

T 形槽应用较广，如铣床、钻床的工作台都有 T 形槽，用来安装紧固螺栓，以便于将夹具或工件紧固在工作台上。

铣 T 形槽一般在立式铣床上进行，常分为以下三个步骤：

1）用立铣刀铣出直槽，如图 8-25a、b 所示。

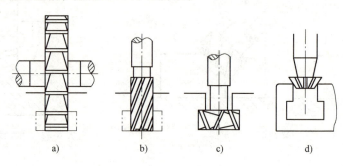

a)　　　b)　　　c)　　　d)

图 8-25　铣 T 形槽

2）用 T 形槽铣刀铣削两侧横槽，如图 8-25c 所示。

3）若 T 形槽的槽口有倒角要求时，用倒角铣刀进行倒角，如图 8-25d 所示。

4. 铣半圆键槽

半圆键槽一般在卧式铣床上进行，采用半圆键槽铣刀，工件安装可采用 V 形块或分度头等方法安装。键槽形状由铣刀保证，如图 8-26 所示。

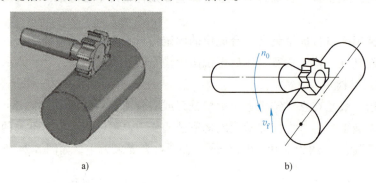

a)　　　b)

图 8-26　铣半圆键槽

5. 铣螺旋槽

在铣削加工中，经常会遇到铣螺旋槽的工件，如圆柱斜齿轮、麻花钻头、螺旋齿轮刀、螺旋铣刀等。铣螺旋槽常在万能铣床上用分度头进行，如图 8-27 所示。

在铣床上铣螺旋槽与车螺纹的原理相同，铣削时刀具做旋转运动，工件同时做等速移动和等速旋转运动。

四、成形法铣直齿圆柱齿轮的齿形

在铣床上铣直齿圆柱齿轮可采用成形法。将成形法铣齿刀的形状制成被切齿的齿槽形状，成形铣刀称为齿轮铣刀（或模数铣刀）。用于卧式铣床的是盘状齿轮铣刀，用于立式铣床的是指形齿轮铣刀，如图 8-28 所示。

成形法铣直齿圆柱齿轮的步骤如下：

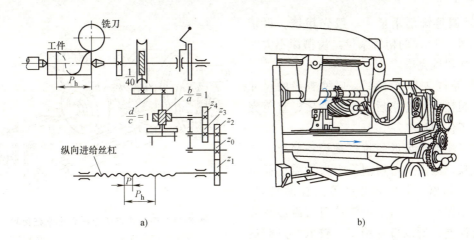

a) b)

图 8-27 铣螺旋槽

a）工作台和分度头的传动系统 b）在万能铣床上铣削螺旋槽

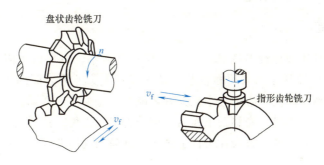

图 8-28 成形法铣直齿圆柱齿轮

1. 选择铣刀

渐开线形状与模数 m、齿数 z 和压力角 α 有关，常用齿轮的压力角 $\alpha = 20°$ 是标准值。所以，可根据被加工齿轮的模数和齿数去选用相适应的齿轮铣刀，见表 8-1。

表 8-1 铣刀号数与被加工齿轮齿数间的关系

铣刀号数	1	2	3	4	5	6	7	8
能铣制的齿轮齿数	12～13	14～16	17～20	21～25	26～34	35～54	55～134	135 及以上

2. 铣削前的准备工作

（1）安装铣刀 铣刀安装后横向移动工作台，使铣刀中心平面对准分度头顶尖中心，然后固定横向板。

（2）安装工件 先将齿坯装在心轴上，再将心轴装在分度头顶尖和铣床尾座顶尖之间。

（3）调整分度头 根据被铣齿轮的齿数计算分度头的摇柄转动圈数，选择分度盘孔圈，调节摇柄上定位销的位置和分度叉之间的孔距，如图 8-29 所示。

3. 铣削操作

1）计算齿槽的深度。

2）调整垂直进给丝杠刻度盘的零线位置，方法与前述平面铣削相同。

3）试切，即在齿坯圆周上铣出全部齿数的刀痕，以检查分度是否正确。

4）调整铣削用量。一般先粗铣，再精铣，约留 0.2mm 的精铣余量。齿槽深不大时也可一次粗铣完毕。

5）精铣 2~3 个齿后，应检查齿的尺寸和表面粗糙度，合格后再继续精铣，直至完成整个工件的加工。

成形法加工齿形的特点是设备简单、刀具成本低，但由于每切削一个齿均需消耗重复切入、切出、退出和分度等的辅助时间，故生产率较低。又因为齿轮铣刀的齿形及分度均有误差，所以齿轮精度也较低，只能达到 IT9~IT11。成形法加工齿形一般用于单件、小批量生产要求不高的齿轮。

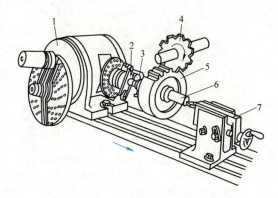

图 8-29　在卧式铣床上铣直齿圆柱齿轮
1—分度头　2—拨块　3—卡箍　4—齿轮铣刀
5—工件　6—心轴　7—尾座

五、铣成形面

在铣床上一般可用成形铣刀铣成形面，如图 8-30 所示。也可以用附加靠模来进行成形面的仿形铣削。图 8-31 所示为采用靠模装置铣削连杆大头外形表面的实例。靠模装在夹具体上，工件装在靠模上的同一心轴之中。夹具体能在底座上左右滑动，并且靠重锤使靠模与滚轮始终保持接触。铣削时，先移动工作台，使铣刀切入工件，然后通过手轮转动夹具使工件做圆周进给运动，此时铣刀就会在工件上铣出与靠模相同的曲线外形。

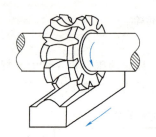

图 8-30　用成形铣刀铣成形面

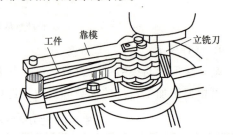

图 8-31　用靠模铣削成形面

六、加工质量分析

铣削加工的质量分析见表 8-2、表 8-3。

表 8-2　铣平面质量分析

质　量　问　题	产　生　原　因
表面不光洁，有明显波纹或表面粗糙，有切痕、拉毛现象	1. 进给量过大 2. 铣削进给时中途停顿，产生"深啃" 3. 铣刀安装不好，跳动过大，使铣削不平稳 4. 铣刀不锋利、已磨损

（续）

质 量 问 题	产 生 原 因
平面不平整，出现凹下和凸起	1. 机床精度差或调整不当 2. 端铣时主轴与进给方向不垂直 3. 圆柱铣刀的圆柱度不好

表 8-3　铣键槽质量分析

质 量 问 题	产 生 原 因
槽的宽度尺寸不对	1. 键槽铣刀装夹不好，与主轴的同轴度差 2. 铣刀已磨损 3. 刀轴弯曲，铣刀摆动大
槽底与工件轴线不平行	1. 工件装夹位置不准确，工件轴心线与工作台面不平行 2. 铣刀装夹不牢或铣削用量过大时，使铣刀被铣削力拉下
键槽对称性不好	对刀不仔细，使偏差过大
封闭槽的长度尺寸不对	1. 工作台自动进给关闭不及时 2. 纵向工作台移动距离不对

七、典型零件的铣削步骤

六面体零件（图 8-32）是铣床常加工的零件，其加工步骤见表 8-4。

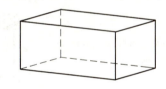

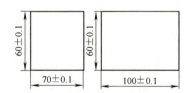

图 8-32　六面体零件

表 8-4　六面体的加工步骤

序号	加 工 内 容	加 工 简 图	刀 具
1	以 A 面为定位（粗）基准，铣平面 B 至尺寸 62mm	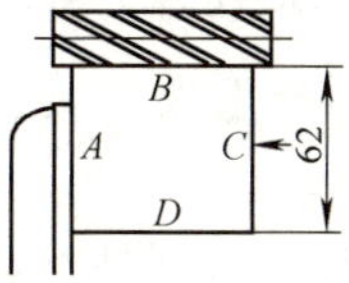	螺旋圆柱铣刀

（续）

序号	加工内容	加工简图	刀 具
2	以已加工的 B 面为定位（精）基准，B 面紧靠钳口，铣平面 C 至尺寸 72mm		螺旋圆柱铣刀
3	以 B 面和 C 面为基准，B 面紧靠钳口，C 面置于平行垫铁上，铣平面 A 至尺寸 70±0.1mm		螺旋圆柱铣刀
4	以 C 面和 B 面为基准，C 面紧靠钳口，B 面置于平行垫铁上，铣平面 D 至尺寸 60±0.1mm		螺旋圆柱铣刀
5	以 B 面为定位基准，B 面紧靠钳口，同时使 C 面或 A 面垂直于工作台平面，铣平面至尺寸 102mm		螺旋圆柱铣刀
6	以 B 面和 E 面为基准，B 面紧靠固定钳口，E 面紧贴平行垫铁，铣平面 F 至尺寸 100±0.1mm		螺旋圆柱铣刀

八、铣削实训安全技术规则

1）操作前要穿紧身防护服，袖口扣紧，上衣下摆不能敞开，严禁戴手套，不得在开动的机床旁穿、脱衣服或围布于身上，防止机器绞伤。必须戴好安全帽，辫子应放入帽内，不得穿裙子、拖鞋。戴好防护镜，以防铁屑飞溅伤眼，并在机床周围安装挡板使之与操作区隔离。

2）工件装夹前，应拟定装夹方法。装夹毛坯件时，台面要垫好，以免损伤工作台。

3）工作台移动时紧固螺钉应打开，工作台不移动时紧固螺钉应拧紧。

4）刀具装卸时，应保持铣刀锥体部分和锥孔的清洁，并要装夹牢固。高速切削时必须戴好防护镜。工作台不准堆放工具、零件等物，注意刀具和工件的距离，防止发生撞击事故。

5）安装铣刀前应检查刀具是否对号、完好，铣刀应尽可能靠近主轴安装，装好后要试切。安装工件应牢固。

6）工作时应先用手动进给，然后逐步自动进给。运转自动进给时，拉开手轮，注意限位挡块是否牢固，不准放到头，不要走到两极端而撞坏丝杠；使用快速行程时，要事先检查是否会发生相撞等现象，以免碰坏机件，铣刀碎裂飞出伤人。经常检查手摇把内的保险弹簧是否有效可靠。

7）切削时禁止用手摸切削刃和加工部位。测量和检查工件必须停车进行，切削时不准调整工件。

8）主轴停止前先停止进给，如若切削深度较大时，退刀应先停车。挂轮时应切断电源，交换齿轮间隙要适当，交换齿轮架背母要紧固，以免造成脱落。加工毛坯时转速不宜太快，要选好吃刀量和进给量。

9）发现机床有故障时应立即停车检查，并报告有关部门安排修理。工作完毕应做好清理工作并关闭电源。

复习思考题

1. 铣削能完成哪些加工内容？
2. 说明铣削加工的主要特点。
3. XW6132铣床的主要组成部分及其作用是什么？
4. 立式铣床与卧式铣床在结构上主要有哪些区别？
5. 指出铣削运动中的主运动和进给运动。
6. 铣削用量包括哪些方面？
7. 铣刀有哪些种类？如何选用？
8. 分度头的主要结构组成及分度头的主要用途是什么？
9. 有一齿轮齿数 $z=31$，简述其分度方法步骤；若 $z=67$，采用什么分度方法？
10. 比较端铣和周铣的主要区别和适用范围。
11. 何谓顺铣与逆铣？何谓对称铣与不对称铣？说明它们的适用场合。
12. 简述带孔铣刀和带柄铣刀的安装方法。
13. 铣削时工件的装夹有哪些方法？
14. 铣削平面有哪些方法及适用加工对象？用何种简便方法检测平面度？
15. 铣斜面的方法有哪几种？
16. 开口式键槽与封闭式键槽分别在何种铣床上进行加工？分别用什么铣刀？
17. 铣成形面有哪些方法？各有何特点？

第九章　刨 削 加 工

刨床加工广泛应用于机械制造、汽车制造、船舶制造、航空航天制造等行业。机械制造中，刨床加工一般用于精加工、粗加工和修复工件表面等方面。汽车制造中，刨床加工主要用于发动机缸盖、底盘框架等部件的制造。航空航天制造中，刨床加工常用于飞行器结构零件和航空发动机的加工等。中国第一台 729 型大型龙门刨床于 1953 年研制成功，可刨削最长 9m、宽 1.75m、高 1.25m 的大型工件，整机重 49t。工人们创造性地用 5t 和 8t 两个冶炼炉，浇铸出 40 多 t 的铸件，用 4m 的刨床加工出了 9m 的床身，用"钢丝+显微镜"检测出了刨床导轨的精度，靠着"蚂蚁啃骨头"精神，当年生产了 23 台，提前完成了国家生产计划，有力支援了新中国的工业建设。

第一节　刨削加工概述

一、刨削的主要运动方向

刨削可以在牛头刨床或龙门刨床上进行。在刨床上加工时，刨刀的纵向往复直线运动为主运动，零件随工作台做横向间歇进给运动，如图 9-1 所示。刨削加工的尺寸精度一般为 IT8~IT9，表面粗糙度 Ra 值为 1.6~6.3μm，用宽刀精刨时，Ra 值可达 1.6μm。此外，刨削加工还可保证一定的位置精度，如面对面的平行度和垂直度等。

二、刨削的特点

1）通用性好，可加工垂直及水平平面，还可加工 T 形槽、V 形槽和燕尾槽等。

2）由于刨刀做往复运动且在回程时不切削，因此生产率低，惯性大，限制了加工速度，但加工狭长表面时不比铣削时效率低。

3）加工精度不高，适合加工对精度要求不高的零件。

4）由于进给运动是间歇进行，工件和刀具进行主运动时无进给运动，故刀具的角度不因切削运动变化而变化。

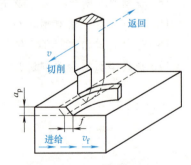

图 9-1　刨床的刨削运动和切削用量

5）刨削加工的切削过程是断续切削，刀具在空行程时能得到自然冷却。

6）刨削过程中有冲击，冲击力的大小与切削用量、工件材料和切削速度等有关。

三、刨床的应用

刨削主要用于加工各种平面（水平面、垂直面和斜面）和各种沟槽（直槽、T形槽和燕尾槽等），如果进行适当的调整和增加某些附件，还可以用来加工齿条、齿轮、花键和母线为直线的成形面等，如图 9-2 所示。

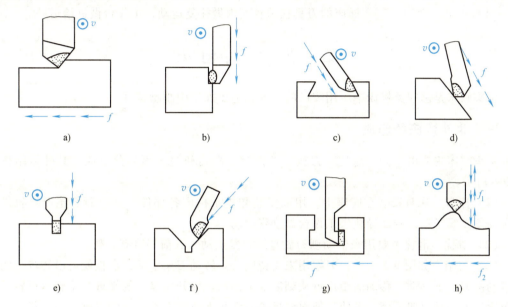

图 9-2　刨削加工范围

a）平面刨刀刨平面　b）偏刀刨垂直面　c）角度偏刀刨燕尾槽　d）偏刀刨斜面
e）切刀切断　f）偏刀刨 V 形槽　g）弯切刀刨 T 形槽　h）成形刨刀刨成形面

因为在变速时有惯性，限制了切削速度的提高，并且刨刀在回程时不切削，所以刨削加工生产效率低。但刨削所需的机床、刀具结构简单，制造安装方便，调整容易，通用性强，因此在单件、小批量生产中，特别是加工狭长平面时被广泛应用，其加工的典型零件如图9-3所示。

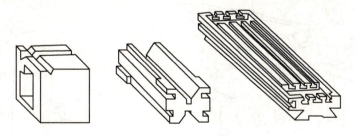

图 9-3　刨削加工的典型零件

四、刨床的作用及分类

刨床是指用刨刀加工工件表面的机床，刨刀与工件做相对直线运动进行加工，主要用于各种平面与沟槽加工，也可用于直线成形面的加工。刨床按其结构可分为以下几种类型：

（1）**悬臂刨床**　悬臂刨床具有单立柱和悬臂的刨床，其工作台沿床身导轨做纵向往复运动，垂直刀架可沿悬臂导轨横向移动，侧刀架沿立柱导轨垂向移动。

（2）龙门刨床　龙门刨床具有双立柱和横梁，其工作台沿床身导轨做纵向往复运动，立柱和横梁分别装有可移动侧刀架和垂直刀架。

（3）牛头刨床　牛头刨床的刨刀安装在滑枕的刀架上做纵向往复运动，通常工作台做横向或垂向间歇进给运动。

（4）插床（立刨床）　插床的刀具在垂直面内做往复运动，工作台做进给运动。

第二节　牛头刨床

牛头刨床是刨削类机床中应用较广的一种，适于加工中小型零件。

一、牛头刨床的组成

牛头刨床主要由床身、滑枕、刀架、工作台、横梁和底座等部分组成，其外形结构如图9-4所示。

（1）床身　床身安装在底座上，用来安装和支承机床各部件。其顶面燕尾形导轨供滑枕做往复直线运动，侧面导轨供工作台做升降运动。

（2）滑枕　滑枕主要用来带动刨刀做直线往复运动，其前端装有刀架。

（3）刀架　如图9-5所示，刀架用来夹持刨刀。转动刀架手柄，滑板便可沿转盘上的导轨带动刨刀上下移动，移动的距离可从刻度盘上读出。松开转盘上的螺母，将转盘扳转一定的角度后再转动刀架手柄，可使刀架斜向进给。滑板上还装有可偏转的刀座，抬刀板可以绕横梁向上转动。刨刀安装在刀夹上，在刨削回程时，可绕横梁自由上抬，减小了刀具与工件之间的摩擦。

（4）工作台　工作台安装在横梁的水平导轨上，用来安装工件。工作台可随横梁做上下移动，或沿横梁做水平方向移动，并可依靠进给机构做自动间歇进给。

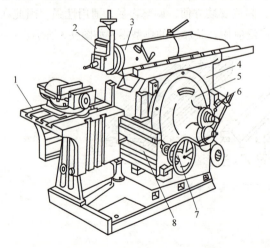

图9-4　牛头刨床外形结构
1—工作台　2—刀架　3—滑枕　4—床身
5—摆杆机构　6—变速机构　7—进给机
构　8—横梁

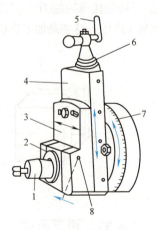

图9-5　刀架
1—刀夹　2—抬刀板　3—刀座
4—滑板　5—手柄　6—刻度环
7—刻度转盘　8—销轴

本节以 B6065 型牛头刨床为例，介绍刨床的组成及操作。

B6065 型号的含义如下：

B——机床类别代号，表示刨削类

6——组别代号，表示牛头刨床组

0——型别代号，表示牛头刨床型

65——主参数代号，表示最大刨削长度的 1/10，即最大刨削长度为 650mm

二、牛头刨床的传动机构及机构调整

1. 摆杆机构

摆杆机构是牛头刨床的主运动机构，其作用是把电动机的旋转运动变为滑枕的往复运动，以带动刨刀进行刨削。如图 9-6 所示，摆杆齿轮通过丝杠、偏心滑块与摆杆相连，滑块内有丝杠螺母，滑块可在摆杆槽内移动，摆杆上端通过摆叉螺母与滑枕相连。当滑块随大齿轮转动时，带动摆杆绕下支点摆动，摆杆的摆动带动滑枕做直线往复运动。摆杆齿轮转动一周，滑枕往复运动一次。

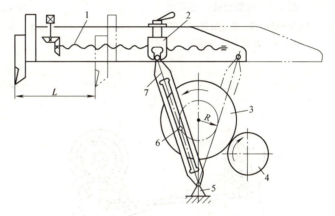

图 9-6　摆杆机构

1—丝杠　2—螺母　3—摆杆齿轮　4—小齿轮
5—支架　6—偏心滑块　7—摆杆

2. 滑枕行程长度的调整

刨削前要调整滑枕的行程大小，使它的长度略大于要刨削工件表面的长度，调整方法是改变摆杆齿轮上滑块的偏心位置。调整时，先松开图 9-7 中偏心滑块上的锁紧螺母，用摇把转动偏心滑块，经锥齿轮、小丝杠的传动，带动滑块在导槽内移动，从而改变了滑块相对于大齿轮轴心的偏心距。偏心距越大，滑枕的行程越长。

3. 滑枕行程位置的调整

刨削前，要根据工件的左右位置来调整滑枕的行程位置，如图 9-8 所示。调整方法是先使摆杆停留在极右的位置，松开锁紧手柄，用扳手转动滑枕内的锥齿轮，使丝杠旋转，从而使滑枕右移至合适位置，最后将锁紧螺母旋紧。

4. 横向进给机构及进给量的调整

工作台的横向进给是由棘轮机构实现的，如图 9-9 所示。齿轮 B6 与床身内的大齿轮同轴，齿轮 A5 被齿轮 B6 带动旋转时，固定在偏心槽内的连杆使棘爪架往复摆动，棘爪架上有棘爪，借弹簧压力与棘轮保持接触。当棘爪架向左摆动时，棘爪的垂直面推动棘轮转动若干齿，同时带动同轴丝杠转一定角度，实现工作台的横向自动进给。当棘爪架向右摆动时，由于棘爪后面是斜面，棘爪上方弹簧被压缩，棘爪从棘轮齿上滑过，不会拨动棘轮，因此工作台横向自动进给运动是间歇的。改变棘轮爪的方位，即可改变工作台的进给方向。如将棘轮爪提起，则棘轮爪与棘轮分离，自动进给停止，此时可用手动使工作台移动。

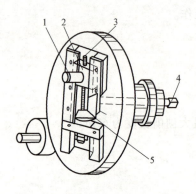

图 9-7 调整滑枕行程长度

1—曲柄销 2—偏心滑块 3—丝杠
4—方头 5—锥齿轮

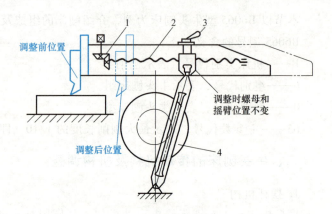

调整前位置

调整后位置

调整时螺母和
摇臂位置不变

图 9-8 调节滑枕行程位置

1—锥齿轮 2—丝杠 3—锁紧手柄 4—摇臂齿轮

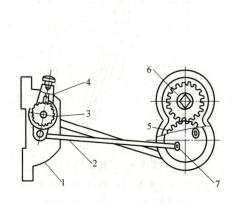

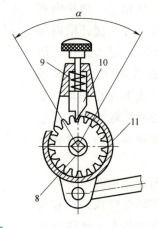

图 9-9 棘轮机构

1—横梁 2—连杆 3—棘轮 4—棘爪 5—齿轮 A 6—齿轮 B 7—曲柄销
8—工作台进给丝杠 9—弹簧 10—拨爪 11—棘轮罩

工作台进给量的大小取决于棘爪每次有效拨动的棘轮齿数，拨过的齿数越多，进给丝杠转过的角度就越大，工作台进给量就越大。松开棘轮罩上的锁紧螺钉，旋转棘轮罩，使其在棘爪摆动范围内遮住一部分齿，即可改变进给量，调整合适后旋紧锁紧螺钉。

第三节 刨刀及其安装

一、刨刀的结构特点及种类

刨刀的几何参数与车刀相似，但由于刨削时受到较大的冲击力，故一般刨刀刀杆的横截面积较车刀刀杆大 1.25～1.5 倍。刨刀的前角、后角均比车刀小，刃倾角一般取较大的负值，以提高刀具的强度，同时采用负倒棱。

刨刀往往做成弯头，这是因为当刀具碰到工件表面的硬点时，能绕图 9-10 所示的 O 点转动，使刀尖离开工件表面，防止损坏刀具及已加工表面。

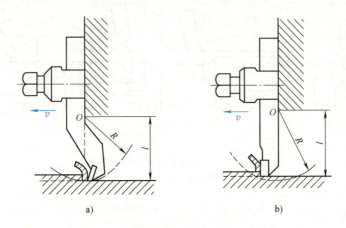

图 9-10 弯头刨刀和直头刨刀的比较

a）弯头刨刀 b）直头刨刀

刨刀的种类有很多，按加工形式和用途不同，一般有平面刨刀、偏刀、切刀、角度刀及成形刀等。

二、刨刀的安装

刨刀安装的正确与否直接影响到工件的加工质量。如图 9-11 所示，安装时将转盘对准零线，以便准确控制吃刀量。刀架下端与转盘底部基本对齐，以增加刀架的强度。刨刀的伸出长度一般为刀杆厚度的 1.5~2 倍。刨刀与刀架上的锁紧螺柱之间通常加垫 T 形垫铁，以提高夹持的稳定性。夹紧时夹紧力大小要合适，由于抬刀板上有孔，过大的夹紧力会导致刨刀被压断。

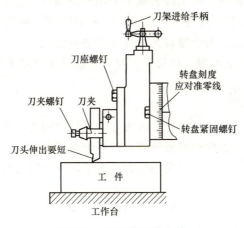

图 9-11 刨刀的正确安装

第四节 牛头刨床的刨削方法

牛头刨床的常用刨削方法有刨平面、刨垂直面、刨斜面、刨沟槽和矩形零件，如图 9-12 所示。

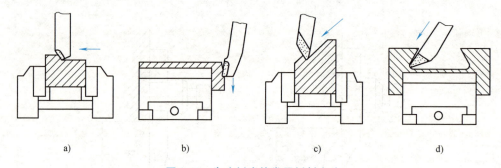

图 9-12　牛头刨床的常用刨削方法

a）刨平面　b）刨垂直面　c）刨斜面　d）刨燕尾形工件

一、刨平面

1. 工件的安装

小型工件可夹在台虎钳上，较大的工件可直接固定在工作台上。若工件直接安装在工作台上，则可用压板来固定，此时应分几次逐渐拧紧各个螺母，以免夹紧时工件变形。为使工件不致在刨削时被推动，需在工件前端加挡铁。如果加工的工件要求相对面平行、相邻面互成直角，则应采用平行垫块并垫上圆棒夹紧。

2. 刨削步骤

1）工件和刨刀安装正确后，调整升降工作台，使工件在高度上接近刨刀。

2）根据工件的长度及安装位置，调整好滑枕行程和行程位置。

3）调整变速手柄的位置，调出所需的往返速度；调整棘轮机构，调出合适的进给量。

4）转动工作台的横向手柄，使工件移到刨刀下方，开动机床，慢慢转动刀架上的手柄，使刀尖和工件表面相接触，在工件表面上划出一条细线。

5）移动工作台，使工件一侧退离刀尖 3～5mm 后停车。转动刀架，使刨刀向下至所需的切削深度，然后开机刨削，若余量较大可分几次进给完成。

6）刨削完毕后，用量具测量工件尺寸，尺寸合格后才可卸下工件。

二、刨垂直面和斜面

刨垂直面是指刀架垂直进给来加工平面的方法。刨削时为了使刨刀不会刨到平口台虎钳和工作台，一般要将加工的表面悬空或垫空，但悬伸量不宜过大，否则刀具刚性变差，刨削时容易产生让刀和振动现象。刨削时采用偏刀，安装偏刀时刨刀伸出的长度应大于整个刨削面的高度。

刨削时，刀架转盘的刻线应对准零线，以使刨出的平面和工作台平面垂直。为了避免回程时划伤工件的已加工表面，必须将刀座偏转 10°～15°，如图 9-13 所示，这样抬刀板抬起时，刨刀会抬离工件已加工表面，并且可减小刨刀的磨损。

刨斜面的方法有很多，常用的方法为倾斜刀架法。如图 9-14 所示。即把刀架倾斜一个角度，同时偏转刀座，用手转动刀架手柄，使刨刀沿斜向进给。刀架倾斜的角度是工件待加工斜面与机床纵向铅垂面的夹角。刀座倾斜的方向与刨垂直面时相同，即刀座上端偏离被加工斜面。

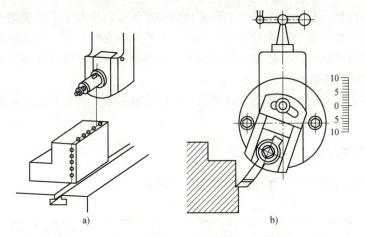

图 9-13 偏转刀座刨垂直面

a) 按划线找正 b) 偏转刨刀垂直进给

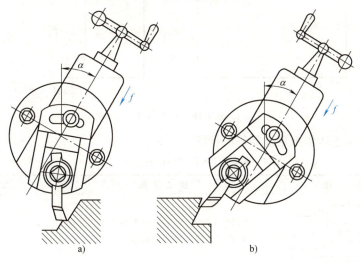

图 9-14 倾斜刀架刨斜面

a) 刨左倾斜面 b) 刨右倾斜面

三、刨沟槽

刨直槽可用切槽刀以垂直进给来完成，可根据槽宽分一次或几次刨出。各种槽均应先刨出窄槽。

刨 T 形槽时如图 9-15 所示，应先刨出各关联平面，并在工件端面和上平面划出加工线。

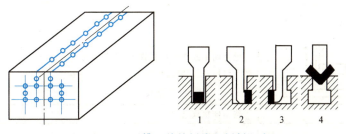

图 9-15 T 形槽工件的划线和刨削顺序

用切槽刀刨出直角槽，使其宽度等于T形槽槽口的宽度，深度等于T形槽的深度。然后用弯切刀刨削一侧的凹槽。如果凹槽的高度较大，一刀不能刨完时，可分几次刨完。但凹槽的垂直面要用垂直进给精刨一次，这样才能使槽平整。再换上方向相反的弯切刀，刨削另一侧的凹槽。最后用45°刨刀倒角。

刨燕尾槽的过程与刨T形槽的过程相似，先刨出直角槽，然后用偏刀刨削斜面的方法刨削燕尾面。

四、刨矩形零件

矩形零件要求对面平行，相邻两面垂直，如图9-16所示。

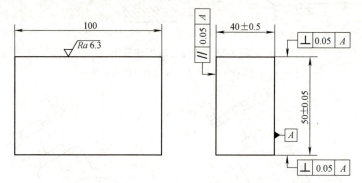

图 9-16　矩形零件

实习中用牛头刨床刨削矩形零件的步骤见表9-1。

表 9-1　矩形零件的刨削步骤

工序	图　样	加工步骤	加工设备
1		选择一个较大、较平整的平面3作为底面定位，刨出平面1，作为精基准面	
2		将平面1贴紧固定钳口，在活动钳口与工件之间垫一圆棒，使夹紧力集中在钳口中部，以利于平面1与固定钳口的可靠贴紧，然后刨出平面2，保证与平面1之间的垂直度	牛头刨床
3		将平面2朝下，使基面1紧贴固定钳口，刨出平面4	
4		把平面1放在平行垫铁上，工件直接夹在两个钳口之间，刨出平面3	
5		按图样检查尺寸	
6		上油入库	

第五节 其他刨削类机床

除了牛头刨床外，刨削类机床还有龙门刨床和插床等。

一、龙门刨床的组成

龙门刨床是机械工业中的大型机械设备之一，主要用于加工各种平面、斜面、槽以及大而狭长的机械零件，也可在工作台上一次装夹数个中小型零件进行多件加工。龙门刨床的运动可分为主运动、进给运动及辅助运动。主运动是指工作台的往复直线运动，进给运动是指刀架垂直于主运动的进给，辅助运动是指刀具的调整运动（如横梁的夹紧、放松和升降运动等）。

1. 龙门刨床的外形

图 9-17 所示为龙门刨床的外形图。刨削时，工件装夹在工作台上做主运动，横梁上的刀架可在横梁导轨上移动，做进给运动以刨削工件的水平面。立柱上的两个侧刀架可沿立柱导轨垂直移动，以加工工件的垂直面。刀架还能转动一定的角度刨削斜面，横梁还可沿立柱导轨上、下升降，以调整刀具和工件的相对位置，适应不同高度的工件。

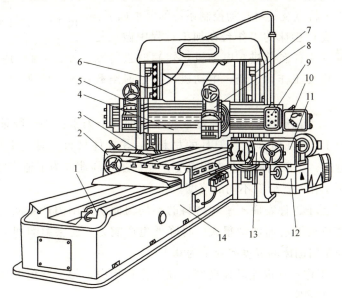

图 9-17 龙门刨床外形图

1—液压安全器 2—左侧刀架进给箱 3—工作台 4—横梁 5—左垂直刀架
6—左立柱 7—右立柱 8—右垂直刀架 9—悬挂按钮 10—垂直刀架进给箱
11—右侧刀架进给箱 12—工作台减速箱 13—右侧刀架 14—床身

2. 龙门刨床与其他刨床的区别

龙门刨床因有一个由顶梁和立柱组成的龙门式框架结构而得名，工作台带着工件通过龙门框架做直线往复运动。与牛头刨床相比，从结构上看，龙门刨床的形体大，结构复杂，刚性好；从机床运动上看，龙门刨床的主运动是工作台的直线往复运动，而进给运动则是刨刀的横向或垂直间歇运动，与牛头刨床的运动正好相反。龙门刨床由直流电动机带动，并可进行无级调速，运动平稳。龙门刨床的所有刀架在水平和垂直方向都可平动。

龙门刨床主要用来加工大平面，尤其是长而窄的平面，一般可刨削的工件宽度达 1m，长度在 3m 以上。龙门刨床的主参数是最大刨削宽度。

二、龙门刨床的结构及特点

1. 龙门刨床的结构

龙门刨床是机械制造业中的主要工作机床，常用它来加工大型机械零件，如导轨、立柱、箱体和机床的床身等部件。图 9-18 所示为龙门刨床的结构示意图。

工作台 A1 放在工作台 B2 上，工作台由直流电动机带动，可在床身上做往复运动。当工作台带动工件运动时，刨刀 8 对工件进行刨削加工。刨刀装在垂直刀架 4 或侧刀架 3 上，侧刀架 3 可上下移动并横向进给，它又分为左侧刀架和右侧刀架。垂直刀架 4 装在横梁 5 上，可做横向移动和垂直进给，它又分为左垂直刀架和右垂直刀架。横梁可沿立柱 6 做上下移动。

2. 龙门刨床的特点

龙门刨床的工艺特点及其对自动控制系统的要求如下：

（1）可逆性　龙门刨床的工作台在加工过程中做往复运动，在工作行程（工作台前进，电动机正转）时进行刨削加工，在返回行程（工作台后退，电动机反转）时空载返回原地。

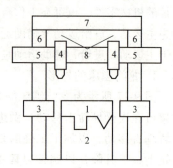

图 9-18　龙门刨床的结构示意图
1—工作台 A　2—工作台 B　3—侧刀架　4—垂直刀架　5—横梁　6—立柱　7—龙门顶　8—刨刀

（2）调速范围　龙门刨床的切削速度取决于下列三个因素：①切削条件（吃刀量、进给量）；②刀具（刀具的几何形状、刀具的材料）；③工件材料。对应于每一个具体情况，都有一最佳切削速度。空载返回时要求提高生产率而采用高速。为了适应各种切削要求，工作台在不同情况下工作时，应有不同的速度。

（3）静度差　由于工件表面不平和材料的不均匀而使切削力产生波动，如果带动工作台的电动机转速随负载波动而波动很大，将降低生产能力，还会影响加工精度和表面粗糙度。因此，A 系列龙门刨床的静度差要求为 0.1。

图 9-19 所示为工作台往返循环速度图。在工作行程中，为了避免刀具切入工件时因冲

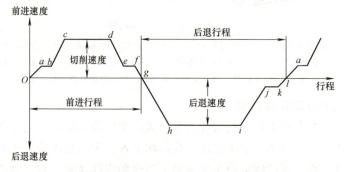

图 9-19　工作台往返循环速度图
O~a—工作台前进起动阶段　a~b—刀具慢速切入阶段　b~c—加速至稳定工作速度　c~d—工作速度阶段
d~e—减速推出工件阶段　e~f—刀具慢速切出阶段　f~g—刀具慢慢减速到零阶段　g~l—返回阶段

击而使工件崩裂或损坏刀具，要求切入速度低；在切削结束时，为了避免刀具将工件剥落，要求切出速度低；在返回行程中，为了提高生产率而采用高速返回。由于返回速度高，工作台的惯性大，为了减小停车时的超程（又称为越位），要求返回行程结束前先减速，然后停车。

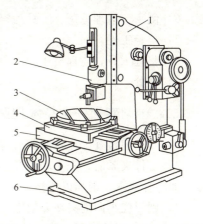

三、插床

插床实际是一种立式刨床，其外形如图 9-20 所示，其主运动是滑枕带动插刀所做的直线往复运动。工件安装在工作台上，可做纵向、横向和圆周间歇进给运动。

图 9-20　插床外形图
1—立柱　2—滑枕　3—工作台
4—上滑座　5—下滑座　6—床身

插削加工可以认为是立式刨削加工，主要用于单件小批量生产，可加工零件的内表面，如孔内键槽、方孔、多边形孔和花键孔等，也可加工某些不便于铣削或刨削的外表面（平面或成形面），其中用得最多的是插削各种盘类零件的内键槽。

第六节　典型刨削零件的加工

一、刨削 V 形槽

图 9-21 所示为零件图，刨 V 形槽的加工工艺如下（装夹采用台虎钳）：

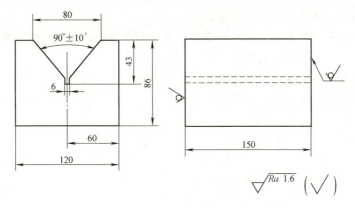

图 9-21　零件图

1）将坯料刨削到 120mm×86mm×150mm，刨刀采用 90°，测量工具为游标卡尺。

2）划 V 形槽线。工具包括划针、样冲、榔头、钢直尺、样板和游标万能角度尺。

3）V 形槽粗加工，刨刀采用 45°，测量工具为 90°样板或游标万能角度尺（留 1mm 加工余量）。

4）加工 6mm 槽，刨刀采用 4mm 割刀，测量工具为游标卡尺。

5）V 形槽精加工，刨刀采用左右 90°（刀架转正负 45°），测量工具为 90°样板或游标万能角度尺。

6）倒角，清理毛刺，工具为锉刀。

7）检验工件。

8）整理工具，清理机床。

9）评分。

二、刨削实训安全技术规则

1）开车前检查工作台面前后有无障碍，冲程前后切勿站人，随手取下冲程调整手柄。

2）工件夹紧后，先手动或开空车检查冲程长度和位置是否正确，刀具等与工件是否相碰，如不合要求，则加以调整，但不可在开车中调整。

3）刨刀应牢固地夹在刀架上，不能装得太长，吃刀不可太深以防损坏刨刀。当遇到吃刀困难时，应立即停车，请指导教师或机修教师来处理。

4）刨床开动后，操作者不可靠近运动范围，不可随意扳动机件，如需调节皮带或变换齿轮时，应征得实习指导教师同意后停车调节。

5）刨床做往复刨削运动时，不可用手触摸刨刀和工件，不要在刨刀的正面迎头看工件，以防止头部被撞伤。

6）测量工件尺寸时必须停车，工件上的铁屑应用刷子扫掉，不可用手揩擦。

7）零件刨好后，应去除毛刺、整边或倒钝（另有去毛刺工序安排的零件除外）。

8）操作完毕后，应擦拭保养机床，清洁和整理好周围场地。

复习思考题

1. 简述刨削加工的特点及应用范围。

2. 牛头刨床主要由哪几部分组成？刨削前需作哪些方面的调整？如何调整？

3. 为什么刨刀往往做成弯头的？

4. 刨削垂直面和斜面时如何调整刀架的各个部分？

5. 简述刨削矩形零件的操作步骤。

第十章 磨削加工

国家首台激光测距天文望远镜是我国北斗卫星导航定位系统的关键设备，关键部位的外圆及锥度误差要求控制在 0.00015mm 以内，跳动要求控制在 0.0005mm 以内，表面粗糙度值不能超过 $Ra0.024\mu m$，这样的加工精度就需要高精度的磨床设备。大国工匠们利用现有磨床设备，自制圆弧测量工装，改进修正圆弧砂轮等方法，节约了成本，成功替代了进口设备；大国工匠们给了我们财富，即深植根于光荣劳动、宝贵技能、伟大创造的理念，继承中国悠久的工匠精神和精湛的工艺，让中国制造和中国创造释放出更加耀眼的光彩。

磨削加工是用磨料磨具（砂轮、砂带、油石和研磨料）作为刀具对工件进行切削加工的方法。磨削可加工外圆、内孔、平面、螺纹、齿轮、花键、导轨和成形面等各种表面。有时也用于粗加工，如用砂轮切断材料，或切除铸件上的浇口、冒口和飞边等。常用的磨削加工方法所能达到的精度为 IT5～IT7，表面粗糙度 Ra 值为 $0.2～0.8\mu m$。磨削尤其适合加工难以切削的超硬材料（如淬火钢），因此，磨削在机械制造中的用途非常广泛。

第一节 磨削基础知识

一、磨削加工的特点

磨削加工具有以下特点：

1）磨削属于多刃、微刃切削。磨削用的砂轮是由许多细小坚硬的磨粒用结合剂粘结在一起经焙烧而成的疏松多孔体，锋利的磨粒就像铣刀的切削刃一样，在砂轮高速旋转的条件下切入零件表面，故磨削过程是一种多刃、微刃加工过程。

2）加工尺寸精度高，表面粗糙度值低。磨削的切削厚度极薄，每个磨粒的切削厚度可达到微米，能达到的精度为 IT5～IT7，表面粗糙度 Ra 值为 $0.2～0.8\mu m$。高精度磨削时，尺寸精度可超过 IT5，表面粗糙度 Ra 值不大于 $0.012\mu m$。

3）加工材料广泛。由于磨料硬度极高，故磨削不仅可以加工一般金属材料，如碳钢、铸铁等，还可以加工一般刀具难以加工的高硬度材料，如淬火钢、各种切削刀具材料及硬质合金等。

4）砂轮有自锐性。当作用在磨粒上的切削力超过磨粒的极限强度时，磨粒会破碎，形成新的锋利的棱角进行磨削；当此切削力超过粘合剂的粘结强度时，钝化的磨粒就会自行脱落，使砂轮表面露出一层新鲜锋利的磨粒，从而使磨削加工能够继续进行。砂轮的这种自行推陈出新、保持自身锋利的性能称为自锐性。这种自锐性可使加工连续进行，这是其他刀具所没有的特性。

5）**磨削温度高**。在磨削过程中，由于切削速度很高，产生大量切削热，温度超过1000℃，同时高温的磨屑在空气中氧化，产生火花。在如此高的温度下，将会使零件材料性能改变而影响质量。因此，为了减小摩擦和迅速散热，降低磨削温度，及时冲走磨屑，保证零件表面质量，需要在磨削过程中使用大量切削液。

二、磨削过程分析

磨削时，切削厚度由零开始逐渐增大。由于磨粒具有很大的负前角和较大的尖端圆角半径，当磨粒切入工件时，只能在工件表面上进行滑擦，这时切削表面产生塑性变形。当颗粒继续切入工件时，磨粒作用在工件上的法向力 F_n 增大到一定值时，工件表面产生塑性变形，使磨粒前方受挤压的金属向两边塑性流动，在工件表面上耕犁出沟槽，而沟槽的两侧微微隆起，如图 10-1 所示。当磨粒继续切入工件时，在切削厚度增大到一定数值后，磨粒前方的金属在磨粒的作用下发生滑移，如图 10-2 所示。

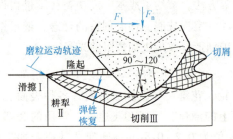

图 10-1　磨粒的切入过程

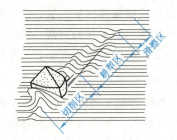

图 10-2　磨削过程中的隆起现象

由于磨削时径向磨削力较大，引起工件、夹具、砂轮、磨床系统产生弹性变形，使实际磨削深度与每次的径向进给量有所差别。实际的磨削过程分为以下三个阶段：

（1）初磨阶段　在砂轮最初的几次径向进给中，由于磨床、工件、夹具系统的弹性变形，实际磨削深度比磨床刻度所示的要小。工件、砂轮、磨床的刚性越差，此阶段越长。

（2）稳定阶段　随着径向进给次数的增加，机床、工件、夹具系统的弹性变形抗力也逐渐增大，直至上述工艺系统的弹性变形抗力等于径向磨削力，实际磨削深度等于径向进给量，此时进入稳定阶段。

（3）清磨阶段　当磨削余量即将磨完时，径向进给运动停止。由于工艺系统的弹性变形逐渐恢复，实际磨削深度大于零。为此，在无切深的情况下增加进给次数，使磨削深度逐渐趋于零，磨削火花逐渐消失。这个阶段称为清磨阶段，目的主要是提高磨削精度，降低表面粗糙度值。

掌握了这三个阶段，在开始磨削时，可采用较大的径向进给量，缩短初磨和稳定磨削阶段，以提高生产效率，最后阶段保持适当清磨时间，以保证工件表面质量。

三、磨床

用磨料磨具作为工具对工件进行磨削加工的机床统称为磨床。磨床是各类金属切削机床中品种最多的一类，主要有外圆磨床、内圆磨床、平面磨床、无心磨床和工具磨床等。

1. 外圆磨床

在外圆磨床中常见的有普通外圆磨床、万能外圆磨床和无心外圆磨床等。

外圆磨床使用最广泛，能加工各种圆柱形和圆锥形的外表面及端面。万能外圆磨床还带有内圆磨削附件，可磨削内孔和锥度较大的内、外锥面。不过外圆磨床的自动化程度低，只适用于中小批量和单件的生产和修配工作。

常用万能外圆磨床的外形及外圆磨削运动图如图10-3所示。

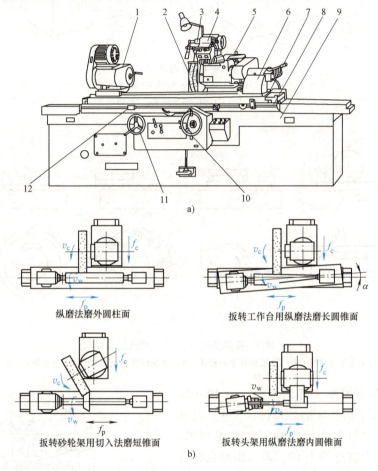

纵磨法磨外圆柱面　　扳转工作台用纵磨法磨长圆锥面

扳转砂轮架用切入法磨短锥面　　扳转头架用纵磨法磨内圆锥面

b)

图10-3　常用万能外圆磨床的外形及外圆磨削运动图

a）外形图　b）外圆磨削运动图

1—头架　2—砂轮　3—内圆磨具　4—磨架　5—砂轮架　6—尾座　7—上工作台
8—下工作台　9—床身　10—横向进给手轮　11—纵向进给手轮　12—换向挡块

2. 内圆磨床

内圆磨床（图10-4）的砂轮主轴转速很高，主要用于磨削圆柱孔、圆锥面及端面等。普通内圆磨床仅适用于单件、小批量生产。自动和半自动内圆磨床除了工作循环自动进行外，还可在加工中自动测量，多用于大批量生产。

3. 平面磨床

根据砂轮主轴位置和工作台形状的不同，普通平面磨床主要分为卧轴矩台平面磨床、立轴矩台平面磨床、立轴圆台平面磨床和卧轴圆台平面磨床四种类型。图10-5所示为这四种类型平面磨床的运动简图。

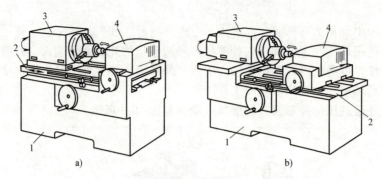

图 10-4　内圆磨床

a）头架做纵向进给　b）砂轮架做纵向进给

1—床身　2—工作台　3—头架　4—砂轮架

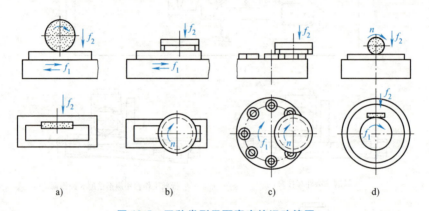

图 10-5　四种类型平面磨床的运动简图

a）卧轴矩台平面磨床　b）立轴矩台平面磨床　c）立轴圆台平面磨床　d）卧轴圆台平面磨床

平面磨床用来磨削工件的平面。图 10-6 所示为 M7120A 型平面磨床的外形图。"M"表示磨床类机床；"71"表示卧轴矩台平面磨床；"20"表示工作台宽度的 1/10，即工作台宽度为 200mm；"A"表示在性能和结构上做过一次重大改进。

4. 无心外圆磨床

平面磨床的工件一般夹紧在工作台上，或靠电磁吸力固定在电磁工作台上，然后用砂轮的周边或端面磨削零件平面。无心磨床通常是指无心外圆磨床，即工件不用顶尖或卡盘定心和支承，而是以工件被磨削外圆面作为定位面，工件位于砂轮和导轮之间，由托板支承，这种磨床的生产效率较高，易于实现自动化，多用于大批量生产中。

无心外圆磨床由床身、砂轮架、砂轮修正器、导轮架、导轮修正器和工件托板等部件组

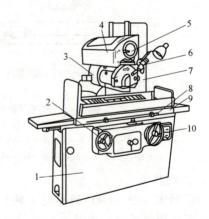

图 10-6　M7120A 型平面磨床外形图

1—床身　2—驱动工作台手轮　3—磨头　4—拖板
5—轴向进给手轮　6—砂轮修整器　7—立柱
8—行程挡块　9—工作台　10—径向进给手轮

成，图 10-7 所示为 M1080 型无心外圆磨床的外形图。在无心外圆磨床上磨削工件外圆时，工件放在砂轮和导轮之间，由托板支承。图 10-8 为无心外圆磨削的工作原理图。

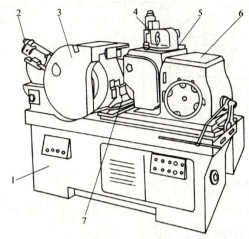

图 10-7 M1080 型无心外圆磨床外形图

1—床身 2—砂轮修整器 3—砂轮架 4—导轮修整器
5—导轮架 6—导轮架座 7—工件托板

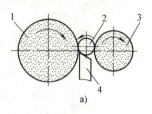

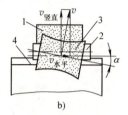

图 10-8 无心外圆磨削的工作原理图

a）示意图 b）传动图

1—磨削砂轮 2—工件 3—导轮 4—托板

5. 工具磨床

工具磨床是专门用于工具制造和切削刃磨削的磨床，有万能工具磨床、钻头刃磨床、拉切削刃磨床和工具曲线磨床等，多用于工具制造厂和机械制造厂的工具车间。

6. 专门化磨床

专门化磨床是专门磨削某一类零件，如磨削曲轴、凸轮轴、花键轴、导轨、叶片、轴承滚道以及齿轮和螺纹等的磨床。除了以上这几类外，还有珩磨机、研磨机、坐标磨床和钢坯磨床等多种类型。

7. 其他磨床

砂带磨床是以快速移动的砂带作为磨具，工件由输送带支承，效率比其他磨床高出数倍，功率消耗仅为其他磨床的几分之一，主要用于加大尺寸板材、耐热难加工材料和大批量生产的平面零件等。

四、磨削运动及磨削用量

为了切除工件表面的多余材料，加工出合格的、完整的表面，磨具与工件之间必须产生的所有相对运动称为磨削运动。下面以磨削外圆柱面为例，用图 10-9 加以说明。

（1）主运动 砂轮的高速旋转是主运动，用砂轮外圆的线速度 v_s 来表示。

（2）圆周进给运动 工件绕自身轴线的旋转运动为圆周进给运动，用工件回转时待加工表面的线速度 v_w 表示。

（3）纵向进给运动 它是指工作台带动工件做纵向往复运动，用工件每转一圈沿自身轴线方向的移动量 f_a 表示。

（4）横（径）向进给运动 它是指工作台带动工件在每一次纵向往复行程内，砂轮相对于工件径向移动的距离 f_r（又称为磨削深度 a_p）。

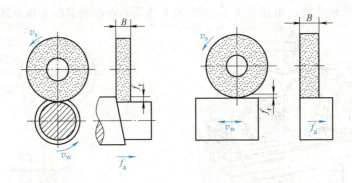

图 10-9　磨削运动

第二节　磨具的特性与选用

凡在加工中起到磨削、研磨及抛光作用的工具，统称为磨具。根据所用磨料的不同，磨具分为普通磨具和超硬磨具两大类。

1. 普通磨具的类型

所谓普通磨具，是指用普通磨料制成的磨具，如刚玉类磨料、碳化硅类磨料和碳化硼类磨料制成的磨具。普通磨具按照磨料的结合形式分为固结磨具、涂附磨具和研磨膏。根据不同的使用方式，固结磨具可制成砂轮、油石、砂瓦、磨头和抛光块等；涂附磨具可制成砂布、砂纸和砂带等；研磨膏可分为硬膏和软膏。

2. 砂轮的结构

砂轮是由磨料和结合剂以适当的比例混合，经压坯、干燥、烧结而成的疏松体。它由磨粒、结合剂和空隙（气孔）三个要素组成，如图 10-10 所示。

3. 砂轮的工作特性

砂轮的工作特性取决于五要素：磨料、粒度、结合剂、硬度和组织。其他还包括砂轮的形状尺寸和强度。砂轮是磨削加工中最常用的工具，它是由结合剂将磨料颗粒粘结而成的多孔体。掌握砂轮的特性，合理选择砂轮是提高磨削质量和效率、控制磨削加工成本的重要措施。

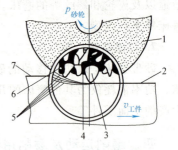

图 10-10　砂轮的组成
1—砂轮　2—已加工表面　3—磨粒
4—结合剂　5—加工表面
6—空隙　7—待加工表面

4. 砂轮硬度选择原则

1）磨削硬的材料选软砂轮，反之选硬砂轮。

2）导热性差的材料不易散热，应选软砂轮以免工件烧伤。

3）砂轮与工件接触面大时，选较软的砂轮。

4）成形磨、精磨时，选硬砂轮；粗磨时，选软砂轮。

5. 砂轮的形状和尺寸

砂轮有各种不同的形状和尺寸，以适应各种不同结构的磨床来加工各种形状的工件表面。GB/T 2484—2006 规定，砂轮的标志顺序如下：磨料、粒度、硬度、结合剂及形状代号。在砂轮的非工作面上标有表示砂轮特性的代号。

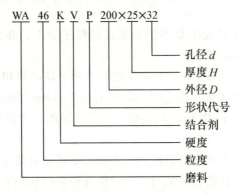

$$WA \quad 46 \quad K \quad V \quad P \quad 200 \times 25 \times 32$$

- 孔径 d
- 厚度 H
- 外径 D
- 形状代号
- 结合剂
- 硬度
- 粒度
- 磨料

6. 砂轮的强度

砂轮的强度通常用安全工作速度来表示。砂轮的安全工作速度在砂轮上以最高工作速度标识。

7. 砂轮的选用

选用砂轮时，应综合考虑工件的形状、材料性质及磨床结构等各种因素。在考虑尺寸大小时，应尽可能把外径选得大些。磨内孔时，砂轮的直径取工件孔径的 2/3 左右，这样有利于提高磨具的刚度。但应特别注意不能使砂轮工作时的线速度超过所标记的最高工作速度。砂轮选定后还要进行外观和裂纹的鉴定，但有时裂纹在砂轮内部，不易直接看到，则要采用响声检验法，可用木槌轻敲听其声音，声音清脆的为没有裂纹的好砂轮。

8. 砂轮的平衡

由于砂轮各部分密度不均匀，几何形状不对称，以及安装偏心等各种原因，往往造成砂轮重心与其旋转中心不重合，即产生不平衡现象。不平衡的砂轮在高速旋转时，由于不对称的离心力的作用会产生振动，影响磨削质量和机床精度，严重时还会造成机床损坏和砂轮碎裂。

图 10-11 所示为砂轮的静平衡装置，平衡时先将砂轮装在法兰盘上，再将法兰盘套在心轴上，然后放到平衡架的平衡轨道上。平衡的砂轮可以在任意位置保持静止不动，而不平衡的砂轮，其较重部分总是转到下面，这时可移动平衡块的位置使其达到平衡。

图 10-11 砂轮的静平衡装置
1—砂轮套筒 2—心轴 3—砂轮
4—平衡铁 5—平衡轨道

9. 砂轮的安装

磨削时，砂轮高速旋转，而且由于制造误差，使其重心与安装的法兰盘中心线不重合，从而产生离心力，加速了砂轮轴承的磨损。因此，如果砂轮安装不当，不但会降低磨削件的质量，还会突然碎裂，造成严重的事故。

砂轮的安装步骤如下：

（1）检查 砂轮安装前可先进行外观检查，并用敲击法检查其是否有裂纹。

（2）平衡试验 将砂轮装在心轴上，放在平衡架轨道的刀口上。如果砂轮不平衡，较重的部分总是转到下面，改变法兰盘端面环形槽内若干个平衡块的位置，使之平衡后再进行检查。如此反复进行，直到砂轮可以在刀口上任意位置都能静止。一般进行两次平衡试验，先粗平衡，然后装在磨床上修整后再取下进行精平衡。一般直径大于 125mm 的砂轮，安装前必须进行平衡试验。

（3）安装　安装时要求砂轮不紧不松地套在砂轮主轴上，在砂轮两端面与法兰盘之间垫上弹性垫片（一般 1~2mm 厚）。

图 10-12 所示为常用砂轮的安装，其中两法兰盘的直径必须相等，其尺寸一般为砂轮直径的一半。安装时砂轮两侧和法兰盘之间均应垫上 0.5~1mm 厚的弹性垫板，砂轮与砂轮轴或砂轮与法兰盘之间应有 0.1~0.8mm 的间隙，以防止磨削时受热膨胀而将砂轮胀裂。

10. 砂轮的修整

砂轮在工作一定时间后会出现磨粒钝化、表面空隙被磨屑堵塞、外形失真等现象，因此必须除去表层的磨料，重新修磨出新的刃口，以恢复砂轮的切削能力和外形精度。砂轮修整一般利用金刚石修整器，采用车削法修整。修整时，金刚石刀与水平面倾斜 10°左右，与垂直面倾斜 20°~30°，刀尖低于砂轮中心 1~2mm，以减小振动，如图 10-13 所示。修整时要用切削液充分冷却或干脆不用切削液，不可在点滴冷却下修整，以防止金刚石刀忽冷忽热而碎裂。修整时横向进给量一般达 0.01~0.02mm，纵向进给量 f 的大小与被加工表面的表面粗糙度 Ra 值有关，f 越小，砂轮表面修出的微刃的等高性越好，磨出的工件表面粗糙度值越低。

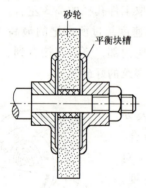

图 10-12　常用砂轮的安装

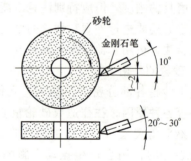

图 10-13　砂轮的修整

砂轮修整除了用于磨损砂轮外，还可用于下述场合：

1）砂轮被切屑堵塞。

2）部分工件材料粘结在磨粒上。

3）砂轮轮廓外形失真。

4）精密磨中的精细修整等。

第三节　磨 削 操 作

一、磨平面

1. 工件的装夹

磨平面一般在平面磨床上进行。对于钢和铸铁等导磁性工件，可直接安装在有电磁吸盘的机床工作台上；对于非导磁性工件，要用精密平口钳或导磁直角铁等夹具装夹。

2. 磨平面的工艺方法

根据磨削时砂轮工作表面的不同，磨平面的工艺方法可分为两种，即周磨法和端磨法。

（1）周磨法　周磨法就是用砂轮的圆周磨削平面。周磨时，砂轮与工件接触面积小，排屑和冷却条件好，工件发热量小，因此适宜磨削易变形的薄壁工件，加工质量高，但生产效率低，一般用于精磨。

（2）端磨法　端磨法就是用砂轮的端面磨削平面。端磨时，由于砂轮轴伸出较短，而且主要是受轴向力，因而刚性好，能采用较大的磨削用量。另外，砂轮与工件接触面积大，所以生产效率高，但发热量大，也不易排屑和冷却，故加工质量比周磨法低。

平面磨床的工作台有矩形和圆形两种，具有这两种工作台的平面磨床都能进行周磨和端磨。

二、磨外圆及外圆锥面

1. 工件的装夹

磨外圆时，常用的装夹方法有以下四种：

1）用前、后顶尖装夹，用夹头带动工件旋转。

2）用心轴装夹。磨削套筒类零件时，常以内孔为定位基准，把零件套在心轴上，心轴再装在磨床的前后顶尖上。

3）用自定心卡盘或单动卡盘装夹。磨削端面上不能钻中心孔的短工件时，可用卡盘装夹。自定心卡盘用于装夹圆形或规则的表面，单动卡盘特别适用于装夹表面不规则的零件。

4）用卡盘和顶尖装夹。当工件较长，一端能钻中心孔、一端不能钻中心孔时，可一端用卡盘，一端用顶尖装夹。

2. 外圆柱面的磨削方法

磨削外圆柱面的工艺方法主要有以下四种：

（1）纵磨法　如图 10-14a 所示，砂轮高速旋转为主运动，工件旋转为圆周进给运动，

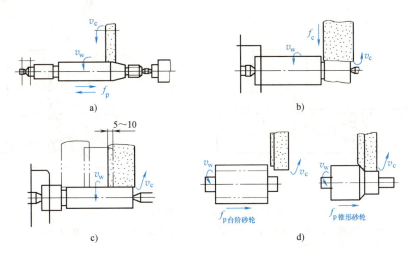

图 10-14　在外圆磨床上的磨外圆

a）纵磨法　b）横磨法　c）综合磨法　d）深磨法

工作台带动工件直线往复为纵向进给运动，砂轮在工件的径向周期性靠近工件的运动为横向进给运动。

（2）横磨法（切入磨法） 如图10-14b所示，工件不做纵向移动，而由砂轮以慢速做连续的横向进给，直至磨去全部磨削余量。

（3）综合磨法（混合磨法） 如图10-14c所示，此磨法是先用横磨法将工件表面分段进行粗磨，相邻两段间有5~10mm的搭接，工件上留下0.01~0.03mm的余量，然后用纵磨法进行精磨。

（4）深磨法 如图10-14d所示。磨削时用较小的纵向进给量（一般取1~2mm/r）、较大的切削深度（一般为0.3mm左右），在一次行程中切除全部余量。

3. 外圆锥面的磨削方法

磨外圆锥面与磨外圆柱面的主要区别是工件和砂轮的相对位置不同。磨外圆锥面时，工件轴线必须相对于砂轮轴线偏斜一个圆锥半角。外圆锥面磨削可在外圆磨床上或万能外圆磨床上进行，磨削方法有以下四种：

（1）转动上工作台法 该法适合磨削锥度小而长度大的工件，如图10-15a所示。

（2）转动头架（工件）法 该法适合磨削锥度大而长度短的工件，如图10-15b所示。

（3）转动砂轮架法 该法适合磨削长工件上锥度较大的圆锥面，如图10-15c所示。

（4）用角度修整器修整砂轮法 该法实为成形磨削，大都用于圆锥角较大且有一定批量工件的生产，砂轮修整的方法如图10-15d所示。

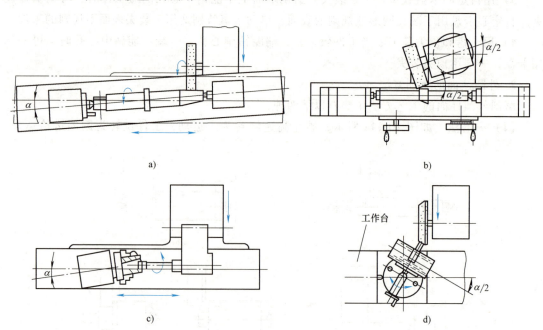

a) b) c) d)

图 10-15　外圆锥面的磨削方法

a）转动上工作台法　b）转动头架（工件）法　c）转动砂轮架法　d）用角度修整器修整砂轮法

三、磨内圆柱孔及内圆锥孔

内孔的磨削可以在内圆磨床上进行，也可以在万能外圆磨床上用内圆磨头进行磨削。

1. 工件的安装

磨内孔时，一般都用卡盘夹持工件外圆，其运动与磨外圆和外圆锥面时基本相同，但砂轮的旋转方向与前者正好相反。

2. 磨内圆柱孔的方法

磨内圆柱孔一般采用纵向磨和切入磨两种方法，如图 10-16 所示。

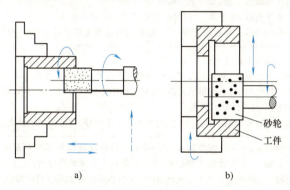

图 10-16 磨内圆柱孔的方法

a）纵向磨 b）切入磨

磨通孔一般用纵向磨法，磨台阶或不通孔可用切入磨法。

3. 磨内圆锥孔的方法

磨内圆锥孔有以下两种基本方法：

（1）转动工作台磨内圆锥孔 在万能外圆磨床上转动工作台磨内圆锥孔，它适合磨削锥度不大的内圆锥孔，如图 10-17a 所示。

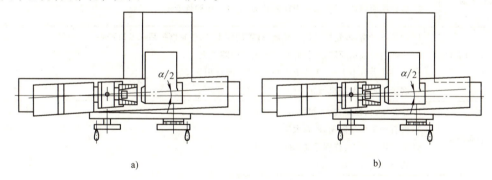

图 10-17 内圆锥孔的磨削方法

a）转动工作台磨内圆锥孔 b）转动头架磨内圆锥孔

（2）转动头架磨内圆锥孔 在万能外圆磨床上用转动头架的方法可以磨内圆锥孔，如图 10-17b 所示。在内圆磨床上可以用转动主轴箱的方法磨内圆锥孔。前者适合磨削锥度较大的内圆锥孔，后者适合磨削各种锥度的内圆锥孔。

四、磨削加工质量分析及其改进措施

磨削加工时，常常会出现各种质量问题，如形状误差、位置误差和表面缺陷等，具体分析分别见表 10-1～表 10-3。

表 10-1　外圆磨削质量分析

质 量 问 题		产 生 原 因
形状误差	外圆断面不圆	1. 中心孔不圆,孔内有异物,两中心孔轴线不一致,顶尖与中心孔锥角不一致,顶尖未顶紧等 2. 用卡盘装夹工件时,头架主轴径向圆跳动太大 3. 砂轮主轴与轴承间隙过大 4. 磨前工件断面不圆,而且工件刚性差 5. 工件不平衡时,由于离心力作用,使较重的一边磨去较多 6. 工件热处理后还存在部分内应力,磨削后内应力重新平衡而产生变形
	外圆有锥度	1. 工件轴线与工作台运动方向不平行 2. 工作台未调整好,其纵向行程方向与外圆磨床主轴轴线不平行 3. 磨削一段时间后,头架轴承发热,头架主轴中心向砂轮架方向偏移,而尾座发热少,其中心不发生偏移,以致磨出的工件带有锥度 4. 工作台和导轨间润滑油压力过大,工作台产生飘浮,使磨出的工件带有锥度
	外圆直径两端与中间不一致	1. 工件刚性差,发生弹性弯曲,致使砂轮在工件两端磨去多,而中间磨去少,工件成腰鼓形 2. 磨细长时,未安装多个中心架,或中心架的支块调整得过松,工件上仍会产生腰鼓形误差 3. 砂轮超出工件两端太多,由于机床、砂轮、工件的弹性恢复,使工件两端磨去过多,工件成腰鼓形 4. 磨细长轴时,顶尖顶得过紧,工件因磨削热伸长变形受阻,产生弯曲,导致工件中间磨去多,两端磨去少,工件成马鞍形 5. 磨薄壁套筒采用心轴安装,热胀后两端变形受阻,迫使筒体中间鼓起,磨后工件成马鞍形 6. 使用中心架时,中心架的水平块顶得过紧,磨后使工件成马鞍形
位置误差	阶梯轴各段轴径不同轴	1. 顶尖与中心孔接触不好或过松、过紧 2. 头架主轴径向圆跳动大,磨削用量太大,各段轴径磨削余量不均匀
	台阶端面与轴线不垂直	1. 砂轮端面与工件端接触面积太大 2. 砂轮端面磨粒太钝,磨削力使砂轮架、工件产生弹性变形
表面缺陷	表面有波形纹	1. 砂轮不平衡,砂轮电动机不平衡,砂轮硬度太高,砂轮磨钝后未及时修整 2. 头架主轴轴承间隙过大,砂轮主轴轴承间隙过大 3. 工件或夹具不平衡,工件上中心孔不圆,磨削用量又较大 4. 磨床附近有振动机械在工作
	表面烧伤	1. 砂轮太硬,粒度太大,组织太紧 2. 没有经常修整砂轮,砂轮太钝 3. 磨削用量太大,特别是磨削深度太大 4. 切削液供应不足
	表面拉毛	磨粒脱落在砂轮与工件之间,切削液过滤不干净

表 10-2　内孔磨削质量分析

质 量 问 题		产 生 原 因
形状误差	孔的断面不圆	1. 内圆磨床主轴箱主轴轴承间隙过大 2. 磨薄壁套内孔时,卡盘夹紧力太大,使工件弹性变形,磨后从卡盘上取下工件时工件弹性恢复,工件孔断面便成为弧边三角形
	内孔有锥度	产生原因基本上与磨外圆时的相同,参见表 10-1
	内孔两端成喇叭口	砂轮越程太大,砂轮位于两端时,砂轮轴弹性恢复,磨去量过多

（续）

质量问题		产 生 原 因
位置误差	端面与孔不垂直，工件外圆与孔不同轴	工件未找正或没夹牢，用塞规检验时，工件发生微量位移等
表面缺陷	内孔表面较粗糙	1. 砂轮修整得不光，砂轮磨钝或堵塞后未及时修整 2. 砂轮轴转速太低，砂轮轴径向圆跳动太大 3. 砂轮切入深度太大或工作台纵向进给速度太快
	表面烧伤表面拉毛	产生原因基本上与磨外圆时的相同，参见表 10-1。另外，砂轮直径选得太大或砂轮两边太尖锐，孔壁易产生拉毛现象

表 10-3 平面磨削质量分析

质量问题		产 生 原 因
	工件翘曲变形	1. 薄形工件刚性差，工件受磨削热变形，且上层热下层冷，使工件弓起，磨后工件翘曲变形 2. 薄形工件两端被夹住不能伸展，工件也会翘曲变形 3. 淬火后的工件和未经充分时效的铸件存在内应力，磨削后内应力重新分布而发生变形
	磨削面不平	床身导轨、横拖板导轨磨损和变形，使工作台纵向运动、砂轮横向运动产生误差而引起
	工件平行度误差	1. 工件定位面上有毛刺，工件与电磁吸盘间有异物，电磁吸盘磨损或表面被划伤，划痕边上凸起 2. 工件用平口钳装夹时，工件下面的垫铁未垫实 3. 砂轮选得太软，在磨削一个大平面过程中损耗太大 4. 磨床纵、横导轨磨损或变形
表面缺陷	表面比较粗糙、有波纹振痕、烧伤和裂纹	产生原因基本上与磨外圆、内孔时的相同，参见表 10-1、表 10-2

第四节 典型磨削件操作实例

一、零件分析

1. 零件图样

学生操作零件图样如图 10-18 所示。

2. 零件工艺分析

1）注意台阶外圆的表面粗糙度。

2）尺寸 $\phi70\text{mm}$ 对公轴线 A—B 的径向圆跳动公差为 0.01mm。

3）尺寸 $\phi40^{+0.013}_{+0.002}\text{mm}$ 对公轴线 A—B 的同轴度公差为 $\phi0.008\text{mm}$。

4）尺寸 $\phi40^{+0.006}_{-0.005}\text{mm}$ 对公轴线 A—B 的同轴度公差为 $\phi0.008\text{mm}$。

5）花键轴部分外圆 $\phi32^{-0.009}_{-0.025}$ 对公轴线 A—B 的径向圆跳动公差为 0.03mm。

6）$\phi40^{+0.013}_{+0.002}\text{mm}\times52\text{mm}$ 的左端面对公轴线 A—B 的轴向圆跳动公差为 0.02mm。

7）莫氏 4 号内圆锥孔对公轴线 A—B 的径向圆跳动公差为 0.015mm。

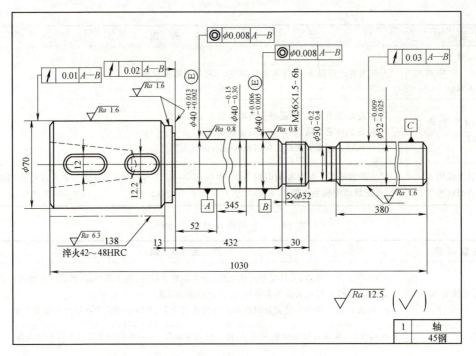

图 10-18　零件图样

8）零件装夹前应调整两顶尖之间的轴线，以达到重合。

二、操作过程

本次实训练习采用 M1420 型外圆磨床，具体操作步骤见表 10-4。

表 10-4　加工工艺过程卡

工序号	工序名称	工　序　内　容
1	研磨中心孔	在零件两端研磨中心孔，并检查。将中心孔擦净，加润滑油
2	调整同轴度	1. 调整尾座，使两顶尖轴线重合，在两顶尖间装夹零件 2. 用百分表调整零件跳动，跳动不能大于被磨削余量的 1/3
3	粗磨台阶	1. 用鸡心夹头夹持 φ70mm 外圆 2. 粗磨 φ40mm 的各个台阶外圆，放精磨余量 0.1mm
4	磨花键	精磨花键至图样要求
5	粗磨外圆	1. 用鸡心夹头夹持 φ32mm 外圆 2. 粗磨 φ70mm 外圆，放余量 0.1mm
6	精磨外圆	精磨 φ70mm 外圆，加工至公差要求
7	精磨台阶	1. 调头装夹 φ70mm 外圆 2. 精磨 φ40mm 的各个台阶外圆，加工至公差要求
8	精磨莫氏 4 号内圆锥孔	1. 夹持小端用中心架托尺寸 $\phi40^{+0.013}_{+0.002}$ mm 和 $\phi40^{+0.006}_{-0.005}$ mm 处，并找正 2. 精磨莫氏 4 号内圆锥孔至图样要求
9	检查零件	以零件图样检查零件的尺寸
10	入库	涂油入库

三、操作注意事项

1）工作时要穿工作服，女学生要戴安全帽，不能戴手套，夏天不得穿凉鞋进入车间。

2）应根据工件材料、硬度及磨削要求，合理选择砂轮。新砂轮要用木槌轻敲检查是否有裂纹，有裂纹的砂轮严禁使用。

3）安装砂轮时，在砂轮与法兰盘之间要垫衬纸。砂轮安装后要做砂轮静平衡。

4）砂轮工作速度应符合所用机床的使用要求。高速磨床特别要注意校核，以防发生砂轮破裂事故。

5）开机前应检查磨床的机械、砂轮罩壳等是否坚固；防护装置是否齐全。起动砂轮时，工作人员不应正对砂轮站立。

6）砂轮应经过两分钟空运转试验，确定砂轮运转正常才能开始磨削。

7）干磨磨削在修整砂轮时要戴口罩并开起吸尘器。

8）不得在加工中测量，测量工件时要将砂轮退离工件。

9）外圆磨床纵向挡铁的位置要调整得当，要防止砂轮与顶尖、卡盘、轴肩等部位发生撞击。

10）使用卡盘装夹工件时，要将工件夹紧，以防脱落。卡盘扳手用后应立即取下。

11）在头架和工作台上不得放置工具、量具及其他杂物。

12）在平面磨床上磨削高而窄的工件时，应在工件的两侧放置挡块。

13）使用切削液的磨床，使用结束后应让砂轮空转 1~2min 脱水。

14）注意安全用电，不得随意打开电气箱。操作时如发现电气故障应请电工维修。

15）实习中应注意文明操作，要爱护工具、量具、夹具，保持其清洁和精度；要爱护图样和工艺文件。

16）要注意实习环境文明，做到实习现场清洁、整齐、安全、舒畅；做到现场无杂物、无垃圾、无切屑、无油迹、无痰迹、无烟头。

第五节　先进磨削技术

一、高效磨削技术

（1）**高速和超高速磨削**　砂轮线速度大于 45m/s 的磨削称为高速磨削；砂轮线速度大于 150m/s 的磨削称为超高速磨削。目前国内高速磨削的砂轮线速度普遍采用 50~60m/s，有的高达 80m/s，某些工业发达国家的砂轮线速度高达 250m/s。

（2）**缓进给深磨削**　采用很大的切削深度（1~30mm）和缓慢的进给速度（5~300mm/min）进行的磨削称为缓进给深磨削，亦称为深切缓进给强力磨削或蠕动磨削。

（3）**高效深切磨削**　高效深切磨削（HEDG）是缓进给深磨削和超高速磨削的结合。

（4）**宽砂轮与多砂轮磨削**　宽砂轮磨削是用增大磨削宽度来提高磨削效率的。多砂轮磨削是使用多片排列成相应间隔的砂轮同时横向切入工件，从而完成工件表面磨削加工的方法。

（5）**砂带磨削**　砂带磨削是以砂带作为磨具，并辅之以接触轮、张紧轮、驱动轮等组成的磨头组件对工件进行加工的一种磨削方法。

二、精密及超精密磨削技术

（1）**精密磨削** 是指加工精度为 $0.1\sim1\mu m$，表面粗糙度 Ra 值达到 $0.01\sim0.2\mu m$ 的磨削方法。而强调表面粗糙度 Ra 值为 $0.01\mu m$ 以下的、表面光泽如镜的磨削方法，称为镜面磨削。

（2）**超精密磨削** 是指加工精度达到 $0.1\mu m$ 级，表面粗糙度 Ra 值在 $0.01\mu m$ 以下的磨削方法。

三、磨削自动化

为了顺应市场不断变化的需求，随着加工过程自动化的不断升温，磨床制造企业开始将关注焦点从产量、品种转向磨床制造技术与自动化加工的融合，以及如何采用数字化手段进一步提高磨床精度。

一般来说，磨削加工是保证最终工艺尺寸精度的精密加工，这就要求磨床具有很高的制造装配精度。但现代制造业对磨床的要求还不仅限于此，还要求磨床具有很高的自动化程度。目前磨床自动化分为四种：①自动化达到人工（或者说非熟练技工）不能达到的精度；②自动化达到人工不能达到的产品精度一致性；③自动化达到人工难以达到的效率；④自动化缩短人工设置及调整装夹时间。

在追求自动化的同时，应最大化地降低生产成本，为此需要考虑两个因素，即机床本身和加工工艺。

自动化实现程度对机床本身要求非常高，不是所有设备都具有这些功能。机床需要具有一个模块化设计，可以满足不同的用户需求，来进行柔性化加工。除此之外，机床还需要具有非常高的运算速度以及非常广泛的接口，以增强与自动化系统的匹配。

另外，加工工艺对自动化系统来说也同样重要。自动化要实现一种无人化操作，从送料到加工完成，其间各个步骤都需要借助人工去实时检测。任何一个环节出现问题，都不能实现机床自动化加工。

计算机数字控制机床（CNC 机床）用来磨削冲头，由机床本身自动上下料系统组成，可进行无人化操作。它的高自动化体现在以下几个方面：全自动无人化操作；自动上下料系统，机器人自动存放工件仓库一次可存放一个星期所需的工件；自动测量系统，工件磨削前后可进行测量；高精度、高效率、低损耗伺服电动机驱动自动修整系统，具有自动补偿功能。

四、先进磨削技术的发展方向

最近几十年来，科技进步所取得的重大成果无不与制造技术，尤其与超精密加工技术密切相关。从某种意义上看，超精密加工担负着支持最新科学发现和发明的重要使命。超精密加工技术在航天运载工具、武器研制、卫星研制中有着极其重要的作用。据有关资料显示，美国等国的高精尖武器系统的制造技术支撑，完全依赖于超精密加工技术，其某些卫星、超视距空对空攻击能力、精确制导的对地攻击能力、夜战能力和电子对抗技术等，都与超精密加工技术有着密切的关系。

超精密加工是现代机械制造技术的重要研究方向，是从精密加工发展而来的。通常把被加工零件的尺寸精度和几何精度达到亚微米级、表面粗糙度达到纳米级的加工称为超精密加工。实现超精密加工所采取的工艺方法和技术措施称为超精密加工技术，包括：①超精密切削，如超精密金刚石刀具镜面车削、磨削和铣削等；②超精密磨削、研磨和抛光；③超精密特种加工，如电子束、离子束、激光束加工等。超精密加工技术是国家尖端技术，它既是高代价、高投入的工艺技术，又是高增值、高回报的工艺技术，世界先进工业国家都把它放在国家技术和经济振兴的重要位置。

我国目前已经成功研制出回转精度达 0.1025μm 的超精密轴系，并已装备到超精密车床和超精密铣床上，克服了长期以来由于国外技术封锁给超精密机床的研制带来的巨大限制。我国在超精密加工的效率及精度可靠性方面，特别是规格（大尺寸）和技术配套性方面与先进国家和生产实际要求相比，还有相当大的差距。

国外超精密加工的发展方向是：①随着纳米技术的发展，纳米加工机床功能向复合型方向发展。一些超精密机床本身具备了测量机的基础条件，机床可以实现加工、测量一体化；②应用纳米加工技术，可加工工件的规格范围逐渐加大，机床向大型化发展。由于航天技术的不断发展，要求超精密机床的加工工件尺寸越来越大，超精密机床加工大型工件的记录不断被刷新。

超精密铣磨、研磨和抛光的加工对象主要是玻璃、陶瓷等硬脆材料，一般采用此工艺方法可达到纳米级表面粗糙度和高精度的面形要求。高效率、确定性去除、重复性好、无亚表面损伤、低成本、数控化是硬脆材料研磨（抛）加工追求的目标。许多先进加工方法已得到推广应用，例如：计算机控制光学表面成形（CCOS）技术、在线电解修整砂轮（ELID）磨削技术、磁流变抛光（MRF）技术等，不仅效率高，而且均可达到纳米级甚至埃级表面粗糙度。目前，硬脆材料延性域磨削、非球面超精密加工及检测技术等成为研究前沿。

超精密特种加工技术主要是指微细电火花加工、微细电解加工、微细超声加工、三束（电子束、离子束和激光束）加工等非传统加工技术。其中离子束加工、等离子体辅助抛光等方法已实现纳米级加工精度。大规模集成电路芯片用电子束、离子束刻蚀加工，线宽可达 0.07~0.10μm；用扫描隧道电子显微镜（STM）加工，线宽可达 2~5nm。

 复习思考题

1. 磨削加工能达到的精度和表面粗糙度为多少？

2. 磨削可以加工的表面有哪些类型？

3. 磨削加工与其他切削加工方法比较有哪些显著不同的特点？

4. 万能外圆磨床由哪几部分组成？各起什么作用？

5. 以磨外圆为例分析磨削有哪些运动？何谓主运动？进给运动有几个？各磨削用量的单位是什么？

6. 砂轮的特性由哪些要素组成？

7. 直径大于 125mm 的新砂轮使用前为什么一定要进行平衡？

8. 磨平面的方法有哪两种？各有何优缺点？

9. 磨外圆的方法有哪几种？各有何优缺点？

10. 磨外圆锥面的方法有哪四种？各适合加工哪种工件？

第十一章 数控加工

数控机床加工精度高、加工质量稳定、加工柔性好，自动化程度高，能直接加工一般机床加工不了的复杂曲线和曲面。国产大飞机上采用了轻量化高强度的铝锂合金新材料，最薄处仅和鸡蛋壳差不多，离不开一项关键国产设备——双五轴镜像铣装备的诞生。另外，整体叶轮是涡轮式发动机的核心部件，它在航空航天、石油化工、冶金、国防等行业均有广泛的应用，是具有代表性的且造型比较规范、典型的曲面复杂类零件，采用五轴联动数控加工，优化切削参数，可极大提高叶轮等复杂曲面零件的加工质量，也充分体现了我国装备制造业的发展水平。

数字控制（Numerical Control，NC）是一种自动控制技术，是用数字化信号对机床的运动及其加工过程进行控制的一种方法。

数控机床（NC Machine）就是采用数控技术的机床，或者说是装备了数控系统的机床。它是一种综合应用计算机技术、自动控制技术、精密测量技术、通信技术和精密机械技术等先进技术的典型的机电一体化产品。

国际信息处理联盟（International Federation of Information Processing，IFIP）第五技术委员会对数控机床做了如下定义：数控机床是一种装有程序控制系统的机床，该系统能逻辑地处理具有特定代码和其他符号编码指令规定的程序。

如图 11-1 所示，数控机床由程序编制及程序载体、输入装置、数控装置（CNC）、伺服驱动及位置检测、辅助控制装置和机床本体等几部分组成。

本章以数控车床、数控铣床和数控雕刻机为例，简单介绍这几种机床的加工原理、特点、加工方式、编程方法等。

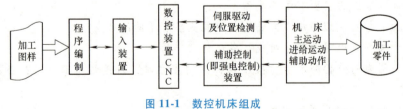

图 11-1　数控机床组成

第一节　数控车床编程

不同的数控车床，由于采用的数控系统有差别，故有些功能指令的定义会有一些差别，但基本编程方法相似。本节以南京第二机床厂生产的 CK6150 型数控车床为例，介绍数控车床的基本编程及操作方法。该车床采用 FANUC Series Oi_Mate—TC 数控系统，最大车削直径为 φ520mm，最大加工长度为 1500mm。

一、常用功能指令

1. 准备功能

准备功能又称为 G 功能或 G 代码，它用于指定工作方式，有模态和非模态之分。模态代码一经指定就一直有效，直到被同组代码取代（只有同组代码才可相互取代）为止，或被 M02、M30、紧急停止以及按"复位"键撤销。非模态代码只在该代码所在的程序段中有效，在下一程序段则自动取消。FANUC 数控车床系统的常用准备功能见表 11-1。

表 11-1 FANUC 数控车床系统的常用准备功能

代码	组别	功　　能	代码	组别	功　　能
G00*	01	快速点定位	G58	14	选择工件坐标系 5
G01		直线插补	G59		选择工件坐标系 6
G02		顺时针圆弧插补	G70	00	精车循环
G03		逆时针圆弧插补	G71		外圆粗车循环
G04	00	暂停,持续时间用 K 编入	G72		端面粗车循环
G28		返回参考点	G73		固定方式粗车循环
G29		从参考点返回	G74		钻孔循环
G32	01	螺纹切削	G75		割槽循环
G40*	07	撤销刀具半径补偿	G76		螺纹切削组合循环
G41		左边刀具半径补偿	G90	01	外圆切削循环
G42		右边刀具半径补偿	G92		螺纹切削循环
G50	00	设工件坐标系,限制最高转速	G94		端面切削循环
G54	14	选择工件坐标系 1	G96	02	主轴恒线速控制
G55		选择工件坐标系 2	G97*		取消主轴恒线速控制
G56		选择工件坐标系 3	G98	05	进给速度按每分钟设定
G57		选择工件坐标系 4	G99*		进给速度按每转设定

注：1. 00 组的代码为非模态代码，其他均为模态代码。

2. 标有 * 号的 G 代码，表示在系统通电后，或执行过 M02、M30，或在紧急停止，按"复位"键后系统所处的工作状态。

3. 若不相容的同组 G 代码被编在同一程序段中，则系统认为最后编入的那个 G 代码有效。

4. FANUC 车床系统中用 X、Z 表示按绝对坐标编程；用 U、W 表示按增量坐标编程。

5. 圆弧插补的顺逆走向如图 11-2 所示。

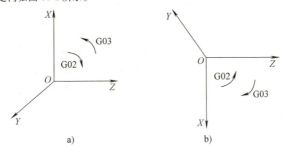

图 11-2 圆弧插补的顺逆走向

a）后置刀架　b）前置刀架

2. 辅助功能

辅助功能又称 M 功能或 M 代码，它用于指定机床工作时的各种辅助动作及状态。FANUC 数控车床系统的常用辅助功能见表 11-2。

表 11-2　FANUC 数控车床系统的常用辅助功能

代　码	功　　能	代　码	功　　能
M00	程序暂停	M08	切削液开
M01	程序条件停止	M09	切削液关
M02	程序结束，主轴停止	M23	自动螺纹倒角
M03	起动主轴正转	M30	程序结束，且返回到程序开始
M04	起动主轴反转	M98	子程序调用
M05	主轴停止	M99	子程序结束

3. F 功能

F 功能用于指定进给速度，单位是 mm/r 或 mm/min。F 值指定后一直有效，直到被新的 F 值取代为止。G00 执行的是系统设置的速度，但不会撤销前面所编的 F 值。

4. S 功能

S 功能用于指定主轴转速，单位是 r/min，当设定恒速切削时，单位是 m/min。

5. T 功能

T 功能用于指定刀具号，进行自动换刀，如 T0101，前面的 01 为刀具号，后面 01 为刀补号。

二、典型例题

例 1　加工图 11-3a 所示的零件，使用粗加工循环 G71，精加工用 G70。

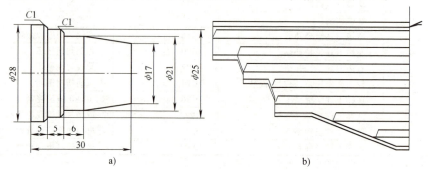

图 11-3　题例 1 图

此例为单调递减零件，其加工轨迹如图 11-3b 所示。

O0001；	（第 1 号程序）

粗加工程序：

N10　S600　M03；	（主轴正转，600r/min）
N20　T0101；	（调用 1 号刀具，使用 1 号刀具补偿参数）
N30　G00　X32. Z2.；	（快进到加工循环点）
N40　G71　U1.0　R0.5；	（粗车循环，粗车切削深度 1mm，退刀量 0.5mm）
N50　G71　P60　Q160　U0.5　W0　F0.2；	（轮廓区域 N60～N160）
N60　G00　X17.；	
N70　G01　Z0　F0.1；	
N80　G01　X21. Z-14.；	
N90　G01　X21. Z-20.；	
N100　G01　X23.；	
N110　G01　X25. Z-21.；	
N120　G01　Z-25.；	

N130　G01　X26. ;
N140　G01　X28.　Z-26. ;
N150　G01　Z-30. ;
N160　G01　X32. ;
N170　G00　X50. ;　　　　　　　　（径向退刀）
N180　G00　Z100. ;　　　　　　　　（轴向退刀）
N190　M05；　　　　　　　　　　　（主轴停转）
N200　M00；　　　　　　　　　　　（程序暂停）
精加工程序：
N210　S800　M03；　　　　　　　　（主轴正转，800r/min）
N220　T0101；　　　　　　　　　　（调用 1 号刀具，使用 1 号刀具补偿参数）
N230　G00　X32.　Z2. ;　　　　　　（快进到加工循环点）
N240　G70　P60　Q160　F0. 1；　　　（精车循环，执行 N60～N160 程序段）
N250　G00　X100. ;　　　　　　　　（径向退刀）
N260　G00　Z100. ;　　　　　　　　（轴向退刀）
N270　M05；　　　　　　　　　　　（主轴停转）
N280　M30；　　　　　　　　　　　（程序结束）
%

例 2　加工图 11-4a 所示的零件，使用 G73 闭合车削循环。

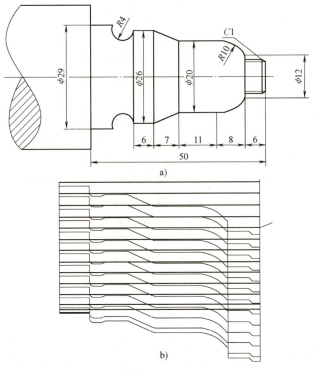

图 11-4　题例 2 图

此例加工轨迹如图 11-4b 所示。
O0002；　　　　　　　　　　　　　（第 2 号程序）

粗加工程序：

N10 S600 M03；　　　　　　　　　　（主轴正转，600r/min）

N20 T0101；　　　　　　　　　　　　（调用1号刀具，使用1号刀具补偿参数）

N30 G00 X32. Z2. ；　　　　　　　　（快进到加工循环点）

N40 G73 U12. W0 R12；

N50 G73 P60 Q180 U0.5 W0 F0.2；　　（轮廓区域 N60~N180）

N60 G00 X6. ；

N70 G01 Z0. F0.1；

N80 G01 X8. Z-1. ；

N90 G01 Z-6. ；

N100 G01 X12. ；

N110 G03 X20. Z-14. R10. ；

N120 G01 Z-25. ；

N130 G01 X26. Z-32. ；

N140 G01 Z-38. ；

N150 G02 X26. Z-42. R4. ；

N160 G01 X29. ；

N170 G01 Z-50. ；

N180 G01 X32. ；

N190 G00 X100. ；　　　　　　　　　（径向退刀）

N200 G00 Z50. ；　　　　　　　　　　（轴向退刀）

N210 M05；　　　　　　　　　　　　　（主轴停转）

N220 M00；　　　　　　　　　　　　　（程序暂停）

精加工程序：

N230 S800 M03；　　　　　　　　　　（主轴正转，800r/min）

N240 T0101；　　　　　　　　　　　　（调用1号刀具，使用1号刀具补偿参数）

N250 G00 X32. Z2. ；　　　　　　　　（快进到起始点）

N260 G70 P60 Q180 F0.1；　　　　　　（精车循环，执行 N60~N180 程序段）

N270 G00 X100. ；　　　　　　　　　　（径向退刀）

N280 G00 Z100. ；　　　　　　　　　　（轴向退刀）

N290 M05；　　　　　　　　　　　　　（主轴停转）

N300 M30；　　　　　　　　　　　　　（主程序结束）

第二节　数控车床操作

不同的数控车床操作不尽相同，本节以南京第二机床厂 CK6150 型数控车床（采用 FANUC Series Oi_Mate—TC 数控系统）为例，介绍数控车床的操作面板和基本操作方法等。

一、MDI 操作面板

MDI 操作面板是实现数控系统人机对话、信息输入的主要部件。通过 MDI 面板可以直接进行加工程序录入及图形模拟，并将参数设定值等信息输入到数控系统存储器中。

数控车床的 MDI 面板如图 11-5 所示。

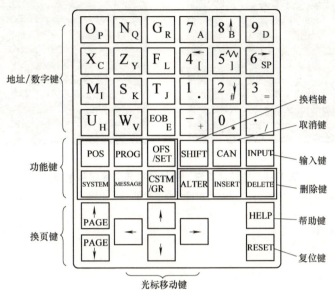

图 11-5　数控车床的 MDI 面板

二、机床操作面板的主要旋钮

机床操作面板的主要旋钮一般包括主功能旋钮、进给倍率调节旋钮和手轮。

主功能旋钮如图 11-6a 所示，用于数控机床工作模式的选择，常用的有编辑、自动、MDI、JOG、回零和手轮方式。

进给倍率调节旋钮如图 11-6b 所示，用于调节进给速度，调节范围为 0~120%。

手轮如图 11-6c 所示，用于控制轴的移动。先选择轴向（X 轴或 Z 轴），再转动手轮，手轮顺时针转动，相应的轴往正方向移动；手轮逆时针转动，相应的轴往负方向移动。

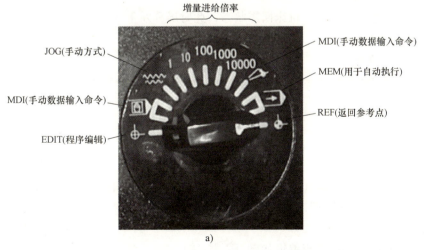

a)

图 11-6　主功能旋钮、进给倍率调节旋钮和手轮

a）主功能旋钮

b)　　　　　　　　　　　　　　　　　c)

图 11-6　主功能旋钮、进给倍率调节旋钮和手轮（续）

b）进给倍率调节旋钮　c）手轮

三、基本操作

1. 机床开机

1）将电源打开。

2）按"ON"键。

3）将机床解锁。

2. 机床关机

1）关上机床安全门。

2）按"OFF"键。

3）将电源关掉。

3. 紧急停止

在机床运行过程中，遇到危险情况时，将急停按钮"EMERGENCY Stop"按下，机床立即停止运动；将按钮"EMERGENCY Stop"右旋则解锁，按"RESET"键复位。

4. 返回参考点（或返回零点）

1）将主功能旋钮右旋到底至机床回零状态，此时屏幕左下角出现"REF"。

2）按"POS"（位置）键。

3）按"综合"软键。

4）注意屏幕上显示的机械坐标，手动按住"X+"直至 X 坐标值变为 0，同样按住"Z+"直至 Z 坐标值变为 0。

5. 手动进给

1）将主功能旋钮旋至手动状态，此时屏幕左下角出现"JOG"。

2）调节进给速度倍率旋钮。

3）按"+X"或"-X"键（或"+Z""-Z"键），即可正负向移动相应轴。

4）按"CW"或"CCW"键，即可使主轴正、反向旋转；按"STOP"键，即使主轴停转。

6. 程序输入

1）将主功能旋钮左旋到底至编辑状态。

2）按"PROG"（程序）键。

3）输入程序号如"O0010"，按"INSERT"（插入）键，按"EOB"（End of Block，行结束标记）键输入分号，再按"INSERT"（插入）键。

4）程序内容的输入：如输入一行程序，按"EOB"键输入分号，再按"INSERT"（插入）键，即输入了一行。

5）"SHIFT"（换挡）键应用：在 MDI 操作面板上，有些键具有两个功能，如输入"M98 P0080;"时，为了输入字母"P"，应该先按"SHIFT"（换挡）键，再按对应的字母键。

7. 程序修改

1）在某行后面增加一行：将光标移至该行末尾分号处，输入一行程序，按"INSERT"（插入）键。

2）删除某个字符：将光标移至该字符，按"DELETE"键；删除一行：将光标移至该行行首，多次按"DELETE"键将该行内容逐个删除。

3）输错内容后修改：如输入"G037"，按一次"CAN"（取消）键则从右至左删除，变成"G03"。另外，若输入"G01 X10. Z20.;"后发现应该将"Z20."改为"Z30."，可将光标移至"Z20"处，输入"Z30"，再按"ALTER"（替换）键即可（在 FANUC Oi 系统中尺寸字后的数字需加小数点，若漏写，数值将会自动变为千分之一。例如：X20 在系统中将变成 X0.02）。

8. 程序删除

1）将主功能旋钮左旋到底至编辑状态。

2）按"PROG"（程序）键。

3）按"程式"软键。

4）输入程序号，如"O0090"。

5）按"DELETE"（删除）键。

9. 刀具补偿值输入

1）按"OFS/SET"（偏置/设置）键。

2）按光标键"←""↑""→""↓"，选择刀具参数地址。

3）输入刀补参数。

4）按"INPUT"（输入）键。

10. 图形模拟

1）将主功能旋钮左旋到底至编辑状态。

2）按"PROG"（程序）键。

3）输入程序号，如"O0020"，按光标键"↑"或"↓"。

4）将主功能旋钮旋至自动运行状态，此时屏幕左下角出现"MEM"。

5）将机床锁定。

6）按"CSTM/GR"键。

7）按屏幕下方"加工图"软键。

8）按"DRN"键。

9）按循环启动按钮。

11. 自动加工

1）将主功能旋钮右旋到底至机床回零状态，此时屏幕左下角出现"REF"。

2）按"POS"（位置）键。

3）按屏幕下方"综合"软键。

4）注意屏幕上显示的机械坐标，手动按住"X+"直至 X 坐标值变为 0，同样按住"Z+"直至 Z 坐标值变为 0。

5）将主功能旋钮旋至编辑或自动状态。

6）按"PROG"（程序）键。

7）输入程序号，如"O0070"，按光标键"↑"或"↓"。

8）切换至 MEM 状态，按循环启动键执行。

第三节　数控车床计算机仿真操作

数控车床计算机仿真操作是机床操作的一种有力的辅助手段，学生可以通过计算机仿真机床进行机床的回机械原点、对刀、手动切削等一系列操作，从而培养学生操作机床的兴趣。在仿真的过程中不断练习操作内容，减少机床实体操作的失误率。本节以数控加工仿真系统为例，介绍数控车床的仿真界面及机床仿真操作。

本操作采用 FANUC Series Oi_Mate—TC 数控系统。

一、仿真界面

图 11-7 所示为数控车床的仿真界面及常用按钮。

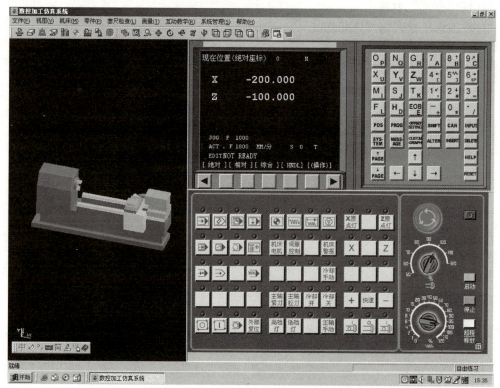

图 11-7　数控车床的仿真界面及常用按钮

自动运行　编辑　返回原点　手动

循环启动　　　主轴CW　主轴停

图 11-7　数控车床的仿真界面及常用按钮（续）

二、程序录入

1. 按钮准备

1）先将"紧急停"按钮释放，再按下绿色"启动"按钮，使机床按钮如图 11-8 所示。

图 11-8　机床按钮（车床）

2）选择"编辑"和"POS"按钮，使屏幕进入程式界面。

2. 程序名的录入

图 11-9 所示为数控车床仿真编程界面，在此界面可录入程序名。

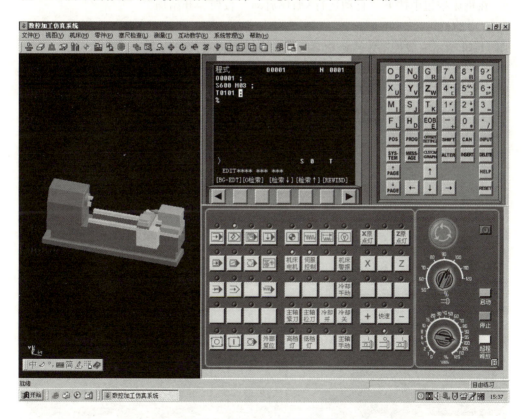

图 11-9　数控车床仿真编程界面

先输入程序名"O××××"（×代表数字 0~8999 中任意一个都可作为新建程序的代码），按"INSERT"按钮，再录入分号（或"EOB"键）后按下"INSERT"按钮，程序名即录入完毕。

3. 程序段的录入及修改

1）录入程序时每行结束都必须输入分号后再按下"IN-SERT"按钮。

2）修改程序时可利用图 11-10 所示的按钮进行删除、替换、插入等。

图 11-10 数控车床仿真界面删除、替换、插入按钮

三、程序校对

1. 校对前的准备

1）在机床按钮中按下"自动运行"按钮，并按下 CUSTCM GRAPH （图像切换），使得最左侧的屏幕变为黑屏。再按下"复位"与前视图进行视图调换，使得界面左下角如图 11-11 所示。

图 11-11 坐标系显示

2）在机床按钮中按下"编辑"按钮，进入程式界面。

3）在程式界面中录入程序名"O××××"，按"↓"键，找到要校对的程序。

4）在机床按钮中按下"自动运行+循环启动"按钮，开始加工。

2. 程序的校对

图 11-12 所示为数控车床轨迹仿真界面，在此界面可校对程序。

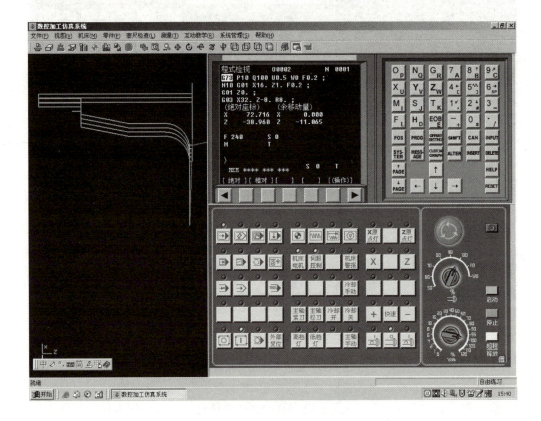

图 11-12 数控车床轨迹仿真界面

四、机床仿真加工

1. 机床操作界面

在校对好程序后就可以进行仿真机床操作了，按下 $\boxed{\begin{array}{c}\text{CUSTCM}\\\text{GRAPH}\end{array}}$ 键，将左侧视图切换成机床显示。

2. 加工前的准备

（1）装夹零件　在"零件"菜单中定义毛坯并装夹零件。

（2）装夹刀具　在刀具库中找到刀具，选择俯视图观察机床。

（3）回机械原点　在机床按钮中找到"回原点"按钮，并选择正确的加工轴回原点。

（4）对刀及参数设定

1）回到原点后，按下"手动"按钮，选择正确的轴向（X 或 Z）将刀具移到零件前端，点选"主轴正转"按钮。

2）在端面切削一刀，保持切削轴向不动，按下 $\boxed{\begin{array}{c}\text{CUSTCM}\\\text{GRAPH}\end{array}}$ 键进入工具补正／形状界面，输入"z0."后按对话框中的"测量"按钮。

3）再在零件外圆切削一刀，同样保持切削轴向不动，按下"主轴停止"按钮，在菜单中找到测量（T），测出切削好的外径并输入到工具补正／形状界面。

3. 机床加工仿真

补偿值输入后就可以直接按"自动运行"和"循环启动"这两个按钮进行实体仿真加工，图 11-13 所示即为数控车床实体加工仿真界面。

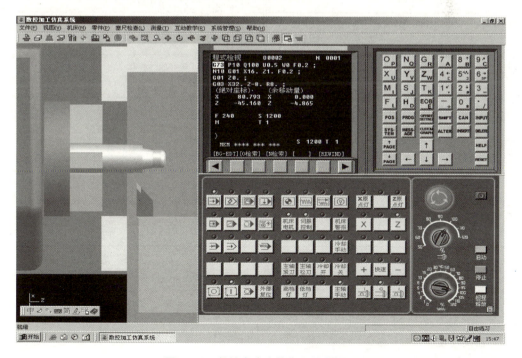

图 11-13　数控车床实体加工仿真界面

第四节　数控铣床编程

数控铣床的功能指令与数控车床有些相似之处，其编程的方法是一样的。本节以 XK715 型铣床为例，介绍数控铣床的编程方法。该铣床本体由南京第二机床厂制造，采用 FANUC Series Oi_MC 数控系统，工作台面宽度和长度分别为 500mm 和 1050mm，运动方式为三轴联动。

一、常用功能指令

1. 准备功能

FANUC 数控铣床系统的常用准备功能见表 11-3。

表 11-3　FANUC 数控铣床系统的常用准备功能

代码	组别	功　　能	代码	组别	功　　能
G00*	01	快速点定位	G54	14	选择工件坐标系 1
G01		直线插补	G55		选择工件坐标系 2
G02		顺时针圆弧插补	G56		选择工件坐标系 3
G03		逆时针圆弧插补	G57		选择工件坐标系 4
G04	00	暂停	G58		选择工件坐标系 5
G17*	02	选择 XY 平面	G59		选择工件坐标系 6
G18		选择 XZ 平面	G80*	09	撤销循环
G19		选择 YZ 平面	G81		定点钻孔循环
G27	00	返回并检查参考点	G83		深孔钻循环
G28		返回参考点	G84		攻螺纹循环
G29		从参考点返回	G90*	03	绝对坐标编程
G30		返回第二参考点	G91		增量坐标编程
G40*	07	撤销刀具半径补偿	G92	00	设置工件坐标系原点、限定主轴最高转速
G41		左边刀具半径补偿	G94*	05	进给速度按每分钟设定
G42		右边刀具半径补偿	G95		进给速度按每转设定
G43	08	刀具长度正补偿	G96	13	恒线速度切削
G44		刀具长度负补偿	G97*		撤销恒线切削
G49*		撤销刀具长度补偿	G98*	10	返回初始点平面
G53	00	选择机床坐标系	G99		返回切削开始点平面

注：1. 00 组的代码为非模态代码，其他均为模态代码。

　　2. 标有 * 的 G 代码，表示在系统通电后，或执行过 M02、M30，或在紧急停止，按"复位"键后系统所处的工作状态，即系统原始工作状态。

　　3. 若不相容的同组 G 代码被编在同一程序段中，则系统认为最后编入的那个 G 代码有效。

2. 辅助功能

辅助功能由字母 M 和其后的两位数字组成，主要用于控制主轴起动、旋转、停止、切削液的开关和程序结束等辅助动作。FANUC 数控铣床系统的常用辅助功能见表 11-4。

表 11-4　FANUC 数控铣床系统的常用辅助功能

代　码	功　　能	代　码	功　　能
M00	程序暂停	M06	换刀
M01	程序条件停止	M08	切削液开
M02	程序结束，主轴停止	M09	切削液关
M03	起动主轴正转	M30	程序结束，且返回到程序开始
M04	起动主轴反转	M98	子程序调用
M05	主轴停止	M99	子程序结束

3. F 功能

F 功能用于指定进给速度，但执行 G00 时，机床以系统指定的速度快速进给，与编程的 F 值无关，但不会撤销前面所编的 F 值。进给速度还可由倍率开关调节。

4. S 功能

S 功能用于指定主轴转速，单位是 r/min，可用主轴转速倍率调节旋钮；当设定恒速切削时，单位是 m/min。

5. T 功能

T 功能用于指定刀具号，由 T 代码及其后面的两位数字来表示，如 T05 表示选择第 5 号刀具。

6. D 功能

D 功能表示刀具半径补偿量的存储器地址代码，如 D11 表示刀补值保存在第 11 号存储器中。

7. H 功能

H 功能表示刀具长度补偿量的存储器地址代码，用法同 D 功能。

二、编程基础

1. 快速点定位

格式：G00 X_　Y_　Z_；

说明：

1) G00 是以机器参数设定的快速进给速度执行的，程序中的 F 值对它不起作用。

2) 每个轴的快速进给速度是独立的，两轴同时移动时，运动轨迹不受控制。

2. 直线插补

格式：G01 X_　Y_　Z_　F_；

说明：

1) X、Y、Z：终点坐标；F：进给速度。

2) 执行 G01 时，刀架以给定的 F 值做直线运动。当两轴同时运行时，其运动轨迹是起点和终点之间的直线。

例 3　如图 11-14 所示，加工"工"字。

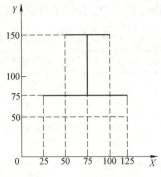

图 11-14　题例 3 图

程序如下：

O0003 ；　　　　　　　　　　　　（第 3 号程序）

N10　S1000　M03 ；　　　　　　　（主轴正转，1000r/min）

N20　G54　G90　G17　G00　Z50. ；　　　（使用 G54 工件坐标系，绝对值编程）

N30　G00　X50.　Y150. ；　　　　（快速定位）

N40　G00　Z5. ；　　　　　　　　（快速下刀到 Z5mm 处）

N50　G01　Z-1.　F100 ；　　　　　（下刀到 Z-1mm 处，进给速度 100mm/min）

N60　G01　X100. ；　　　　　　　（加工直线）

N70　G00　Z5. ；　　　　　　　　（快速抬刀）

N80　G00　X75. ；　　　　　　　（快速定位）

N90　G01　Z-1. ；　　　　　　　（下刀加工）

N100　G01　Y75. ；　　　　　　　（加工直线）

N110　G00　Z5. ；　　　　　　　（快速抬刀）

N120　X25. ；　　　　　　　　　（快速定位）

N130　G01　Z-1. ；　　　　　　　（下刀加工）

N140　X125. ；　　　　　　　　　（加工直线）

N150　G00　Z100. ；　　　　　　（快速抬刀）

N160　X0　Y0 ；

N170　M05 ；　　　　　　　　　　（主轴停转）

N180　M30 ；　　　　　　　　　　（程序结束）

%

3. 绝对坐标值编程

格式：G90

说明：

1）该指令以后的所有坐标值全部以编程原点为基准。

2）该指令与 G91 均可单独作为一句程序段，也可编入其他程序段中。

4. 增量坐标值编程

格式：G91

说明：该指令以后的坐标值都以前一个坐标位置为原点来计算。

5. 返回机床参考点

格式：G28 X_ Y_ Z_ ；

说明：以 G00 速度经过中间点返回机床指定轴的参考点，*X*、*Y*、*Z* 为中间点的坐标值。

例 4 以当前点为中间点返回

G91 G28 X0 Y0 Z0；

6. 平面选择

格式：G17 （选择 *XY* 平面为主平面）

G18 （选择 *XZ* 平面为主平面）

G19 （选择 *YZ* 平面为主平面）

说明：系统对所选平面上的两个轴进行刀具半径补偿，对垂直于所选平面的轴进行刀具长度补偿。

第五节　数控铣床操作

数控铣床的种类较多，其操作方法差别较大，本节以南京第二机床厂生产的 XH715 型数控铣床（采用 FANUC Series Oi_MC 系统）为例，介绍数控铣床的操作面板及基本操作方法等。

一、MDI 操作面板

MDI 操作面板是实现数控系统人机对话、信息输入的主要部件。通过 MDI 面板可以直接进行加工程序录入及图形模拟，并将参数设定值等信息输入到数控系统存储器中。

数控铣床的 MDI 面板如图 11-15 所示。

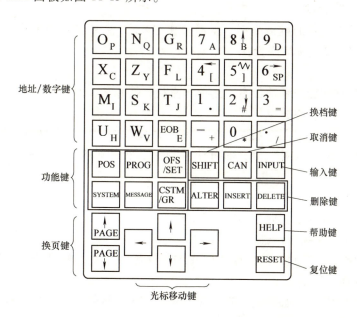

图 11-15　数控铣床的 MDI 面板

二、机床操作面板的主要旋钮

主要旋钮一般包括主功能旋钮、主轴转速倍率调节旋钮和进给倍率调节旋钮。

（1）主功能旋钮　用于数控机床工作模式的选择，常用的有编辑、自动、MDI、JOG、回零和手轮方式。

（2）主轴转速倍率调节旋钮　用于调节主轴转速，调节范围为 50%~120%。

（3）进给倍率调节旋钮　用于调节进给速度，调节范围为 0~120%。

三、基本操作

1. 机床开机

1）将电源打开。

2）按"ON"键。

3）将机床解锁。

2. 机床关机

1）关上机床安全门。

2）按"OFF"键。

3）将电源关掉。

3. 紧急停止

在机床运行过程中，如遇到危险情况，将急停按钮"EMERGENCY Stop"按下，机床立即停止运动，将按钮"EMERGENCY Stop"右旋则解锁，按"RESET"键复位。

4. 返回参考点（或返回零点）

1）将主功能旋钮右旋到底至机床回零状态，此时屏幕左下角出现"REF"。

2）按"POS"（位置）键。

3）按"综合"软键。

4）注意屏幕上显示的机械坐标，手动按住"X+"使 X 坐标值变为 0，同样分别按住"Y+""Z+"使 Y、Z 坐标均变为 0；

5. 手动进给

1）将主功能旋钮旋至手动状态，此时屏幕左下角出现"JOG"。

2）调节进给速度倍率旋钮。

3）按"+X"或"-X"键（或"+Y""-Y""+Z""-Z"键），即可正负向移动相应轴。

4）按"CW"或"CCW"键，即可使主轴正、反向旋转。按"STOP"键，即使主轴停转。

6. 程序输入

1）将主功能旋钮左旋到底至编辑状态。

2）按"PROG"（程序）键。

3）输入程序号如"O0010"，按"INSERT"（插入）键，按"EOB"键输入分号，再按"INSERT"（插入）键。

4）程序内容的输入：如输入一行程序，按"EOB"键输入分号，再按"INSERT"（插入）键，即输入了一行。

5）"SHIFT"（换挡）键应用：在 MDI 操作面板上，有些键具有两个功能，如输入 "M98 P0080;"时，为了输入字母"P"，应该先按"SHIFT"（换挡）键，再按对应的字母键。

7. 程序修改

1）在某行后面增加一行：将光标移至该行末尾分号处，输入一行程序，按"INSERT"（插入）键。

2）删除某个字符：将光标移至该字符，按"DELETE"键；删除一行：将光标移至该行行首，多次按"DELETE"键将该行内容逐个删除。

3）输错内容后修改：如输入"G037"，按一次"CAN"（取消）键则从右至左删除，变成"G03"。另外，若输入"G01 X10. Y20. ;"后发现应该将"Y20"改为"Y30"，可将光标移至"Y20"处，输入"Y30"，再按"ALTER"（替换）键即可。

8. 程序删除

1）将主功能旋钮左旋到底至编辑状态。

2）按"PROG"（程序）键。

3）按"程式"软键。

4）输入程序号，如"O0090"。

5）按"DELETE"（删除）键。

9. 刀具补偿值输入

1）按"OFS/SET"（偏置/设置）键。

2）按光标键"←""↑""→""↓"，选择刀具参数地址。

3）输入刀补参数。

4）按"INPUT"（输入）键

10. 图形模拟

1）将主功能旋钮左旋到底至编辑状态。

2）按"PROG"（程序）键。

3）输入程序号，如"O0020"，按光标键"↑"或"↓"。

4）将主功能旋钮旋至自动运行状态，此时屏幕左下角出现"MEM"。

5）按"DRN"键。

6）按"MSTLOCK"键。

7）将机床锁定。

8）按"CSTM/GR"键。

9）按屏幕下方"加工图"软键。

10）按循环启动按钮。

11. 自动加工

1）将主功能旋钮右旋到底至机床回零状态，此时屏幕左下角出现"REF"。

2）按"POS"（位置）键。

3）按屏幕下方"综合"软键。

4）注意屏幕上显示的机械坐标，手动按住"X+"使 X 坐标值变为 0，同样分别按住 "Y+""Z+"使 Y、Z 坐标值均变为 0。

5）将主功能旋钮旋至编辑或自动状态。

6）按"PROG"（程序）键。

7）输入程序号，如"O0070"，按光标键"↑"或"↓"。

8）切换至 MEM 状态，按循环启动键执行。

第六节　数控铣床计算机仿真操作

数控铣床计算机仿真操作是机床操作的一种有力的辅助手段，学生可以通过计算机仿真机床进行机床的回机械原点、对刀、手动切削等一系列操作，从而培养学生操作机床的兴趣。在仿真的过程中不断练习操作内容，减少机床实体操作的失误率。本节以数控加工仿真系统为例，介绍数控铣床的仿真界面及机床仿真操作。

本操作采用 FANUC Series Oi_Mate—TC 数控系统。

一、仿真界面

图 11-16 所示为数控铣床仿真界面及常用按钮。

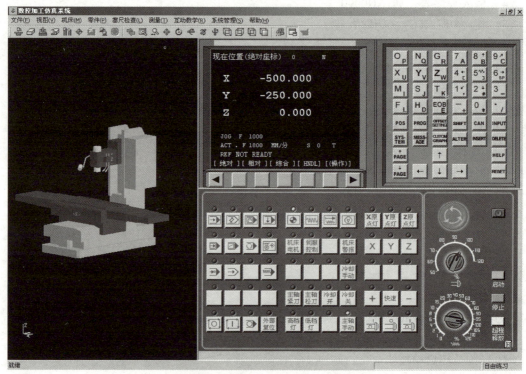

图 11-16　数控铣床仿真界面及常用按钮

二、程序录入

1. 按钮准备

1）先将"紧急停"按钮释放，再按下绿色"启动"
按钮，使机床按钮如图 11-17 所示。

图 11-17　机床按钮（铣床）

2）选择"编辑"按钮使屏幕进入程式界面。

2. 程序名的录入

图 11-18 所示为数控铣床仿真编程界面，在此界面可录入程序名。

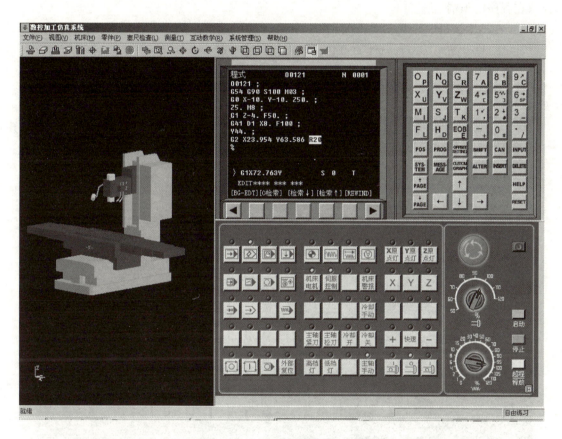

图 11-18　数控铣床仿真编程界面

先输入程序名"O××××"（×代表数字 0~8999 中任意一个都可作为新建程序的代码）。
按"INSERT"按钮，再录入分号（或"EOB"键）后按下"INSERT"按钮，程序名即录
入完毕。

3. 程序段的录入及修改

1）录入程序时每行结束都必须输入分号后再按下"INSERT"
按钮。

2）修改程序时可利用图 11-19 所示的按钮进行删除、替换、
插入等。

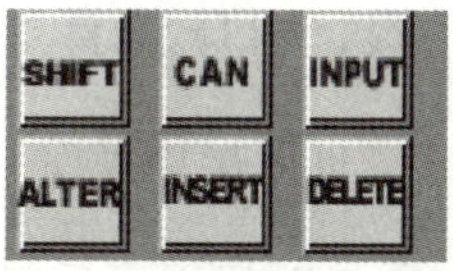

图 11-19　数控铣床仿真
界面删除、替换、
插入按钮

三、程序校对

1. 校对前的准备

1）在机床按钮中按下"自动运行"按钮，并按下 $\boxed{\begin{array}{c}\text{CUSTCM}\\\text{GRAPH}\end{array}}$（图像切换），使得最左侧的屏幕变为黑屏。再按下"复位"选择正确视图进行视图调换。

2）在机床按钮中按下"编辑"按钮，进入程式界面。

3）在程式界面中录入程序名"O××××"，按"↓"键，找到要校对的程序，并使光标停留在程序的顶端。

4）在机床按钮中按下"循环启动"按钮，开始运行程序。

2. 图11-20所示为数控铣床轨迹仿真界面，在此界面可校对程序。

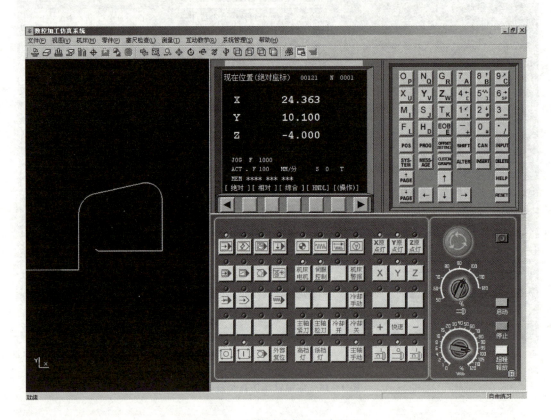

图11-20　数控铣床轨迹仿真界面

四、机床仿真加工

1. 机床操作界面

在校对好程序后就可以进行仿真机床操作了，按下 $\boxed{\begin{array}{c}\text{CUSTCM}\\\text{GRAPH}\end{array}}$ 键，将左侧视图切换成机床显示。

2. 加工前的准备

（1）装夹零件 在"零件"菜单中定义毛坯、选择夹具和安装零件。

（2）装夹刀具 在刀具库中找到刀具，选择正确视图安装刀具。

（3）回机械原点 在机床按钮中找到"回原点"按钮，并选择正确的加工轴 X_ Y_ Z 回原点。

（4）对刀及参数设定（对于方形毛坯）

1）回到原点后，按下"手动"按钮，选择正确的轴向（X、Y、Z），将刀具移到零件前端。

2）选择塞尺，移动 Z 轴，将铣刀切削刃移至塞尺表面调整松紧。调整适当后按下 CUSTCM GRAPH 键进入"WORK COONDATES"界面，找到番号为（01）的"G54"，输入"Z（塞尺厚度）"后按对话框中的"测量"按钮，抬高 Z 轴离开零件。

3）选择寻边器，移动 X 轴，将寻边器移动到零件一侧，将"X0"送入在 WORK COONDATES 界面中番号为（01）的"G54"中，此时按对话框中的"测量"按钮，得到一测量值。再在该测量值上加上寻边器的半径，此时得到的值即为 X 轴对刀值。

4）用与上一步同样的方法对 Y 轴，得出 Y 的测量值。

3. 机床加工仿真

补偿值输入后就可以直接按"自动运行"和"循环启动"这两个按钮进行实体仿真加工。图 11-21 所示即为数控铣床实体加工仿真界面。

图 11-21 数控铣床实体加工仿真界面

第七节　数控雕刻机编程

雕刻自古就有，在我国已发现的良渚玉琮中，有一件最大、最重、最精美的玉琮，重达13斤、高8.9cm，最宽的地方有17.6cm，孔内径3.8cm，在其四面中间的直槽处，各雕刻两幅完整的神人兽面纹，由于图案雕刻极为纤细隐秘，在1mm直槽上居然刻了五六条纹路，比头发丝还要细，体现了五千年前的良渚先民精湛的技艺及雕刻文化的造型、工艺等方面传承，承载了中华上下五千年的魅力，弘扬中华文明雕刻。

数控雕刻机支持很多版本的后处理程序，本节主要针对FANUC系统讲解一些编程的基本指令和用法。

一、常用功能指令

1. 准备功能

准备功能又称G功能或G代码，它用于指定工作方式，有模态和非模态之分。模态代码一经指定就一直有效，直到被同组代码取代（只有同组代码才可相互取代）为止，或被M02、M30、紧急停止以及按"复位"键撤销。非模态代码只在该代码所在的程序段中有效。

1）快速点定位

格式：G00 X_ Z_ ；

说明：

G00是以机器参数设定的快速进给速度执行的，程序中的F值对它不起作用。

X、Z：绝对值编程，终点坐标。

2）直线插补

格式：G01 X_ Z_ F_ ；

说明：

执行G01时，工作台或主轴以给定的F值做直线运动。当两轴同时运行时，其运动轨迹是起点和终点之间的直线。X、Z：绝对值编程，终点坐标。

3）圆弧插补

顺时针圆弧插补

格式：G02 X(U)_ Z(W)_ I_ K_ F_；

　　　G02 X(U)_ Z(W)_ R_ F_；

逆时针圆弧插补

格式：G03 X(U)_ Z(W)_ I_ K_ F_；

　　　G03 X(U)_ Z(W)_ R_ F_；

说明：

X、Z：圆弧终点坐标。

U、W：圆弧终点相对圆弧起点的相对位移量。

I、K：圆心相对圆弧起点的坐标增量，I值采用半径值。

R：圆弧半径，圆弧圆心角小于180°时，R为正值，否则R为负值。

F：进给速度

4）绝对坐标编程

指令：G90

5）增量坐标编程

指令：G91

6）选择工件坐标系

指令：G54～G59

7）刀具长度补偿

刀具长度正补偿

格式：G43 Z_ H_ ；

刀具长度负补偿

格式：G44 Z_ H_ ；

说明：*Z*：终点坐标。*H*：刀具长度补偿存储器地址。

2. 辅助功能

辅助功能又称 M 功能或 M 代码，它用于指定机床工作时的各种辅助动作及状态。

1）程序暂停（M00）

当程序执行到 M00 指令时，将暂停执行当前程序，以方便操作者进行刀具和工件的尺寸测量等操作。暂停时，机床的主轴、进给及切削液停止，而全部现存的模态信息保持不变，如果需要继续执行后续程序，再次按下操作面板上的"循环启动"键即可。

2）程序结束（M02、M30）

M02 指令在主程序的最后一段，表示程序结束，此时，机床的主轴、进给及切削液全部停止，加工结束。若要重新执行该程序就需要重新调用该程序。

M30 指令也表示程序结束，与 M02 指令基本相同，只是程序结束后，将返回到程序开始的位置，若要重新执行该程序，不需再次调用程序，只需再次按下"循环启动"键即可。

3）主轴控制指令（M03、M04、M05）

指令 M03 起动主轴正转；指令 M04 起动主轴反转；指令 M05 使主轴停转。

4）切削液开、关指令（M08、M09）

M08 指令用来开启切削液；M09 指令用来关闭切削液。

3. F 功能

F 功能用于指定进给速度，由 F 和其后的数字来表示。所指定的进给速度的单位是 mm/min。F 值指定后一直有效，直到被新的 F 值取代为止。G00 执行的是系统设置的速度，但不会撤销前面所编的 F 值。

4. S 功能

S 功能用于指定主轴转速，由 S 和其后的数字来表示。所指定的主轴转速的单位是 r/min。

二、编程举例

外接圆半径为 30mm，内接圆半径为 15mm 的五角星，如图 11-22 所示，采用刀尖圆弧半径为 0.2mm，圆锥角为 20°的锥刀进行绘图方式雕刻，加工深度为 0.3mm，分两次加工。

O0001；　　　　　　　　　　　　　　（程序名）

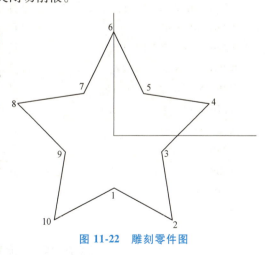

图 11-22 雕刻零件图

N10 S1000 M03;	（主轴正转，1000r/min）
N20 G0 G90 G54 X0 Y0;	（绝对坐标编程，选择 G54 工件坐标系，刀具快速定位到工件坐标系原点）
N30 G43 H1 Z10. M08;	（刀具长度正补偿，补偿存储器地址为1，刀具快速移动到距离加工表面10mm 处，开启切削液）
N40 Y−15. ;	（刀具快速移动到 1 点）
N50 Z1.2;	（刀具快速移动到距离加工表面1.2mm 处）
N60 G1 Z0 F300;	（刀具以 300mm/min 的速度沿 Z 轴下刀至工件表面）
N70 Z−0.15;	（刀具下刀深度为 0.15mm）
N80 X17.63 Y−24.27 F600;	（刀具以 600mm/min 从 1 点雕刻到 2 点）
N90 X14.27 Y−4.64;	（刀具从 2 点雕刻到 3 点）
N100 X28.53 Y9.27;	（刀具从 3 点雕刻到 4 点）
N110 X8.82 Y12.14;	（刀具从 4 点雕刻到 5 点）
N120 X0 Y30. ;	（刀具从 5 点雕刻到 6 点）
N130 X−8.82 Y12.14;	（刀具从 6 点雕刻到 7 点）
N140 X−28.53 Y9.27;	（刀具从 7 点雕刻到 8 点）
N150 X−14.27 Y−4.64;	（刀具从 8 点雕刻到 9 点）
N160 X−17.63 Y−24.27;	（刀具从 9 点雕刻到 10 点）
N170 X0 Y−15;	（刀具从 10 点回到 1 点）
N180 Z−0.3 F300;	（刀具以 300mm/min 的速度沿 Z 轴再次下刀至加工深度 0.3mm 处）
N190 X17.63 Y−24.27 F600;	（刀具以 600mm/min 从 1 点雕刻到 2 点）
N200 X14.27 Y−4.64;	（刀具从 2 点雕刻到 3 点）
N210 X28.53 Y9.27;	（刀具从 3 点雕刻到 4 点）
N220 X8.82 Y12.14;	（刀具从 4 点雕刻到 5 点）
N230 X0. Y30. ;	（刀具从 5 点雕刻到 6 点）
N240 X−8.82 Y12.14;	（刀具从 6 点雕刻到 7 点）
N250 X−28.53 Y9.27;	（刀具从 7 点雕刻到 8 点）
N260 X−14.27 Y−4.64;	（刀具从 8 点雕刻到 9 点）
N270 X−17.63 Y−24.27;	（刀具从 9 点雕刻到 10 点）
N280 X0. Y−15. ;	（刀具从 10 点回到 1 点）
N290 G0 Z10. ;	（刀具沿 Z 轴快速抬起至上表面10mm 处）
N300 Y0;	（刀具沿 Y 轴快速回到 0 位）
N310 M05;	（主轴停转）
N320 M30;	（程序结束）

第八节　数控雕刻机操作

本节以洛克机电系统工程（上海）有限公司生产的 ME4525 型啄木鸟雕刻机为例，介绍数控雕刻机的操作面板和基本操作方法等。

一、数控雕刻机操作面板

数控雕刻机操作面板如图 11-23 所示，主要由显示器、键盘、主轴变频器、主轴变频器倍率旋钮、电源开关、显示器开关、急停按钮及一些指示灯组成。

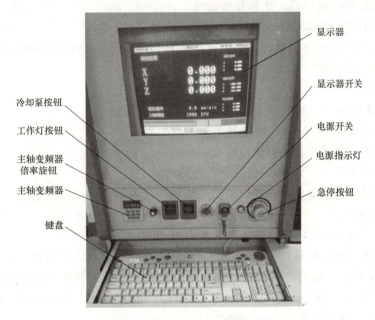

图 11-23　数控雕刻机操作面板

1）显示器：可以显示坐标、程序、加工状态、报警、参数和操作指引等。

2）主轴变频器：可显示主轴转动过程中的频率。

3）主轴变频器倍率旋钮：可以使主轴的转速在一定范围内上下调整。

4）键盘：所有的功能操作都需要配合键盘上的一些按键才能完成。

5）急停按钮：在出现紧急危险的情况下，按下急停按钮，机床立即停止运动以保证安全。按箭头方向旋转，即可使急停按钮弹起解锁。

二、基本操作

1. 机床开机

1）将电源打开。

2）将显示器打开。

3）将急停按钮解锁。

2. 原点回归

1）在键盘上按<Ctrl+7>键，切换到原点回归状态。

2）依次按下键盘上的字母<Q><W><A>键，机床将按 Z 轴、Y 轴、X 轴的顺序回零。

机床每次开机、重新起动及紧急停止后必须进行原点回归操作。

3. 载入程序

1）在主功能界面按<F2>键，进入程式编辑界面。

2）然后按<F8>键，进入档案管理菜单。

3）再按<F4>键，选用磁碟机输入方式载入程序。

4）按光标上、下移动键，找到所需的程序名，按<Enter>键确认。

4. 主轴旋转

1）在键盘上按<Ctrl+>键，主轴开始旋转。

2）在键盘上按<Alt+Z>键，主轴停止旋转。

3）每按一次<Ctrl+W+8>键，主轴转速升高10%；每按一次<Ctrl+X+8>键，主轴转速下降10%。调节范围在50%～120%。

5. 进给方式

（1）用手脉进给

1）在键盘上按<Ctrl+6>键，切换到手轮状态。

2）用手脉上的倍率旋钮选择进给速度。

3）选用手脉上的 X、Y、Z 旋钮选择需进给的轴。

4）摇动手脉，即可驱动所选的轴沿正向或负向移动。

（2）手动进给

1）在键盘上按<Ctrl+4>键，切换到手动状态。

2）选择所需移动的轴向。字母 Q 代表 Z 轴正向，字母 Z 代表 Z 轴负向；字母 W 代表 Y 轴正向，字母 X 代表 Y 轴负向；字母 D 代表 X 轴正向，字母 A 代表 X 轴负向。

3）每按一次<Ctrl+W+0>键，手动进给倍率升高10%；每按一次<Ctrl+X+0>键，手动进给倍率下降10%。调节范围在10%～200%。

（3）增量寸动

1）在键盘上按<Ctrl+5>键，切换到增量寸动方式。

2）选择所需移动的轴向。字母 Q 代表 Z 轴正向，字母 Z 代表 Z 轴负向；字母 W 代表 Y 轴正向，字母 X 代表 Y 轴负向；字母 D 代表 X 轴正向，字母 A 代表 X 轴负向。

3）每按一次键盘上的字母，相对应的轴移动距离为 0.01mm。

6. 设定工件坐标系原点

1）在键盘上按<Ctrl+6>键，切换到手轮状态。

2）使用手摇脉冲发生器，移动 X、Y、Z 轴到工件坐标系原点的位置，并记下此时的坐标值。

3）在主功能界面按<F1>键，进入机台状态。

4）再按<F5>键，进入设定工件坐标系。

5）在设定工件坐标系界面，将工件坐标系原点的坐标值输入并存储到 G54 存储器中。

7. 自动加工

1）在主功能界面按<F2>键，进入程式编辑界面。

2）在程式编辑界面按<F8>键，进入档案管理菜单。

3）选择要加工的程序名后，按<Enter>键确认。

4）在主功能界面按<F4>键，进入执行加工界面。

5）在键盘上按<Ctrl+2>键，切换到自动加工状态。

6）在键盘上按<Ctrl+N>键，自动加工开始。

第九节　数控雕刻仿真操作

数控雕刻仿真操作可减少加工前的准备工作、减小实际加工误差、省去试加工过程、预估加工所需时间、减少编程人员的工作量、降低材料消耗且提高加工效率。

1）打开 Type3 软件，在 CAD 模块下进行建模，既可建立文本，又可建立物体，如图 11-24 所示。

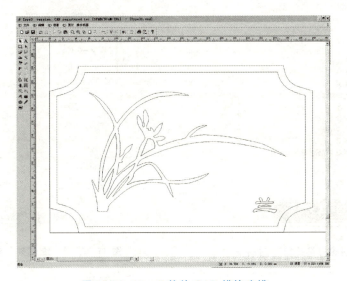

图 11-24　Type3 软件 CAD 模块建模

2）单击图标 ，进入 CAM 模块，如图 11-25 所示。

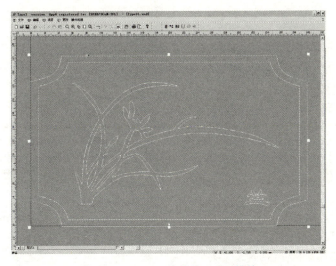

图 11-25　Type3 软件的 CAM 模块

3）单击 CAM 模块工具条中的创建刀具路径图标 ，屏幕上显示"创建刀具路径"对话框，如图 11-26 所示。

4）在"创建刀具路径"对话框中，在可用刀具路径下，双击三维雕刻选项，弹出"三维雕刻"对话框，如图 11-27 所示。

图 11-26　"创建刀具路径"对话框

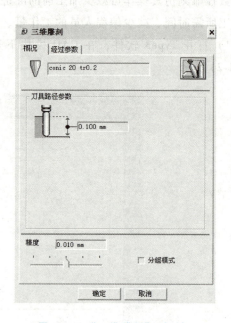

图 11-27　"三维雕刻"对话框

5）在"三维雕刻"对话框中，单击选取刀具图标 ，在刀具库中选择加工所需的刀具，如图 11-28 所示，若刀具库中没有合适的刀具，可在任意一把刀具上单击右键增加一把刀具，如图 11-29 所示，本例加工中所选择的是刀尖圆弧半径为 0.2mm，圆锥角为 20°的锥刀。

图 11-28　"选取刀具"对话框

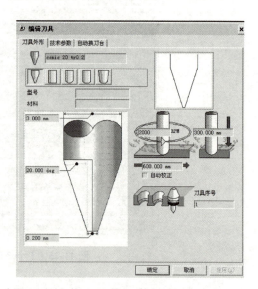

图 11-29　"编辑刀具"对话框

6）本例采用三维雕刻加工方式，刀具路径参数 0.1mm，精度 0.01mm，生成的刀具路径如图 11-30 所示。

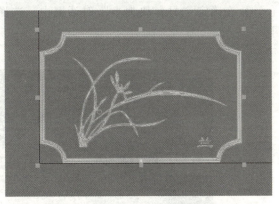

7）单击刀具路径表图标，进入刀具路径表对话框，如图 11-31 所示。

8）在刀具路径表中层次 1 目录下的三维雕刻路径上单击右键，可进行编辑刀具路径，机器工作或刀具路径模拟等操作，如图 11-32 所示。选择刀具路径实体模拟选项，进入"确定材料块大小"对话框，如图 11-33 所示。

图 11-30　刀具路径

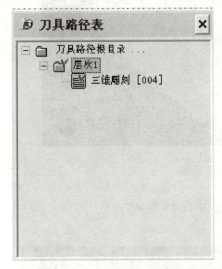

图 11-31　"刀具路径表"对话框

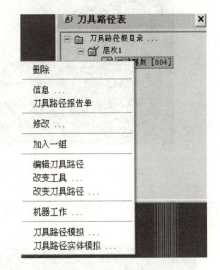

图 11-32　刀具路径修改选项

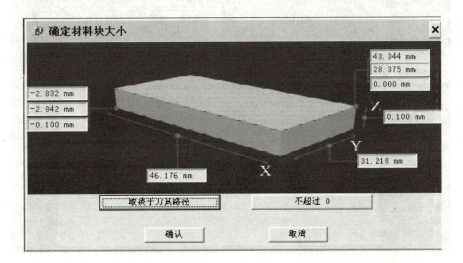

图 11-33　"确定材料块大小"对话框

9）在确定"材料块大小"对话框中，选择取决于刀具路径，进入模拟加工界面，如图 11-34 所示。

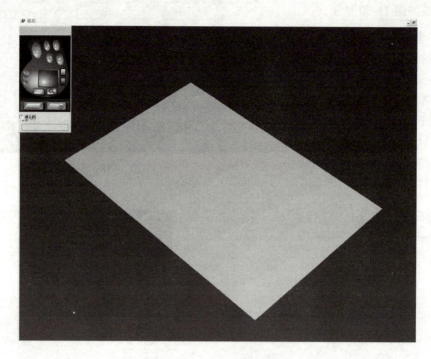

图 11-34　模拟加工界面

10）单击"播放"按钮，雕刻模拟加工结果如图 11-35 所示。

图 11-35　雕刻模拟加工结果

复习思考题

1. 简述数控机床的组成。
2. 数字控制的概念是什么？
3. 数控车床、数控铣床的工件坐标系如何确定？
4. 机床操作时为什么要进行回参考点操作？
5. 如何判别 G02、G03 的方向？
6. M00、M30 的区别是什么？
7. 数控机床如何分类？

第十二章 特 种 加 工

我国从 20 世纪 50 年代开始利用电火花加工技术，实现以柔克刚，用金属丝切割高强度或超高强度的金属材料的切割方法来实现当时难于制造的产品，例如炮管的加工就利用电火花加工技术。

第一节 电火花加工概述

电火花加工是利用浸在工作液中的两极（工具和工件）之间脉冲放电时产生的电蚀作用来蚀除导电材料的特种加工方法，又称为放电加工或电蚀加工，英文简称 EDM。1943 年，苏联学者拉扎连科夫妇研究发明了电火花加工，之后随着脉冲电源和控制系统的改进而迅速发展起来。

按工具电极和工件相对运动的方式和用途的不同，电火花加工工艺大致可分为电火花成形加工，电火花线切割，电火花磨削和镗磨，电火花内孔、外圆和成形磨削，电火花高速小孔加工，电火花表面强化与刻字六大类。电火花加工的特点和用途见表 12-1。

表 12-1 电火花加工的特点和用途

类别	工艺方法	特 点	用 途
1	电火花成形加工	1. 工具和工件间只有一个相对的伺服进给运动 2. 工具为成形电极，与被加工表面有相同的截面和相应的形状	1. 穿孔加工：可加工各种冲模、挤压模、粉末冶金模及各种异形孔及微孔等 2. 型腔加工：可加工各类型腔模及各种复杂的型腔零件
2	电火花线切割	1. 工具电极为顺电极丝轴线垂直移动的线状电极 2. 工具与工件在两个水平方向同时有相对伺服进给运动	1. 切割各种冲模和具有纹面的零件 2. 下料、截割和窄缝加工
3	电火花内孔、外圆和成形磨削	1. 工具与工件间有相对旋转运动 2. 工具与工件间有径向和轴向进给运动	1. 加工高精度、表面粗糙度值低的小孔 2. 加工外圆、小模数滚刀等
4	电火花同步共轭回转加工	1. 成形工具与工件均做旋转运动，但两者的角速度相等或成整数倍，相对应接近的放电可有切向相对运动速度 2. 工具相对工件可做纵、横向进给运动	以同步回转、展成回转、倍角速度回转等不同方式，加工各种复杂型面的零件
5	电火花高速小孔加工	1. 采用细管电极，管内冲入高压水基工作液 2. 细管电极旋转 3. 穿孔速度很高	1. 线切割穿丝预孔 2. 深径比很大的小孔

（续）

类别	工艺方法	特　　点	用　　途
6	电火花表面强化与刻字	1. 工具在工件表面上振动，在空气中放电火花 2. 工具相对工件移动	1. 模具刃口，刀具及量具刃口表面的强化 2. 电火花刻字、打印记

第二节　电火花成形加工

电火花成形加工是在一定的介质中通过工具电极和工件电极之间脉冲放电的电蚀作用，对工件进行加工的方法，其加工原理如图 12-1 所示。工件和工具分别与脉冲电源的两输出端相连接，自动进给调节装置（此处为液压缸和活塞）使工具和工件间经常保持一很小的放电间隙。当脉冲电压加到两极之间时，便在当时条件下相对某一间隙最小处或绝缘强度最弱处击穿介质，在该局部产生火花放电，瞬时高温使工具和工件表面局部熔化，甚至气化蒸发而电蚀掉一小部分金属，各自形成一个小凹坑，如图 12-2 所示，图 12-2a 所示为单个脉冲放电后的电蚀坑；图 12-2b 所示为多次脉冲放电后的电极表面。脉冲放电结束后，经过脉冲间隔时间，使工作液恢复绝缘后，第二个脉冲电压又加到两极上，又会在当时极间距离相对最近或绝缘强度最弱处击穿放电，又电蚀出一个小凹坑。整个加工表面将由无数个小凹坑组成。这种放电循环每秒钟重复数千次到数万次，使工件表面形成许许多多非常小的凹坑，称为电蚀现象。随着工具电极的不断进给，工具电极的轮廓尺寸就被精确地"复印"在工件上，达到成形加工的目的。

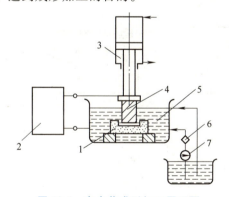

图 12-1　电火花成形加工原理图

1—工件　2—脉冲电源　3—自动进给调节装置
4—工具　5—工作液　6—过滤器　7—工作液泵

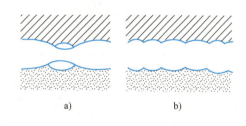

图 12-2　电火花加工表面局部放大

一、机床设备

电火花成形加工设备一般由脉冲电源、自动进给调节系统、工作液泵和机身组成。其中脉冲电源是电火花成形加工的能量来源；自动进给调节系统使电极与工件保持放电间隙，并防止发生拉弧烧伤等异常情况；机身使电极与工件的相对运动保持适当的位置关系，并通过工作液循环过滤系统强化蚀除产物的排除，使加工正常进行。电火花成形加工机床的组成如图 12-3 所示。

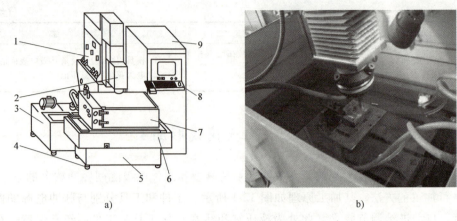

a)   b)

图 12-3 电火花成形加工机床的组成

a）机床结构 b）加工状态

1—立柱 2—主轴头 3—工作液箱 4—底座 5—液压油箱 6—工作台

7—工作液槽 8—控制台 9—电源箱

机床的组成部分及作用如下：

（1）主机 主机由床身、工作台、主轴及润滑系统组成。

（2）工作液循环系统 它的主要功能是使工作液循环，排除加工中的电蚀物，使工件电极和工具电极降温。

工作液冲液方式按蚀除产物的排出方式不同可分为上冲液、下冲液、上抽液、下抽液和侧喷液五种，如图 12-4 所示。

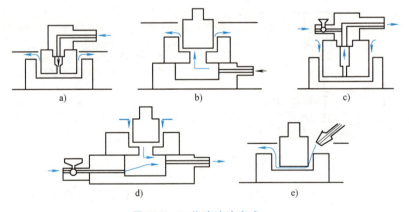

a)   b)   c)

d)   e)

图 12-4 工作液冲液方式

a）上冲液 b）下冲液 c）上抽液 d）下抽液 e）侧喷液

工作液使用注意事项如下：

1）防止溶解水带入。溶解水的出现常引起工作台的锈蚀和油品混浊，也影响油品的介电性能。

2）预防人体皮肤过敏。

（3）脉冲电源 脉冲电源的作用是使工频交流电转换成具有一定频率的单向脉冲电流，用以供给电火花放电间隙所需要的能量来蚀除金属。脉冲电源是电火花加工机床的重要组成部分，为了满足电火花加工的要求，脉冲电源应符合下列条件：

1）有一定的脉冲放电能量，使放电加工能正常进行。

2）脉冲波形基本是单向的。

3）脉冲电源的主要脉冲参数（如电流峰值、脉冲宽度、脉冲间隙等）有较大的调节范围。

4）相邻的脉冲之间有一定的间隙时间。

5）脉冲电源的性能应稳定可靠，结构简单，操作、维修方便。

脉冲波的标准波形如图 12-5 所示。

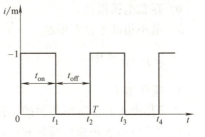

图 12-5　脉冲波的标准波形

（4）机床附件　机床附件主要由主轴头夹具和平动头组成。

电参数对电火花加工的质量影响很大，加工时必须选择合适的电流强度、脉冲宽度、脉冲间隙等电参数。电参数对电火花成形加工的影响如下：

（1）脉冲宽度 t_{on}　单个脉冲的能量大小是影响加工速度的重要因素。脉冲宽度增加，加工速度随之增加，脉冲宽度增加到一定数值时，加工速度最高，此后再继续增加脉冲宽度，加工速度反而下降。因而在生产中应根据加工对象的具体要求，选择适合的脉冲宽度。

（2）脉冲间隙 t_{off}（停歇时间）　在脉冲宽度一定的条件下，脉冲间隙越小，加工速度越高，但脉冲间隙小于某一数值后，随着脉冲间隙的继续减小，加工速度反而降低。因为脉冲间隙减小，使单位时间内工作脉冲数目增多，加工电流增大，加工速度提高，但脉冲间隙小于某一数值后，若仍继续减小，会因放电间隙来不及消电离，引起加工稳定性变差，使加工速度变慢。

（3）电流峰值 I　当脉冲宽度和脉冲间隙一定时，随着电流峰值的增加，加工速度也增加。

此外，电流峰值增加将增加表面粗糙度值，增加电极损耗。生产中应根据不同的要求，选择合适的电流峰值。

（4）电规准　电规准就是在电火花加工中的一组电参数，如上述的脉冲宽度、电流峰值以及脉冲电压、频率、极性等。电规准一般分为粗、中、精三种，各种类间又分为几挡。

粗规准用于粗加工，蚀除量大，要求生产率高，电极损耗小，加工中采用大电流（数十至上百安培）和大脉冲宽度（20~300μs），其加工表面粗糙度 Ra 值在 6.3μm 以上。

中规准用于过渡加工，采用电流一般在 20A 以下，脉冲宽度为 4~20μs，加工表面粗糙度 Ra 值在 3.2μm 以上。

精规准用于最终的精加工，多采用高频率、小电流（1~4A）、短脉冲宽度（2~6μs），加工表面粗糙度 Ra 值在 0.8μm 以下。

二、电火花加工的特点

电火花加工是靠局部热效应实现加工的，它和一般切削加工相比具有以下特点：

1）它能"以柔克刚"，即用软的工具电极来加工任何硬度的工件材料，如淬火钢、不锈钢、耐热合金和硬质合金等导电材料。

2）能加工普通切削加工方法难以切削的材料和复杂形状工件，加工时无切削力。

3）脉冲参数可以任意调节，加工中不需要更换工具电极，就可以在同一台机床上通过改变电规准（如脉冲宽度、电流、电压）连续进行粗加工、半精加工和精加工。

4）主要用于金属导电材料的加工。

5）加工速度一般较慢。

6）存在电极损耗。

7）最小角部半径有限制。

三、应用范围

1. 模具加工

由于用电火花加工所得到的工件形状与加工中使用的电极凸模形状对应，因此，电火花加工适用于制造各种成形模具和压印模具，包括型腔、压痕、压花、压筋和其他变形模具。电火花加工的凹模型腔形状取决于工具电极的凸模形状，并且可通过简化安装，依次加工出模具凹模、卸料板、凸模固定板的对应型腔。

2. 特殊材料加工

由于电火花加工不受被加工材料的硬度限制，因此，适合加工各种高硬度、难加工材料模具（如硬质合金模具）。各种金属模具型腔件可以在热处理后进行电火花精加工。电火花加工主要用于具有复杂形状的型孔和型腔的模具和零件的加工；各种硬、脆材料，如硬质合金和淬火钢等的加工；深细孔、异形孔、深槽、窄缝等的加工和切割薄片等；各种成形刀具、样板和螺纹环规等工具和量具的加工。

四、电火花成形加工类型

电火花成形加工主要有两种工艺类型，即穿孔加工和型腔加工。

1. 穿孔加工

电火花穿孔加工主要用来加工冲模、粉末冶金模、挤压模、型孔零件、小孔或小异型孔、深孔。其中冲模加工是电火花加工应用最多的一种工艺。

（1）冲模电火花穿孔加工方法 在电火花穿孔加工中，常采用"钢打钢"直接配合的方法。电火花加工时，应将凹模刃口端朝下，形成向上的"喇叭口"，加工后将凹模翻过来使用，这就是冲模的"正装反打"工艺。

（2）工具电极

1）工具电极材料的选择。凸模一般选择优质高碳钢、滚子轴承钢或不锈钢、硬质合金等，但应注意凹、凸模最好选择不同牌号的材料，否则会造成加工时的不稳定。

2）工具电极的设计。工具电极的尺寸精度应高于凹模，表面粗糙度值也应小于凹模。另外，工具电极的轮廓尺寸除考虑配合间隙外，还应考虑单面放电间隙。

3）工具电极的制造。一般先经过普通机加工，然后再进行成形磨削；也可采用线切割工艺切割出凸模。

（3）加工前的工件准备 在电火花加工前，应对工件进行切削加工，然后再进行磨削加工，并应预留适当的电火花加工余量。一般情况下，单边的加工余量以 0.3～1.5mm 为宜，这样有利于电极平动。

2. 型腔加工

电火花型腔加工主要用来加工锻模、铸模、塑料模、胶木模或型腔零件。型腔加工属于不通孔加工，其工作液循环和电蚀物排除条件差，金属蚀除量比较大；另外，加工面积变化大，电规准的变化范围也较大。

电火花型腔加工主要有单电极平动法、多电极更换法和分解电极法等。其电极材料一般选用耐蚀性较好的材料，如纯铜和石墨等。纯铜和石墨材料的特点是在机加工时成形容易，粗加工时能实现低损耗，放电加工时稳定性好。常用电极材料的性能见表12-2。

表 12-2　常用电极材料的性能

电极材料	加工稳定性	电极损耗	机械加工性能	说　　明
纯铜	好	较小	较差	常用电极材料，但磨削加工困难
石墨	较好	较小	好	常用电极材料，但机械强度差，制造时粉尘较大，容易崩角
铸铁	一般	一般	好	常用电极
钢	较差	一般	好	常用电极
黄铜	较好	较大	一般	较少采用，电极损耗大
铜钨合金	好	小	一般	价格较贵，多用于硬质合金穿孔加工
银钨合金	好	小	一般	价格较贵，用于加工精密冲模

五、电火花加工工件的准备

（1）工件的预加工　工件的预加工是用机械加工方法先去除大部分加工余量（即去废料），以节省电火花粗加工时间、提高总的生产效率。

（2）工件的热处理　工件在预加工后（预孔、螺孔、销孔均加工出来），即可转入热处理进行淬火，这样可避免热处理变形对型腔加工后的影响。

（3）其他工序（磨光、除锈、去磁）　工件热处理后，应首先检查有无裂纹，若有应停止继续加工，以避免不合格品的发生和减少不必要的浪费。为了防止变形，需再磨光两平面；为了定位找正，还要磨基准面或划出基准线，或在工件表面划出型腔的轮廓线和中心线，以利于电极和工件的找正定位。另外，工件在用电火花加工前还必须除锈去磁，否则在加工中工件会吸附铁屑，很容易引起拉弧烧伤。

六、电极与工件的装夹定位

电极和工件在电火花加工前，必须借助通用或专用的工装夹具及测量仪器进行装夹和找正定位。电极和工件装夹定位的质量直接影响加工过程的稳定性和整个模具的加工精度。

1. 电极的装夹与找正

电极装夹与找正的目的是把电极牢固地装夹在主轴的电极夹具上，并使电极轴线与主轴进给轴线一致，保证电极与工件的垂直和相对位置。

2. 装夹电极的注意事项

1）电极与夹具的安装面必须清洗或擦拭干净，保证接触良好。

2）用螺钉紧固时，用力要适当，避免用力过大电极变形或用力过小装夹不牢，如图12-6所示。

3）对于细长电极，伸出部分的长度在满足加工要求的前提下应尽可能短，以提高刚度。

4）石墨是一种脆性材料，因此在紧固时，只需施加金属材料紧固力的1/5就足够了。若电极为薄板时，还可用导电性粘结剂进行粘结。

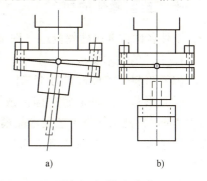

图 12-6　用螺钉紧固

a）不正确的装夹方式

b）正确的装夹方式

5）对于大型电极，夹具的刚度是极为重要的，刚度过小会造成精度误差并使加工效率降低。当电极质量超过 15kg 时，应采用固定板型夹具。

3. 电极常用找正方法

1）按电极基准面找正电极。当电极侧面有较长直壁面时，可用精密直角尺或百分表按直壁面找正。

2）按辅助基准面（固定板）找正电极。对于型腔外形不规则、四周直壁部分较短的电极，用辅助基准进行找正。如图 12-7 所示，用百分表检验辅助基准面与工作台面的平行性，就可完成电极的找正。

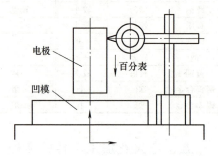

图 12-7　用百分表找正

3）按电极端面火花打印找正电极。用精规准使电极与模块平面上放电打印，调节到四周均匀出现放电火花，即完成了电极的找正。

4. 工件的装夹与定位

1）工件的定位。工件定位分两种情况，一种是划线后按目测打印法找正，适合工件毛坯余量较大的加工，这种定位方法较简单；另一种是借助量具、量块、卡尺等和专用二类夹具来定位，适合工件加工余量少、定位较困难的加工。

2）工件的压装。工作台上的油杯及盖垫板中心孔要与电极找同心，以利于油路循环，提高加工稳定性。同时，使工件与工作台平行，并用压板妥善地压紧在油杯盖板上，防止在加工中由于"放炮"等因素造成工件的位移。

5. 电极与工件相对位置的找正

1）目测法。目测电极与工件的相互位置，利用工作台纵、横坐标的移动加工调整，达到找正的目的。

2）打印法。用目测法大致调整好电极与工件的相对位置后，接通脉冲电源，加工出一浅印，使模具型孔周边都有放电加工量，即可继续放电加工。

3）测量法。利用量具、量块、卡尺定位。

七、典型零件的加工

工件名称：五福娃贺奥运（图 12-8）

1. 工件的技术要求

（1）材料　工件材料为 45 钢。

（2）形状　工件形状为椭圆或圆凹鼓形，面积约为 20cm²，此工件是工艺美术品模具，对尺寸精度无严格要求，但要求型面清洁均匀，工艺美术花纹清晰。

（3）工件在电火花加工之前的工艺路线

1）下料。刨、铣外形，上、下面留磨量。

2）磨上、下面。

2. 工具电极的技术要求

（1）材料　电极材料为纯铜。

图 12-8　五福娃贺奥运

（2）尺寸和形状　形状为凸鼓形，面积约为 $20cm^2$。

（3）电火花加工前的工艺路线

1）下料。刨、铣外形，留线切割夹持余量。

2）线切割。编制数控程序，切割出椭圆形外形。

3）雕刻。雕刻花纹图案，并用焊锡在电极背面焊接电极柄。

3. 工艺方法及使用设备

采用单电机直接成形法，使用设备为苏州电加工研究所制造的 D7140ZK 电火花成形机床。

4. 装夹、找正、固定

（1）工具电极　以花纹平面周边的上平行面为基准，在 X 和 Y 两个方向找平，然后予以固定。

（2）工件　将工件平置于工作台平面上，与工具电极对正，然后予以固定。

5. 加工规准

工件采用计算机控制的脉冲电源加工，这是电火花加工领域中较为先进的技术。计算机中有典型工艺参数的数据库，脉冲参数可以调出使用。调用方法是借助脉冲电源装置配备的显示器进行人机会话，由操作者将加工工艺美术花纹的典型数据和加工程序调出，然后根据典型参数数据进行加工。

五福娃贺奥运典型加工规准（NHP—NC—50A 脉冲电源输出的加工规准）见表 12-3。

6. 加工效果

加工表面粗糙度 Ra 值为 $1\sim1.6\mu m$，且洁白均匀，符合设计要求；花纹清晰，基本看不出有损耗模糊的表面。

电火花加工应该根据工件的要求、电极与工件的材料、加工的工艺指标和经济效果等因素，确定合理的加工规准，并在加工中正确、及时地转换。

冲模加工常选择粗、中、精三种规准，在转换规准时，其他工艺条件也要适当配合。如在粗加工时，为了提高加工效率，可用大电流、大脉冲宽度的粗规准；当工件表面精度要求高时，可以通过中、精规准来实现，具体选择方法视加工要求而定。

表 12-3　五福娃贺奥运典型加工规准

脉冲宽度/μs	脉冲间隙/μs	功放管数		平均加工电流/A	总进给深度/mm	表面粗糙度 Ra/μm	极性
		高压	低压				
250	100	2	6	8.0	0.90	8.0	负
150	80	2	4	3.0	1.10	6.0	负
50	50	2	4	1.2	1.20	3.5~4.0	负
16	40	2	4	0.8	1.23	2.0~2.5	负
2	30	2	2	0.5	1.26	1.6	负

八、电火花成形加工实训安全技术操作规范

1）遵守有关劳动保护及安全生产的规章制度。

2）做好室内外环境卫生，保证通道畅通，设备物品安全放置。熟悉机床的结构、原理、

性能及用途等方面的知识，按照工艺流程做好加工前的一切准备工作，严格检查工具电极和工件是否都已找正和固定好。

3）调节好工具电极与工件的距离，锁紧工作台面，起动工作煤油泵，使工作煤油面高于工件加工表面一定距离后，才能起动脉冲电源进行加工。

4）在加工过程中，操作者不能一手触摸工具电极，另一只手触碰机床，这样有触电危险，严重时会危及生命。如果操作者脚下没有铺垫橡胶、塑料等绝缘垫，则加工中不能触摸工具电极。

5）加工完毕后，随即关断电源，收拾好工、夹、测、卡等工具，并将场地清扫干净。

6）操作者在机床工作时不得擅离岗位，发现问题要及时报告，不得允许杂散人员擅自进入电加工室。

7）定期做好机床的维修保养工作，使机床处于良好状态。

8）加工场所严禁吸烟，并要防止其他明火。

第三节　电火花线切割加工

电火花线切割（Wire Cut Electrical Discharge Machining）又叫做线电极电火花加工，是利用线状电极对金属导体进行电火花加工的特种加工技术，属于电加工技术的一个重要类别。20世纪中期，前苏联学者拉扎连科夫妇发现电火花的瞬时高温可以使局部金属熔化、氧化而被腐蚀掉，从而开创和发明了电火花加工方法，线切割放电机也于1960年发明于苏联。

目前，电火花线切割机床按电极丝运动的速度不同，可分为高速走丝（快走丝，WEDM-HS）机床和低速走丝（慢走丝，WEDM-LS）机床。国内普遍采用高速走丝方式，电极丝采用钼丝，做高速往返式运动，速度为7~10m/s。高速运动的电极丝有利于不断往放电间隙中带入新的工作液，同时也有利于把电蚀产物从间隙中带出去，但精度不如低速走丝方式。国外以低速走丝方式居多，电极丝选用铜丝，一次性使用。

一、电火花线切割的加工范围

数控线切割加工的应用如图12-9所示。

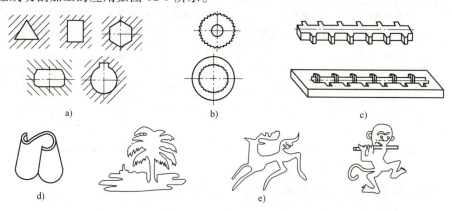

图12-9　数控线切割加工的应用
a）各种形状孔及键槽　b）齿轮内外齿形　c）窄长冲模　d）斜直纹表面曲面体　e）各种平面图案

（1）加工模具　适用于加工各种形状的冲模、注塑模、挤压模、粉末冶金模和弯曲模等。

（2）加工电火花成形加工用的电极　一般穿孔加工用、带锥度型腔加工用及微细复杂形状的电极，以及铜钨、银钨合金之类的电极材料，用线切割加工特别经济。

（3）加工零件　可用于加工材料试验样件、各种型孔、特殊齿轮凸轮、样板、成形刀具等复杂形状零件及高硬材料的零件；可进行微细结构、异形槽和标准缺陷的加工；试制新产品时，可在坯料上直接割出零件；加工薄件时可多片叠在一起加工。

二、电火花线切割的加工特点

电火花线切割和电火花加工具有同样的特性，所加工金属材料的硬度和韧性并不会影响加工速度，常用来加工淬火钢和硬质合金。其工艺特点如下：

1）没有特定形状的工具电极，采用直径不等的金属丝作为工具电极，因此切割所用刀具简单，降低了生产准备工时。

2）利用计算机自动编程软件，能方便地加工出形状复杂的直纹表面。

3）电极丝在加工过程中是移动的，可不断更新（慢走丝）或往复使用（快走丝），基本上可以不考虑电极丝损耗对加工精度的影响。

4）电极丝比较细，可以加工微细的异形孔、窄缝和形状复杂的工件。

5）脉冲电源的加工电流比较小，脉冲宽度比较窄，属于中、精加工范畴，采用正极性加工方式。

6）工作液多采用水基乳化液，不会引燃起火，容易实现无人操作运行。

7）当零件无法从周边切入时，需要在其上钻穿丝孔。

8）与一般切削加工相比，线切割加工的效率低，加工成本高，不适合形状简单的大批量零件的加工。

9）依靠计算机对电极丝轨迹的控制，可方便地调整凸凹模的配合间隙；依靠锥度切割功能，有可能实现对凸凹模一次加工成形。

三、电火花线切割机床

1. 电火花线切割机床分类

如前所述，电火花线切割机床一般按照电极丝运动速度的不同分为快走丝线切割机床和慢走丝线切割机床。快走丝线切割机床已成为我国特有的线切割机床品种和加工模式，应用广泛；慢走丝线切割机床是国外生产和使用的主流机种，属于精密加工设备，代表着线切割机床的发展方向。此外，线切割机床可按电极丝位置的不同分为立式线切割机床和卧式线切割机床，按工作液供给方式的不同分为冲液式线切割机床和浸液式线切割机床。

2. 快走丝线切割机床的工作原理和组成

快走丝线切割机床主要由机床本体、脉冲电源、工作液循环系统、控制系统和机床附件等几部分组成，其工作原理如图 12-10 所示。绕在运丝筒上的电极丝沿运丝筒的回转方向以一定的速度移动，装在机床工作台上的工件由工作台按预定控制轨迹相对于电极丝做成形运动。脉冲电源的一极接工件，另一极接电极丝，在工件与电极丝之间总是保持一定的放电间隙且喷洒工作液。电极之间的火花放电蚀出一定的缝隙，连续不断的脉冲放电就切出了所需形状和尺寸的工件。快走丝线切割机床也可看成由主机和控制台两部分组成，主机结构如图 12-11 所示。

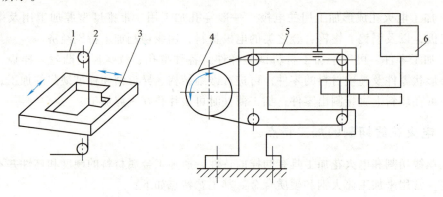

图 12-10　快走丝线切割机床的工作原理图

1—电极丝　2—导轮　3—工件　4—运丝筒　5—机床　6—脉冲电源

四、电火花线切割加工工艺

电火花线切割加工工艺包含了线切割加工程序的编制、工件加工前的准备、合理电规准的选择、切割路线的确定以及工作液的合理配置几个方面。

1. 加工程序的编制

线切割加工程序的编制方法有三种，即手工编程、自动编程和 CAD/CAM。

我国线切割加工程序使用最多的格式是 3B 格式和 ISO 代码。本节以 ISO 代码（G 代码）为主，介绍工程实训中零件程序的手工编程。

（1）ISO 代码格式　ISO 代码是国际标准化机构制定的用于数控编程和控制的一种标准代码，

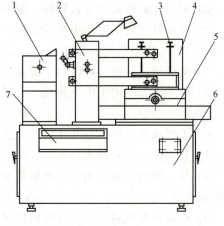

图 12-11　快走丝线切割机床主机结构图

1—运丝装置　2—线架　3—夹具　4—防水罩
5—工作台　6—床身　7—操纵盒

代码中有准备功能 G 指令和辅助功能 M 指令。在加工中使用频率最多的代码如下：

1）快速定位指令 G00。在机床不加工的情况下，G00 指令可使指定的某轴以最快速度移动到指定位置。指令格式为：

G00 X_____ Y_____

2）直线插补指令 G01。该指令可使机床在各个坐标平面内加工任意斜率直线轮廓和用直线段逼近曲线轮廓。指令格式为：

G01 X_____ Y_____

目前，可加工锥度的电火花线切割机床具有 X、Y 坐标轴及 U、V 附加轴工作台。指令格式为：

G01 X_____ Y_____ U_____ V_____

3）圆弧插补指令 G02/G03。G02 为顺时针插补圆弧指令，G03 为逆时针插补圆弧指令。指令格式为：

G02 X ＿＿＿ Y ＿＿＿ I ＿＿＿ J ＿＿＿

G03 X ＿＿＿ Y ＿＿＿ I ＿＿＿ J ＿＿＿

X、*Y* 分别表示圆弧终点坐标；*I*、*J* 分别表示圆心相对圆弧起点的在 *X*、*Y* 方向的增量尺寸。

4）G90、G91、G92 指令。G90 为绝对坐标系指令，表示该程序中的编程尺寸是按绝对尺寸给定的，即移动指令终点坐标值 *X*、*Y* 都是以工件坐标系原点为基准来计算的。G91 为增量坐标系指令，表示该程序中的编程尺寸是按增量尺寸给定的，即坐标值均以前一个坐标位置作为起点来计算下一点位置值。G92 为定起点坐标指令，指令中的坐标值为加工程序起点的坐标值。指令格式为：

G92 X ＿＿＿ Y ＿＿＿

5）间隙补偿指令 G40、G41、G42。G40 为取消间隙补偿，该指令必须放在退刀线前。G41 为左偏间隙补偿，沿着电极丝前进的方向看，电极丝在工件的左边。指令格式为：

G41 D ＿＿＿

G42 为右偏间隙补偿，沿着电极丝前进的方向看，电极丝在工件的右边。指令格式为：

G42 D ＿＿＿

D 表示间隙补偿量。

注意：左偏、右偏必须沿着电极丝前进的方向看，如图 12-12 所示。

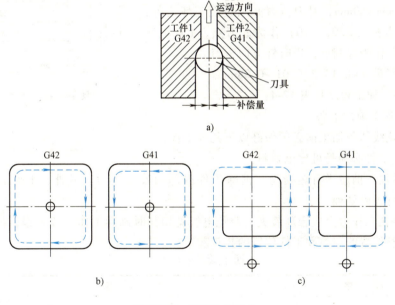

图 12-12 间隙补偿指令

a）G41、G42 判别 b）凹模加工 c）凸模加工

6）间隙补偿量。实际编程时，应该编辑加工时电极丝中心所走轨迹的程序，即还应该考虑电极丝的半径和电极丝与工件间的放电间隙。如图 12-13 所示，点画线是电极丝中心轨迹，工件图形与电极丝中心轨迹的距离，在圆弧半径方向和线段的垂直方向都等于间隙补偿量 *q*，即

$$q = r_{丝} + \delta_{电}$$

式中　$r_{丝}$——电极丝半径；

　　　$\delta_{电}$——单边放电间隙。

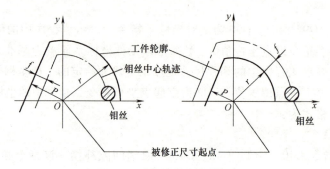

图 12-13　电极丝中心轨迹

（2）编程加工实例

1）加工零件图。下导轮中心到工作台面高度 $W=$ 40mm，工作台面到上导轮中心高度 $S=120$mm。用 $\phi0.13$mm 的电极丝加工，单边放电间隙为 0.01mm，编制加工程序。

2）工艺分析。加工零件外形如图 12-14 所示，毛坯尺寸为 60mm×60mm，对刀位置必须设在毛坯之外，以图中 G 点坐标（-20，-10）作为起刀点，A 点坐标（-10，-10）作为起割点，逆时针方向走刀。

间隙补偿量 $q=0.14/2+0.01=0.08$mm。

3）程序。加工程序见表 12-4。

2. 工件加工前的准备

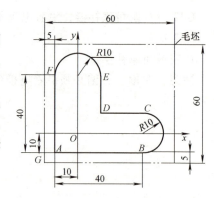

图 12-14　零件外形图

在电火花线切割加工前必须做好以下几项工作：

1）加工工件必须是可导电材料。

2）工件加工前应进行热处理，消除工件内部的残余应力。另外，工件需要磨削加工时，还应进行去磁处理。

3）工件在工作台上应合理装夹，避免电极丝切割时割到工作台或超程，损坏机床。需要进行电极丝位置的调整和工件位置的找正。

表 12-4　加工程序

程　序	注　解
G90 G92X-20000 Y-10080；	以 O 点为原点建立工件坐标系,起刀点坐标为(-20,-10.08)
G91；	
G01 X9920 Y0；	从 G 点走到 A 点,A 点为起割点
G01 X40080 Y0；	从 A 点走到 B 点
G03 X0 Y20160 I0 J10080；	从 B 点走到 C 点
G01 X-19920 Y0；	从 C 点走到 D 点
G01 X0 Y19920；	从 D 点走到 E 点

（续）

程　序	注　解
G03 X-20160 Y0 I-10080 J0;	从 E 点走到 F 点
G01 X0 Y-40080;	从 F 点走到 A 点
G01 X-9920 Y0;	从 A 点回到起刀点 G
M02;	程序结束

电极丝位置的调整方法有①目测法，如图 12-15 所示；②火花法，如图 12-16 所示；③自动找正法，一般的线切割机床都具有自动找边、自动找中心的功能，找正精度较高，操作方法因机床而异。

图 12-15　目测法调整电极丝位置　　　　图 12-16　火花法调整电极丝位置

装夹工件时还必须配合找正进行调整，使工件的定位基准面与机床的工作台面或工作台进给方向保持平行，以保证所切割的表面与基准面之间的相对位置精度。常用的找正方法有百分表找正法和划线找正法。

4）穿丝孔位置应合理选择，一般放在可容易修磨凸尖的部位上，穿丝孔的大小以 3~10mm 为宜。

3. 电规准的合理选择

正确选择脉冲电源的加工参数，可以提高加工工艺指标和加工的稳定性。在实际生产中，粗加工时应选用较大的加工电流和大的脉冲能量，可获得较高的材料去除率（即加工生产率）；而精加工时应选用较小的加工电流和小的单个脉冲能量，可获得加工工件较低的表面粗糙度值。

脉冲宽度与放电量成正比，脉冲宽度大，每一周期内放电时间所占比例就大，切割效率高，加工稳定；脉冲宽度小，放电间隙又较大时，虽然工件切割表面质量很高，但是切割效率会很低。

脉冲间隙与放电量成反比，脉冲间隙越大，单个脉冲的放电时间就越少，虽然加工稳定，但是切割效率低，不过对排屑有利。加工电流与放电量成正比，加工电流大，切割效率高，但工件切割后的表面粗糙度值将会增大。

4. 切割路线的确定

在整块坯料上切割工件时，坯料的边角处变形较大（尤其是淬火钢和硬质合金），因此，确定切割路线时，应尽量避开坯料的边角处。一般情况下，合理的切割路线应将工件与其夹持部位分离的切割段安排在总的切割程序末端，尽量采用穿孔加工以提高加工精度，这样可保持工件具有一定的刚度，防止加工过程中产生较大的变形。

5. 工作液的合理配置

慢走丝机床的工作液是去离子水，基本上无需考虑工作液的配置。而快走丝机床的工作液是乳化液，因此应根据工件的厚度变化来进行合理的配置。工件较厚时，工作液的浓度应降低，以增加工作液的流动性；工件较薄时，工作液的浓度应适当提高。

五、工件的正确装夹与找正

工件的装夹形式对加工精度的影响很大，工件装夹的一般要求如下：

1）工件的基准面应清洁无毛刺；经热处理的工件，在穿丝孔内及扩孔的台阶处，要清除热处理残留物及氧化皮。

2）夹具应具有必要的精度，将其稳固地固定在工作台上，拧紧螺钉时用力要均匀。

3）工件装夹的位置应有利于工件找正，并与机床的行程相适应，工作台移动时工件不得与丝架相碰。

4）对工件的夹紧力要均匀，不得使工件变形或翘起。

5）大批零件加工时最好采用专用夹具，以提高生产效率。

6）细小、精密、薄壁的工件应固定在不易变形的辅助夹具上。

在电火花线切割加工中常用的工件装夹方法如下：

（1）悬臂支撑方式装夹工件　悬臂支撑方式装夹工件如图 12-17 所示，具有较好的通用性。

（2）板式支撑方式装夹工件　板式支撑方式装夹工件如图 12-18 所示，可用于大批量生产。

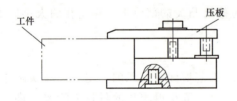

图 12-17　悬壁支撑方式装夹工件

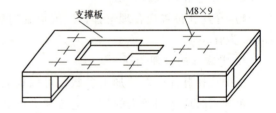

图 12-18　板式支撑方式装夹工件

（3）桥式支撑方式装夹工件　桥式支撑方式装夹工件如图 12-19 所示，适用于较大尺寸的零件。

（4）复式支撑方式装夹工件　复式支撑方式装夹工件如图 12-20 所示，特别适用于批量生产的零件装夹。

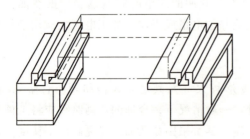

图 12-19　桥式支撑方式装夹工件

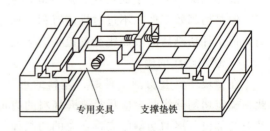

图 12-20　复式支撑方式装夹工件

工件找正方法如下：

1）划线找正工件，如图 12-21 所示。

2）百分表找正工件，如图 12-22 所示。

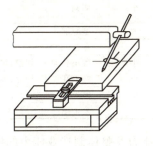

图 12-21　划线找正工件

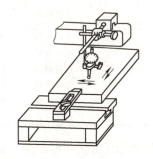

图 12-22　百分表找正工件

特别提示：工件找正时，机床并未开机，转动手轮可移动工作台。机床上电、工作台手轮将被锁定，转由步进电动机驱动。只有按下电器控制柜上的红色蘑菇头"急停"按钮或机床床身上的"急停"按钮，才能解除步进电动机驱动。两个红色蘑菇头"急停"按钮均抬起后，再按电器控制柜上的"机床电器"按钮，手轮又将被锁定。

六、电火花线切割加工的安全技术规程

1）用手摇柄操作运丝筒后，应将摇柄拔出，防止运丝筒转动时将摇柄甩出伤人。

2）加工前应安装好防护罩。

3）打开脉冲电源后，不得用手或手持导电工具同时接触脉冲电源的两输出端（床身和工件），以防触电。

4）停机时，应先停脉冲电源，后停工作液，并且要在运丝筒换向后尽快按下停止按钮，防止因运丝筒惯性造成断丝或传动件碰撞。

5）工作结束后应关掉总电源，擦净工作台及夹具。

6）机床附近不得放置易燃、易爆物品。

第四节　激 光 加 工

一、激光加工概述

光纤激光发生器从最早几瓦、几十瓦，到几千瓦，再到一万瓦……功率的不断提高，性能的不断稳定和完善，使光纤切割材料厚度增加，切割质量更好，能切割更多种类的材料。开始时激光只能切割各种钢板，不锈钢，后来随着光纤激光发生器的不断发展，可以切割更多的高反材料，比如铜板，铝板等。

传统的机械加工技术不能满足人们日益复杂化个性化的零件加工要求，因此人们在机加工过程中突破传统方法，通过不懈的探索和研究，找到了提高加工精度、速度和个性化加工的特殊加工方法。几种常用特种加工方法的综合比较见表 12-5。

表 12-5　几种常用特种加工方法的综合比较

加工方法	成形能力	可选材料	加工精度（最高）/mm	加工速度 mm/min	功率消耗	适 用 范 围
电火花加工	好	导电材料	0.003	30～3000	小	穿孔、型腔加工
电火花线切割加工	差	导电材料	0.002	20～200	小	切割
电解加工	较好	导电材料	0.01	100～10000	大	型腔加工
超声加工	好	脆性材料	0.005	1～100	小	穿孔、套料
激光加工	差	任何材料	0.001	极低～极高	小	微小孔加工、切割、焊接
电子束加工	差	任何材料	0.001	极低～极高	小	微小孔加工、切缝、蚀刻、曝光
离子束加工	差	任何材料	0.01	低	小	抛光、蚀刻、掺杂、镀覆
化学加工	差	任何材料	0.05	15	小	复杂图形加工、刻蚀

由于特种加工方法不断出现，加之传统的机械制造能力及整体制造业能力的增强和迅猛发展，如材料的可加工性得到提升，传统工艺得以优化，新产品试制过程的加快，机构设计可打破常规和零件结构的工艺性得到拓展。

1. 材料可加工性得到提升

硬质合金、钛合金、耐热钢和宝石等一般很难加工。电火花、电解、激光等多种加工方法使由过硬物质制造的钻头、刀具、夹具、模具等变得容易加工，材料的硬度、强度、韧性和脆性等不再是限制零件加工的主要因素。例如，对电火花线切割加工而言，切割磨具钢和45钢时只是稍有差别，如果用铣床或车床来进行切割磨具钢，不仅对刀具材质有很高的要求，同时刀具的长度和加工时刀具与零件的干涉问题都对成形零件有着很大的影响。特种加工技术使材料的可加工范围从普通硬度材料扩展到高硬度材料。

2. 传统工艺得以优化

特种加工的出现可以简化以往的工艺方法。以电火花加工为例，在加工的过程中无论是电动机还是工件所受到的力都是很小的，理论上工件和电动机是不会发生接触的，所以在加工过程中只要求材料的导电性能好一些，夹持力中等即可，对夹具没有特别的要求。以往数控铣床要更换多把刀具才能加工成形零件，现在可由特制的电极一次性加工成形，大大优化了加工工艺。

3. 新产品试制过程的加快

试制新产品时，如喷漆涡轮机叶片巡航导弹整体涡轮、人体半月板和下颚骨等形状复杂，特异性强的零件用传统工艺方法试制，用时长用料费，后期修整烦琐。相比之下，运用3D打印技术制造这种零件，用时短精度高，只需 CAD/CAM 配合建模，就可以用较短的时间制造非标准零件，可以省去大量的人工、刀具和实验材料等，大大缩短试制周期，目前3D打印技术在航天医疗等行业得到了大力的推广和普遍的应用。

4. 机构设计可打破常规

产品制造时很多都是由各个零部件拼装而成的，有的复杂机械可能需要数百个零件，但利用3D打印技术时很多产品可以一体成型，例如各种枪械、汽车发动机和各种复杂磨具等。在传统工艺加工模式下会做成多零件组合拼装的结构，而采用3D打印技术则完全可以做成整体式结构。

5. 零件结构的工艺性得到拓展

方孔、小孔、深孔、弯孔和窄缝等被认为工艺性很差，对工艺设计人员来说是非常忌讳甚至被认为是机械结构设计的禁区，但是对于电火花穿孔加工、电火花切割加工来说，方孔、圆孔的难易程度是一样的。喷油嘴小孔，喷丝头小异形孔，涡轮叶片上大量的小冷却深孔、窄缝，静压轴承和静压导轨的内油囊型腔等，在采用电火花加工技术后，其工艺性到了改善。医疗、国防工业、微电子工业等现代工业的发展都需要采用由特种加工技术来制造相关的仪器、设备和产品。我国的特种加工技术既有广大的社会需求，又有巨大的发展潜力。目前，我国特种加工的整体技术水平与发达国家相比还存在着较大的差距，需要我们不断拼搏和努力，加速开展相关工作，促进我国特种加工技术的研究开发和推广应用。

二、激光加工应用

1. 激光加工设备

ZT-J500A-6060 激光切割机如图 12-23 所示，它是应用光纤激光发生器产生 1064nm 波长的激光束，经扩束整形、聚焦后辐射到工件表面，然后表面热量通过热传导向内部扩散，通过数字化精确控制激光脉冲的能量、峰值功率和重复频率等参数，使工件汽化、熔化，形成切缝，从而实现对工件的激光切割。激光加工设备主要由以下部分组成：光纤激光系统、机床运动系统、控制系统、冷却系统和除尘系统。

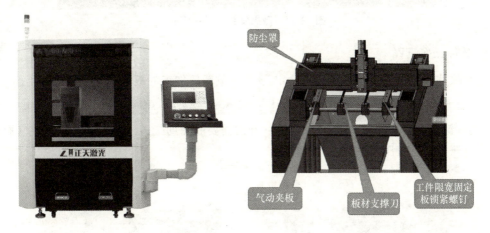

防尘罩

气动夹板　　板材支撑刀　　工件限宽固定板锁紧螺钉

图 12-23　ZT-J500A-6060 激光切割机

2. 激光加工设备操作

激光切割机开关机注意事项如下：

1）开机准备。

2）水路、气路是否漏水漏气，检查冷水机液位器水位是否符合要求。

3）检查机床台面是否有异物，切割头是否在最高点和工作幅面中间位置，切割头防护罩是否关好锁好。

4）空气压缩机、油水分离器放水清理。

5）开起空气压缩机检查工作是否正常。

3. 开机流程

主面板：急停——钥匙开关——总开关（冷水机同时起动）——驱动——激光——电脑，等待 90s（同时排烟机开起）如图 12-24 所示。

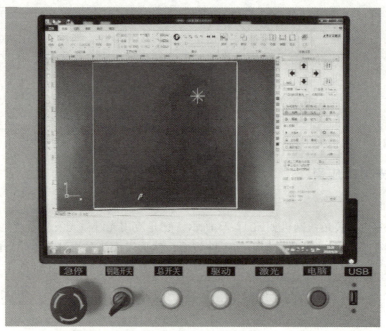

图 12-24　激光发生器操作面板

4. 软件操作流程

打开软件——提示回零机械原点确定⤵——放置要加工的板材——数控模式

1）开启激光使能●激光使能——光闸 ⬤ 光闸 ——红光 ⬤ 红光 ——切割头标定 ▦（可采用一键标定模式如图 12-25 所示）——开启需要的辅助气体（开启辅助气体使气瓶总阀门完全打开，开启减压阀）。

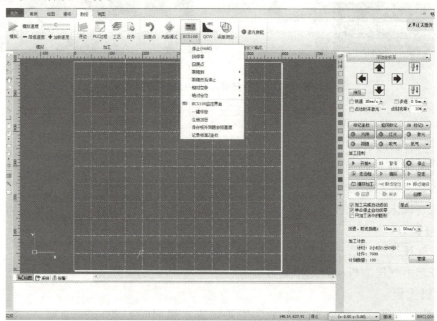

图 12-25　软件操作面板

通过调节激光头位置（图 12-26）来确定要加工板料的位置。

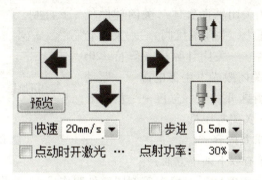

图 12-26 激光头移动方向键

将绘制好的图形（dxf 格式）导入软件打开，根据板料设置所需加工工艺参数，如图 12-27 所示。

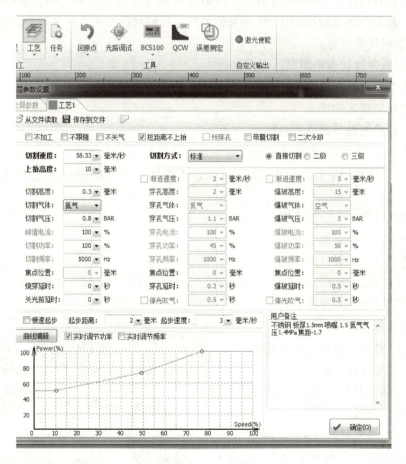

图 12-27 加工工艺参数设置界面

2）工艺参数设置好后再单击走边框 走边框 （图 12-28），确定板料加工范围，然后单击"开始"即可加工样件。

3）关机流程。清理机床台面——调整机器切割头至工作幅面中间位置——关闭辅助气体（关闭辅助气体气瓶总阀、释放气管压力、关闭减压阀）——关闭光闸——红光——关闭软件——关闭计算机（等待120s使激光器充分冷却）——关闭激光发生器电源——驱动器——关闭总开关——钥匙开关——急停——负载开关——机床空气开关——关闭空压机。

图12-28　加工控制

5. 激光切割实训要求及内容

激光切割机使用要求有以下两个方面：

1）必须用 CAD、CorelDRAW、CAXA 等制图软件制作成 1:1 的矢量线文件，封闭图形必须闭合不能断开，文字必须转换成矢量线，需要桥接保证切割完成文字的完整显示，制作好后保存为 2007 及以下版本的 dxf 格式的矢量文件。图中不允许有标注、辅助线。

2）金属材料选择 1.5mm 不锈钢，不锈钢材料都可以进行切割。建议选择 300 系列的 304 不锈钢。辅助气体选择纯度为 99.99% 的氮气。可使材料稳定，热变形小，工艺稳定。

激光切割机实训内容：

第一步：教师讲授理论知识，内容包括：

1）激光切割技术发展简介。

2）激光切割机床的特点。

3）零件的绘图设计制造及拼装。

4）激光切割尺寸控制的要点及注意事项。

第二步：教师指导学生进行造型设备实验，了解设备的加工性能和操作使用方法。内容包括：

1）CAXA 绘图——绘制模型。

2）激光器——调试加工使用方法。

3）零件拼装——设计尺寸调节。

第三步：学生在教师的指导下，根据前面绘制的零件图样来加工拼装模型。内容包括：

1）设计模型绘制零件图。

2）操作机床加工零件。

3）测量零件尺寸并标记编号待用。

4）按编号组装模型。

第四步：结合测量结果，学生进行书面总结，撰写实验报告。

学生切割作品展示如图 12-29 所示。

在保证基本内容完整的基础上，还应尽量做到系统化；在激光切割案例、制图、模型设计的选择和安排上尽量紧密联系实际，做到由浅入深。其中还提出了一些拓展课程内容的问题，以便培养学生创

图12-29　学生切割作品展示

新思维能力；通过学习，学生不但能掌握绘图软件和激光发生器的使用方法，还能将绘图、激光切割、职业素养、安全意识等知识和技能有机地结合在一起，培养学生的综合素质和职业能力，为提高专业课程教学效果奠定基础。

在实训科目中，特种加工的实践训练必不可少，这也是大学生在创新竞赛中经常在遇到难题时解决问题的方法。特种加工的课程要求学生在实践训练中熟练掌握其加工方法和加工原理，能根据所碰到的实际问题和根据被加工零件的图样或被加工零件的使用技术要求，来制订相对应的工艺，并能独立使用机床加工相应零件。

三、激光切割机安全操作技术规范

1）设备表面及周边不能堆放杂物，尤其不能堆放易燃易爆物品，如酒精和轻木板等。防止机床点燃杂物引起火灾。

2）激光切割机工作时严禁将手伸入设备加工区域，避免触电和割伤事故。

3）激光器使用时戴好防护眼镜，避免激光散射光对眼睛造成伤害；在激光器切割零件时不要将身体任何部位伸入加工区域，以免灼伤。不要在激光器工作时打开机器盖板，以免引起设备急停损坏设备。

4）设备工作过程中，内部结构部分温度较高，严禁直接将手伸入打印区域触碰零件，以免烫伤。

 复习思考题

1. 简述电火花加工的基本原理。
2. 简述电火花成形加工的主要电参数及其影响。
3. 简述电火花加工的应用范围。
4. 简述常用电极及其性能。
5. 简述电火花加工的特点与用途。
6. 简述电火花成形加工机床的基本组成部分及其作用。
7. 电火花线切割加工常用的电极丝材料有哪些？
8. 电火花线切割加工与电火花成形加工相比有何特点？
9. 加工外形和型孔时，间隙补偿量的正负应如何选取？
10. 脉冲电源的参数对加工工艺效果有哪些影响？
11. 简述激光加工的基本原理。

第十三章　测量工具

测量技术学对于我们日常生活有着重大的帮助，大到天文宇宙、小到平时用的地图导航，都必须有测量人员的参与。如上海杨浦大桥长 602m，一跨过江，两座主墩塔高 202m，主塔设计要求其纵向相对误差为 1/60000，横向误差±6mm，上海测绘院等测绘单位，经过精心设计和精心测量、桥墩点放样精度：南北主桥墩间纵向相对精度为 1/170000，横向偏差南主桥墩为±2.18mm、北主桥墩为±3.92mm；优于设计的精度要求，从而保证了大桥高质量地建成通车。另外上海东方明珠电视塔高 454m，塔身垂准测量偏差为±2.5mm，塔长 114m、自重大于 300t 的电视塔钢桅杆天线安装，其垂准测量偏差为±9mm。

目前测量技术方法与手段的更新换代，积极推动新技术的推广与应用，充分利用 GPS 技术、GIS 技术、数字化测绘技术、摄影测量技术、RS 技术、"3S" 集成技术及地面测量先进技术设备，把传统的手工测量向电子化、数字化、自动化方向发展，不断拓宽测量服务新领域，开创测量发展新局面。

量具是用于测量的工具的总称。它是一种在使用时具有固定形态，用以复现或提供给定量的一个或多个已知量值的器具。例如砝码、标准电池、色温灯、电阻器、量块、信号发生器以及（单值或多值的、带或不带标尺的）量器等都是量具。

量具一般不带指示器，也不含有测量过程中的运动部件，而由被计量对象本身形成指示器。例如计量液体容量的量器，就是利用液体的上部端面作为指示器；可调量具虽然有指示器件，但它是供量具调整用，而不是供计量时指示用，如在信号发生器中的计量就是如此。

量具及其测量技术是机械制造业的"眼睛"，在精密大型机械设备加工中已成为核心技术，对推动机械制造业发展起着极为重要的作用。

第一节　常用测量工具

一、游标卡尺

游标卡尺是测量长度、内外径和深度的量具。其组成如图 13-1 所示。按游标的读数值来分类，游标卡尺的测量精度分为 0.10mm、0.05mm、0.02mm 三种。

1. 游标卡尺的刻线原理与读数步骤

以分度值为 0.02mm 的精密游标卡尺为例，这种游标卡尺由带固定卡脚的尺身和带活动卡脚的游标组成。在游标上有游标紧固螺钉，尺身上的刻度以毫米（mm）为单位，每 10 格分别标以 1、2、3…。这种游标卡尺的分度值是把尺身刻度 49mm 的长度分为 50 等份，即每格为 $49/50$mm = 0.98mm，尺身和游标的刻度每格相差（$1-0.98$）mm = 0.02mm，即测量精度为 0.02mm。如果用这种游标卡尺测量工件，测量前尺身与游标的零线

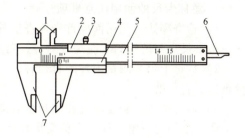

图 13-1　游标卡尺组成
1—内测量爪　2—尺框　3—紧固螺钉
4—游标　5—尺身　6—深度尺　7—外测量爪

是对齐的，测量时，游标相对尺身向右移动，若游标的第一格正好与尺身的第一格对齐，则工件的厚度为 0.02mm。同理，测量 0.06mm 或 0.08mm 厚度的工件时，应该是游标的第三格正好与尺身的第三格对齐或游标的第四格正好与尺身的第四格对齐。

游标卡尺的读数步骤如下：

1）从游标零线以左的最近的尺身上的刻线读出毫米整数值。

2）观察游标零线的右边哪一根刻线与尺身上的刻线重合，将该线的序号乘以 0.02mm 即为小数值。

3）以上二者相加即为总尺寸。

游标卡尺的读数示例如图 13-2 所示。

2. 游标卡尺的正确使用方法

1）测量前合拢两外测量爪，检查游标零线与尺身零线是否对齐。

(33+0.24)mm=33.24mm

图 13-2　游标卡尺的读数示例

2）测量外尺寸时，先将尺框向右拉，使外测量爪张开得比被测尺寸稍大（图 13-3a）；测量内尺寸时，先把内测量爪张开得比被测尺寸稍小，然后轻轻推拉尺框，使测量爪轻轻接触被测表面（图 13-3b）。

3）测量内尺寸时，可轻轻摆动卡尺，以便找出最大值，然后通过拧紧紧固螺钉把尺框固定并读数，或取出卡尺再读数。

4）测量时卡尺要放正，应在与零件轴线垂直的平面内进行测量。

5）注意测量力，手感两测量爪与被测部位刚刚接触后再稍加点力即可读数。

6）切忌将测量爪强行卡入零件。

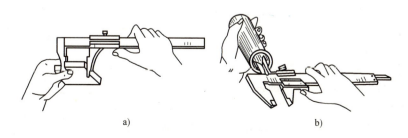

a)　　　　　　　　　　　　　　　　　b)

图 13-3　游标卡尺的使用方法
a）测量外尺寸　b）测量内尺寸

3. 游标卡尺的使用注意事项

1）检查零线。使用前应首先检查量具是否在检定周期内，然后擦净卡尺，使测量爪闭合，检查尺身与游标的零线是否对齐，若未对其，则应在测量后根据原始误差修正读书值。

2）放正卡尺。测量内外圆直径时，尺身应垂直于轴线；测量内外孔直径时，应使两测量爪处于直径处。

3）用力适当。测量时应使测量爪逐渐与工件被测量表面靠近，最后达到轻微接触，不能把测量爪用力抵紧工件，以免变形和磨损，影响测量精度。读数时为防止游标移动，可锁紧游标，视线应垂直于尺身。

4）勿测毛坯面。游标卡尺仅用于测量已加工的表面，表面粗糙的毛坯件不能用游标卡尺测量。

二、深度游标卡尺和高度游标卡尺

深度游标卡尺主要用于测量不通孔、凹槽、阶梯孔的深度及台阶高度等尺寸。高度游标卡尺主要用于精密划线和测量高度尺寸，划线或测量前，先换上所需的测量爪。二者读数方法与游标卡尺一样，分别如图 13-4 和图 13-5 所示。

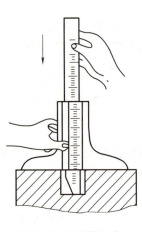

图 13-4　深度游标卡尺

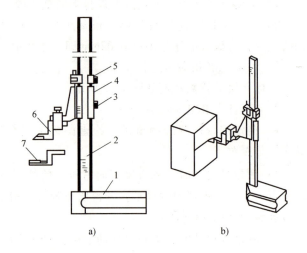

图 13-5　高度游标卡尺
a）结构　b）划线示例
1—底座　2—尺身　3—紧固螺钉　4—尺框
5—微动装置　6—划线爪　7—测量爪

三、千分尺

外径千分尺简称千分尺，如图 13-6 所示。

1. 千分尺的工作原理及读数方法

千分尺是比游标卡尺更精密的测量长度的工具，其测量精确度可达 0.01mm。

（1）工作原理　千分尺是依据螺旋放大的原理制成的，即螺杆在螺母中旋转一周，螺杆便沿着旋转轴线方向前进或后退一个螺旋的距离。因此，沿轴线方

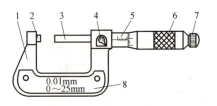

图 13-6　千分尺
1—弓形尺架　2—测砧　3—测微螺杆
4—锁紧装置　5—固定套管　6—微分筒
7—测力装置　8—隔热板

向移动的微小距离，就能用圆周上的读数表示出来。千分尺的精密螺纹的螺距是 0.5mm，可动刻度有 50 个等分刻度，可动刻度旋转一周，测微螺纹杆可前进或后退 0.5/50mm = 0.01mm。可见，可动刻度每一小分度表示 0.01mm，所以千分尺可精确到 0.01mm。由于还能再估读一位，可读到毫米的千分位。

（2）读数步骤

1）从固定套管上露出的刻线读出毫米整数和半毫米数（应为 0.5mm 的整数倍）。

2）从微分筒上由固定套管纵刻线所对准的刻线读出小数部分（刻线序号乘 0.01mm），如果微分筒上没有任何一根刻线与纵刻线正好重合，应估读到小数点后第三位数。

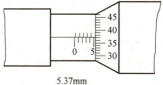

5.37mm

图 13-7 千分尺的读数示例

3）以上二者相加即为总尺寸。

千分尺的读数示例如图 13-7 所示。

2. 千分尺的正确使用方法

1）测量前，用干净棉丝擦净千分尺两测砧及被测表面，并校对零位。

2）左手拿住千分尺的弓形尺架，右手拇指和食指缓慢地旋转微分筒，当千分尺的两测量面与被测面快接触时，再旋转测力装置，待发出"咔咔"声时即可读数（图 13-8）。

3）使用千分尺时，要手握隔热板。

4）千分尺两测量面将与工件接触时，要使用测力装置，不要转动微分筒，千万不要在接触后再转动微分筒。

5）读数时，要特别注意有无 0.5mm。

6）为减小测量误差，在同一表面可多测几次。

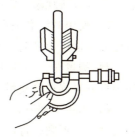

图 13-8 千分尺的使用方法

3. 千分尺的使用注意事项

1）校对零点。将砧座与测微螺杆接触，看圆周刻度零线是否与纵向中线对齐，且微分筒左侧棱边应与尺身的零线重合，如有误差修正读数。

2）合理操作。手握尺架，先转动微分筒，当测量螺杆快要接触工件时，必须使用端部棘轮，严禁再转动微分筒。当棘轮发出"咔咔"声时应停止转动。

3）擦净工件测量表面。测量前应将工件测量表面擦净，以免影响测量精度。

4）不偏不斜。测量时应使千分尺的砧座与测微螺杆两侧面准确放在被测工件的直径处，不能偏斜。

四、百分表

百分表如图 13-9 所示，是利用精密齿条齿轮机构制成的表式通用长度测量工具。通常由测头、测杆、防振弹簧、齿条、齿轮、游丝、表盘及指针等组成，常用于几何误差以及小位移的长度测量。百分表的表盘上印制有 100 个等分刻度，即每一分度值相当于测杆移动 0.01mm。若在表盘上印制 1000 个等分刻度，则每一分度值为 0.001mm，这种测量工具即称为千分表。改变测头形状并配以相应的支架，可制成百分表的变形品种，如厚度百分表、深度百分表和内径百分表等。如用杠杆代替齿条可制成杠杆百分表和杠杆千分表，其示值范围较小，但灵敏度较高。此外，它们的测头可在一定角度内转动，能适应不同方向的测量，结构紧凑，适用于测量普通百分表难以测量的外圆、小孔和沟槽等的几何误差。

1. 百分表的结构原理与读数方法

百分表是一种精度较高的比较量具，只能测出相对数值，不能测出绝对数值，主要用于测量几何误差，也可用于机床上安装工件时的精密找正。百分表的读数准确度为 0.01mm 其结构如图 13-9 所示。当测杆 3 向上或向下移动 1mm 时，通过齿轮传动系统带动大指针转一圈，小指针转一格。刻度盘在圆周上有 100 个等分格，每格的读数值为 0.01mm。小指针每格读数为 1mm。测量时指针读数的变动量即为尺寸变化量。刻度盘可以转动，以便测量时大指针对准零刻线。

百分表的读数方法为：先读小指针转过的刻度线（即毫米整数），再读大指针转过的刻度线（即小数部分），并乘以 0.01，然后两者相加，即得到所测量的数值。

2. 百分表的使用注意事项

百分表的使用方法如图 13-10 所示。

1）使用前，应检查测杆活动的灵活性。即轻轻推动测杆时，测杆在套筒内的移动要灵活，没有卡滞现象，每次手松开后，指针能回到原来的刻度位置。

2）使用时，必须把百分表固定在可靠的夹持架上。切不可贪图省事，随便夹在不稳固的地方，这样容易造成测量结果不准确，或摔坏百分表。

3）测量时，不要使测杆的行程超过它的测量范围，不要使表头突然撞到工件上，也不要用百分表测量表面粗糙或有显著凹凸不平的工件。

4）测量平面时，百分表的测杆要与平面垂直，测量圆柱形工件时，测杆要与工件的中心线垂直，否则，将使测杆活动不灵或测量结果不准确。

5）为方便读数，在测量前一般都让大指针指到刻度盘的零位。

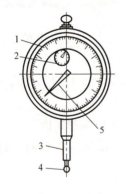

图 13-9　百分表

1—表盘　2—转数指示盘

3—测杆　4—测头　5—指针

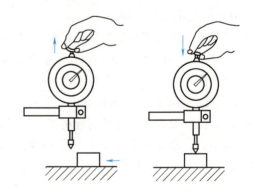

图 13-10　百分表的使用方法

五、极限量规

极限量规用于检验光滑圆柱形孔、轴的直径尺寸。检验孔径的极限量规叫作塞规，检验轴径的极限量规叫作卡规。

塞规和卡规都由通端和止端组成。塞规的通端控制孔的下极限尺寸，止端控制孔的上极限尺寸。而卡规的通端控制轴的上极限尺寸，止端控制轴的下极限尺寸。

检验时，若通端能通过而止端不能通过被检孔、轴，则表示被检孔、轴的尺寸合格；当通端不能通过或止端能通过被检孔、轴，则表示被检孔、轴的尺寸不合格。

测量时，塞规应顺着孔的中心线插入孔内，插入后不许转动塞规，不可用通端硬塞、硬卡（图 13-11）；卡规的测量面应平行于中心线，不得歪斜（图 13-12）。

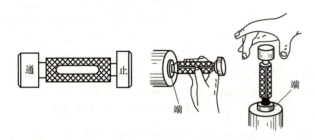

图 13-11　塞规及使用方法

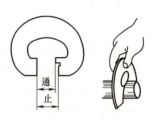

图 13-12　卡规及使用方法

六、游标万能角度尺

1. 概述

游标万能角度尺又被称为角度规、游标角度尺和万能量角器，它是利用游标读数原理来直接测量工件角度或进行划线的一种角度量具，是利用两测量面相对移动所分隔的角度进行读数的通用角度测量器具，其主要结构形式为Ⅰ型（图 13-13）和Ⅱ型（图 13-14），带表游标万能角度尺（图 13-15）。

2. 原理

游标万能角度尺适用于机械加工中的内、外角度测量，可测量 0°~320° 的外角及 40°~130° 的内角。游标万能角度尺的读数机构是根据游标原理制成的，主尺刻线每格为 1°，游标的刻线是将主尺的 29° 等分为 30 格，因此游标刻线角格为 29°/30，即主尺与游标一格的差值为 2′，也就是说游标万能角度尺的读数准确度为 2′。其读数方法与游标卡尺完全相同。

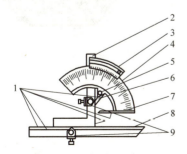

图 13-13　Ⅰ型游标万能角度尺

1—测量面　2—直角尺　3—游标
4—主尺　5—制动头　6—扇形板
7—基尺　8—直尺　9—卡块

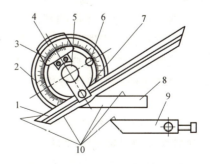

图 13-14　Ⅱ型游标万能角度尺

1—直尺　2—主尺　3—游标　4—放大镜
5—制动头　6—微动轮　7—卡块　8—基尺
9—附加量尺　10—测量面

3. 游标万能角度尺的正确使用方法

测量时应先校准零位，游标万能角度尺的零位是指当角尺与直尺均装上，而角尺的底边及基尺与直尺无间隙接触时，主尺与游标的"0"线对准。调整好零位后，通过改变基尺、角尺、直尺的相互位置可测试 0°～320° 范围内的任意角。

4. 读数方法

读数时先读出游标零线前的"度"值，再从游标上读出角度"分"的数值，二者相加就是被测零件的角度数值。在游标万能角度尺上，基尺是固定在尺座上的，角尺用卡块固定在扇形板上，可移动尺是用卡块固定在角尺上。若把角尺拆下，也可把直尺固定在扇形板

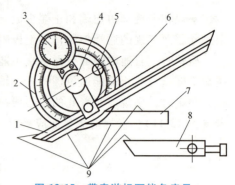

图 13-15　带表游标万能角度尺

1—直尺　2—主尺　3—指示表　4—制动头
5—微动轮　6—卡块　7—基尺
8—附加量尺　9—测量面

上。由于角尺和直尺可以移动和拆换，使游标万能角度尺可以测量 0°～320° 的任意角度。

角尺和直尺全装上时，可测量 0°～50° 的外角度；仅装上直尺时，可测量 50°～140° 的角度；仅装上角尺时，可测量 140°～230° 的角度；把角尺和直尺全拆下时，可测量 230°～320° 的角度（即可测量 40°～130° 的内角度）。

在游标万能量角尺的尺座上，基本角度的刻线只有 0°～90°，如果测量的零件角度大于 90°，则在读数时，应加上一个基数（90°、180°、270°）。当零件角度的范围为 90°～180° 时，被测角度 = 90°+角尺读数；当零件角度的范围为 180°～270° 时，被测角度 = 180°+角尺读数；当零件角度的范围为 270°～320° 时，被测角度 = 270°+角尺读数。

用游标万能角度尺测量零件角度时，应使基尺与零件角度的素线方向一致，且零件应与角尺的两个测量面的在全长上接触良好，以免产生测量误差。

七、螺纹环规

螺纹环规（图 13-16）用于测量外螺纹尺寸的正确性，通端为一件，止端为一件。止端环规在外圆柱面上有凹槽。当尺寸在 100mm 以上时，螺纹环规为双柄螺纹环规形式。规格分为粗牙、细牙、管子螺纹三种。螺距为 0.35mm，2 级精度及高于 2 级精度的螺纹环规和螺距为 0.8mm，更小的 3 级精度的螺纹环规都没有止端。

图 13-16　螺纹环规

使用螺纹环规时应注意被测螺纹公差等级及偏差代号与环规标识的公差等级、偏差代号相同。

检验测量过程：

1）首先要清理干净被测螺纹上的油污及杂质。

2）然后在环规与被测螺纹对正后，用大拇指与食指转动环规。

3）若能在自由状态下旋合通过螺纹全部长度，则判定合格；否则判定不合格。

螺纹环规使用完毕后，应及时清理干净测量部位附着物，存放在规定的量具盒内。

生产现场使用的量具应摆放在工艺指定位置，轻拿轻放，以防磕碰而损坏测量表面。严禁将量具作为切削工具强制旋入螺纹，避免造成早期磨损。严禁非计量工作人员随意调整可

调节螺纹环规，确保量具的准确性。长时间不用环规时，应交计量管理部门妥善保管。可调节螺纹环规经调整后，测量部位会产生失圆现象，此现象出现后应由计量修复人员经螺纹磨削加工后再次计量鉴定，各尺寸合格后才可再次投入使用。同时，应在每个工作日用校对塞规计量一次。

第二节　现代测量技术

一、三坐标测量机

三坐标测量机（Coordinate Measuring Machine，CMM）是指在一个六面体的空间范围内，能够表现几何形状、长度及圆周分度等测量功能的仪器，又称为三坐标测量机，如图 13-17 所示。它是能在 x、y、z 三个或三个以上坐标（回转工作台的一个转轴习惯上也算作一个坐标）内进行测量的通用长度测量工具。主要用于测量复杂形状表面轮廓尺寸，如透平叶片、显像管屏幕、凸轮和轿车等轮廓尺寸、箱体零件各孔的孔径和坐标尺寸等；还常与加工中心配套，成为柔性制造系统的一个组成部分。按自动化程度的不同，三坐标测量机一般分为手动、自动和计算机数字控制三种。手动三坐标测量机由人工完成对被测长度的全部测量过程；自动三坐标测量机由测头自动完成对被测长度的瞄准定位，由人工完成其他测量过程。

计算机数字控制三坐标测量机除了具有自动瞄准定位的功能外，还能按照预先编制好的程序自动完成全部测量和计算工作。

图 13-17　三坐标测量机

三坐标测量机按用途的不同又可分为坐标测量机和万能测量机两类，坐标测量机是 20 世纪 50 年代中期出现的，常用于测量某种类型的工件，测量效率较高，适合在车间使用。这类测量机规格很多，测量范围可达 10000mm×1600mm×1000mm 或更大。万能测量机是在坐标镗床的基础上发展而来的，测量精度高，单坐标精度可达 2μm/1000mm 以上。它带有不同测头和较多附件，如数字显示分度台、具有精密轴系的回转工作台等，测量功能较多，适宜在计量室使用。

由于三坐标测量机的精度较高，且操作简便，现已在各行各业中得到广泛的应用。主要用于机械、汽车、航空、军工、家具、工具原形、机器等中小型配件和模具等行业中的箱体、机架、齿轮、凸轮、蜗轮、蜗杆、叶片、曲线、曲面等的测量，还可用于电子、五金、塑胶等行业中，可以对工件的尺寸、形状和几何公差进行精密检测，从而完成零件检测、外形测量和过程控制等任务。

三坐标测量机的安全操作规程如下：

1）零件检测时应满足下列环境要求：室内温度 20±2℃；室温变化 0.5℃/h，2℃/d，水平 0.5℃/m，垂直 0.5℃/m；空气相对湿度 55%~65%。

2）开机前应用无水乙醇擦拭机器导轨，不能在导轨上擦拭任何性质的油脂。

3）开机前应检查气源，电源是否正常，检查接地，接地电阻应小于 4Ω。

4）被测零件在检测之前，应先清洗并去除毛刺，防止在加工完成后零件表面残留的切削液及加工残留物影响三坐标测量机的测量精度及测头的使用寿命。

5）被测零件在测量之前应在室内恒温，如果温度相差过大就会影响测量精度。根据零件的大小、材料、结构及精度等特点，恒温时间一般在 8～24h。

6）大型及重型零件应轻放在工作台上，以避免剧烈碰撞造成工作台或零件受损。必要时可以在工作台上放置一块厚橡胶垫以防止碰撞。

7）小型及轻型零件放在工作台上，应固定后再进行测量，否则会影响测量精度。

8）在工作过程中，如要旋转测座，在转动时（特别是带有加长杆的情况下）一定要远离零件，并保证有足够的空间，以避免发生碰撞。

9）在工作过程中如有异常情况，应立即停机断电，并及时与厂家联系。

10）工作完成后，要清洗工作面。

11）工作结束后，要关闭电源及机器总气源。

二、粗糙度仪

粗糙度仪又叫作表面粗糙度仪、表面光洁度仪、表面粗糙度检测仪、粗糙度测量仪、粗糙度计、粗糙度测试仪等。粗糙度仪测量工件表面粗糙度时，将传感器放在工件被测表面上，由仪器内部的驱动机构带动传感器沿被测表面做等速滑行，传感器通过内置的锐利触针感受被测表面的粗糙度，此时工件被测表面的粗糙度使触针产生位移，该位移使传感器电感线圈的电感量发生变化，从而在相敏整流器的输出端产生与被测表面粗糙度成比例的模拟信号，该信号经过放大及电平转换之后进入数据采集系统。

粗糙度仪通常采用针描法，又称触针法。触针法粗糙度仪由传感器、驱动箱、指示表、记录器和工作台等主要部件组成，其测量系统如图 13-18 所示。

电感传感器是粗糙度仪的主要部件之一，其工作原理如图 13-19 所示。由图 13-19 可知，传感器测杆一端装有金刚石触针，触针尖端曲率半径很小，测量时将触针搭在工件上，与被测表面垂直接触，利用驱动器以一定的速度拖动传感器。由于被测表面轮廓峰谷起伏，触针在被测表面滑行时，将产生上下移动，此运动过程经过支点使磁心同步地上下运动，从而使包围在磁心外面的两个差动电感线圈的电感量发生变化，将触针微小的垂直位移转换为成比例的电信号。

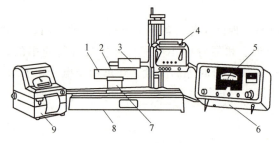

图 13-18 测量系统图
1—工件 2—触针 3—传感器 4—驱动箱 5—指示表
6—电器箱 7—V 形块 8—工作台 9—记录器

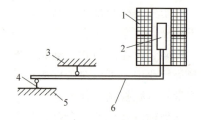

图 13-19 电感传感器工作原理图
1—电感线圈 2—铁心 3—支点
4—触针 5—被测表面 6—测杆

为了克服传统粗糙度仪系统可靠性不高，模拟信号误差较大，且不便于处理的不足，应该采用计算机系统对其进行改进，其基本原理如图 13-20 所示。由图 13-20 可知，从相敏整流输出的模拟信号，经放大及电平转换之后进入数据采集系统，计算机自动将其采集的数据进行数字滤波和计算，得到测量结果，测量结果及轮廓图形可在显示器显示或打印输出。

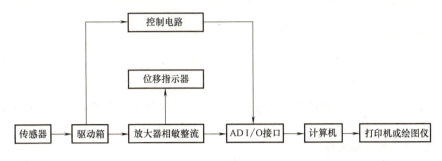

图 13-20　改进后的粗糙度仪工作原理框图

随着电子技术的进步，新型号的粗糙度仪还可将表面粗糙度、波纹度及形状误差进行三维处理，测量时在相互平行的多个截面上进行，通过模-数变换器，将模拟量转换为数字量，输入计算机进行数据处理，从而更加合理地评定被测表面的表面粗糙度。

三、圆度仪

工件制造过程中，圆形、球形和圆柱形等工件的断面形状均为圆形。这些工件均提供回转的作用，回转数越大，其圆断面的轮廓形状越重要，因为工件圆周轮廓的好坏将影响其表面润滑、承受振动、磨耗和微小偏摆等情况。

圆度仪如图 13-21 所示，它是利用回转轴法测量圆度的测量工具。测量时，被测工件与精密轴系同心安装，精密轴系带着电感式长度传感器或工作台做精确的圆周运动。当被测圆有圆度误差时，便会引起长度传感器的测头位移。

圆度仪 1949 年出现于英国，起初只带有记录器，由人工根据记录图形计算圆度误差。60 年代开始采用模拟电子计算机进行数据处理，并以最小二乘圆法计算圆度误差，70 年代采用数字电子计算机，可以最小二乘圆法、最小外接圆法、最大内接圆法和最小区域法等评定圆度误差，并能自动找正中心，补偿由于安装偏心引起的测量误差等。

图 13-21　圆度仪

测量时，长度传感器把位移量转换为电量，经过放大、滤波、运算等程序处理后即由显示仪表显示出圆度误差，也常用圆记录器记录出或用阴极射线管（CRT）显示出被测圆轮廓的放大图。

圆度仪分为传感器回转式和工作台回转式两种形式。传感器回转式圆度仪结构复杂，但精密轴系不受被测工件质量的影响，测量精确度较高，适用于测量较重的工件。工作台回转式圆度仪结构简单，但精密轴系受被测工件的重载后会影响回转精度，故适用于测量较轻的工件（如轴承滚道）。圆度仪精密轴系的回转精度可达 0.025μm，采用误差分离法，利用电子计算机自动补偿精密轴系的系统误差，并采用多次测量方法减小偶然误差，可将测量精度提高到 0.005μm。

第三节 典 型 案 例

一、零件简介

该零件是综合性较强的回转类车削零件，加工工艺包括车削外圆、内孔、锥度以及螺纹等。因此测量该零件主要用到游标卡尺、百分表和螺纹环规等工具。图 13-22 所示为零件实体，图 13-23 所示为零件图样。

二、测量分析

由图 13-23 可知该零件对外形尺寸、内径尺寸和深度、表面粗糙度有一定的要求，而对其余尺寸精度要求不高。因此，根据上述已知条件并结合实际加工经验可以选用游标卡尺、百分表和螺纹环规等量具对该零件进行加工和检测，见表 13-1。

图 13-22 零件实体

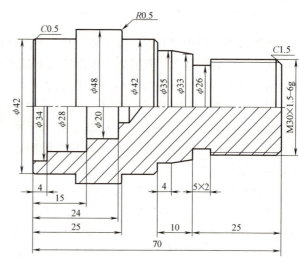

图 13-23 零件图样

表 13-1 量具的选用、规格及用途

量 具 名 称	选 用 规 格	用 途
游标卡尺	0~150mm	外形尺寸、内径尺寸、深度检测
千分尺	25~50mm	外径尺寸
百分表	0~10mm	同轴度检测
螺纹环规	M30	螺纹尺寸检测

三、测量步骤

1. 加工前零件装夹的同轴度找正

1）将零件装夹于自定心卡盘上，如图 13-24 所示。

2）将百分表固定在溜板上，并使百分表的测头触及零件。

3）在 z 方向移动，观察指针读数的变化，如指针读数有变化，则使用铜棒或木锤轻敲零件，使得读数变化在要求范围之内。

2. 粗加工与精加工零件尺寸的测量

（1）径向尺寸测量　图 13-25 所示为径向尺寸测量示意图，当零件完成粗加工时，待机床完全停止后需对已加工的表面进行测量，检查部分精度要求较高的尺寸是否与理论粗加工尺寸相符。在测量零件径向尺寸时，首先使用游标卡尺测量，读出零件尺寸；

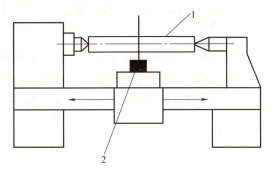

图 13-24　百分表校正同轴度示意图
1—验棒　2—带表座百分表

再使用千分尺测量零件的精确尺寸。根据粗加工完成后的零件尺寸调整精加工的加工尺寸。当零件完成精加工时，待机床完全停止后需对已加工的表面再次进行测量，如果零件尺寸尚未达到图样要求，则需继续进行尺寸的修正加工，直至零件尺寸符合图样要求。

（2）轴向尺寸测量　图 13-26 所示为轴向尺寸测量示意图，除了径向尺寸的测量外，根据图样要求还需对轴向尺寸进行测量。粗加工完成后，使用游标卡尺对零件的轴向尺寸进行测量，根据粗加工完成后的零件尺寸调整精加工的加工尺寸。

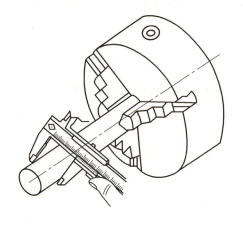

图 13-25　径向尺寸测量示意图

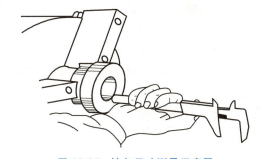

图 13-26　轴向尺寸测量示意图

（3）螺纹的测量　分别用通规与止规测量螺纹：

1）如果通规不通，则表示中径大了，零件不合格。

2）如果止规不通，则表示中径小了，零件不合格。

3）通规可以在螺纹的任意位置转动自如，止规拧一至三圈，（可能有时还能多拧一两圈，但螺纹头部没出环规端面）就拧不动了，这时说明被检测的外螺纹中径正好在"公差带"内，是合格的零件。

3. 成品零件测量

完成加工后，将零件从机床上取下，对必要的尺寸进行测量。本案例中外形尺寸使用游标卡尺及千分尺测量，方法与加工时的相同。

四、测量难点

1）游标卡尺测量过松或过紧，在实际测量中造成测量爪有角度的误差。

2）百分表测量平面时，测杆要与被测表面垂直，否则，不仅影响测杆活动性，还可能会把测杆卡住而损坏百分表。此外，测杆倾斜还会产生较大的测量误差，测得的数值往往比实际的大。

五、测量报告

测量报告见表13-2。

表 13-2　测量报告

测量内容	测量数值偏差	测量结论	测量工具
未注公差尺寸	±0.1mm	合格	游标卡尺、千分尺
同轴度	0.03mm	合格	百分表
螺纹	无偏差	合格	螺纹环规

第四节　测量工具的维护与保养

量具是用来测量工件尺寸的工具，在使用过程中应加以精心维护与保养，才能保证工件的测量精度，延长量具的使用寿命。因此，使用量具时必须做到以下几点：

1）在使用前应擦干净，用完后必须拭洗干净、涂油并放入专用量具盒内。

2）不能随便乱放、乱扔，应放在规定的地方。

3）不能用精密量具去测量毛坯尺寸、运动着的工件或温度过高的工件，测量时用力应适当，不能过猛、过大。

4）量具如有问题，不能私自拆卸修理，应由实习指导教师处理。

5）为了保证度量值统一性的有效传递，量具必须三个月至半年定期检验，计量。

 复习思考题

1. 游标卡尺按读数分类可分为哪几类？
2. 游标卡尺使用时有哪些注意事项？
3. 千分尺的精度是多少？
4. 百分表有何用途？
5. 简述圆度仪的工作原理。

参 考 文 献

[1] 贾慈力. 机械制造基础实训教程［M］. 北京：机械工业出版社，2003.

[2] 陈宏钧，方向明. 典型零件机械加工生产实例［M］. 北京：机械工业出版社，2010.

[3] 周建新，廖郭明. 铸造 CAD/CAM［M］. 北京：化学工业出版社，2009.

[4] 陈宗民，姜学波，等. 特种铸造与先进铸造技术［M］. 北京：化学工业出版社，2008.

[5] 陆兴. 热处理工程基础［M］. 北京：机械工业出版社，2008.

[6] 吴小竹，朱震. 工程实习与训练［M］. 上海：上海科学技术文献出版社，2006.

[7] 乔立新. 车工工艺学［M］. 长沙：湖南大学出版，2010.

[8] 姜波. 钳工工艺学［M］. 北京：中国劳动社会保障出版社，2005.

[9] 黄冰. 铣工工艺学［M］. 北京：机械工业出版社，2009.

[10] 王滨涛. 焊工工艺学［M］. 北京：机械工业出版社，2009.

[11] 余俊. 中国机械设计大典［M］. 南昌：江西科学技术出版社，2002.

[12] 李志刚. 中国模具设计大典［M］. 南昌：江西科学技术出版社，2003.

[13] 魏康民. 机械制造技术基础［M］. 重庆：重庆大学出版社，2004.

[14] 厉萍. 机械制造技术基础技能训练［M］. 北京：高等教育出版社，2005.

[15] 黄雨田. 机械制造技术实训教程［M］. 西安：西安电子科技大学出版社，2009.

[16] 刘天祥. 工程训练教程［M］. 北京：中国水利水电出版社，2009.

[17] 陈作炳. 工程训练教程［M］. 北京：清华大学出版社，2010.

[18] 董丽华，等. 数控电火花加工实用技术［M］. 北京：电子工业出版社，2006.

[19] 罗学科，等. 数控电加工机床［M］. 北京：化学工业出版社，2003.

[20] 陆顺寿. 艺术铸造创意实践教程［M］. 上海：上海交通大学出版社，2010.

[21] 杜西灵，等. 铸造实用技术问答［M］. 北京：机械工业出版社，2007.

[22] 朱建军，等. 机电一体化创新实训项目建设的探索［J］. 教育教学论坛，2011，8：169.

[23] 朱建军，等. 艺术铸造在工程训练中的运用［J］. 产业与科技论坛，2011，2：139-140.

[24] 焦小明. 机械零件手工制作与实训［M］. 北京：机械工业出版社，2011.

[25] 万苏文，何时剑. 典型零件工艺分析与加工［M］. 北京：机械工业出版社，2010.